天体运行论

On the Revolutions of Heavenly Spheres

〔波〕尼古拉·哥白尼◎著

徐 萍◎译

北京理工大学出版社
BEIJING INSTITUTE OF TECHNOLOGY PRESS

图书在版编目（CIP）数据

天体运行论 / (波) 尼古拉·哥白尼著 ; 徐萍译. —北京 : 北京理工大学出版社, 2017.12（2023.3重印）

ISBN 978-7-5682-4945-4

Ⅰ.①天… Ⅱ.①尼… ②徐… Ⅲ.①日心地动说 Ⅳ.①P134

中国版本图书馆CIP数据核字（2017）第265039号

出版发行 / 北京理工大学出版社有限责任公司

社　　址 / 北京市海淀区中关村南大街 5 号

邮　　编 / 100081

电　　话 / （010）68914775（总编室）

　　　　　（010）82562903（教材售后服务热线）

　　　　　（010）68948351（其他图书服务热线）

网　　址 / http://www.bitpress.com.cn

经　　销 / 全国各地新华书店

印　　刷 / 三河市冠宏印刷装订有限公司

开　　本 / 700 毫米 × 1000 毫米　　1/16

印　　张 / 33　　　　　　　　　　　　　　　责任编辑 / 钟　博

字　　数 / 389千字　　　　　　　　　　　　文案编辑 / 钟　博

版　　次 / 2017 年 12 月第 1 版　2023 年 3 月第 5 次印刷　责任校对 / 周瑞红

定　　价 / 50.00元　　　　　　　　　　　　责任印制 / 边心超

引言　献给所有关注本书中天体运行假想的读者们[①]

本著作的假设认定：地球处于不停的运动状态中，太阳虽然处于宇宙的中心，但却是静止不动的。这一假设看起来非常令人惊奇，因此颇为引人注目。但是我毫不怀疑，随之而来的问题一定会是，某些学者非常恼怒，他们认为长期以来存在的人文科学信条，不应当因此陷入一片混乱状态。但是，如果他们真的愿意对事情进行仔细的考察与权衡，他们的想法也许就会改变，他们会认为本书的作者并没有做错什么，不应该遭受如此指责。要知道，作为一名天文学家，其最重要的责任在于，通过进行艰苦的和具备专业技能的研究，汇总天体运动的历史。鉴于他不可能推论出导致这些运动的真正原因，因此他的工作主要就是构想或者说构建这些运动的原因假说，这样他就会从几何学的原理出发，计算出这些过去的和未来的各种运动。本书的作者非常出色地完成了这些方面的任务。事实上，这些假设不一定都是真实的存在，甚至连可能的存在都谈不上。但是，这些假设的确提供了一种计算方法，一种特别适用于观察的计算方法。也许有人对于几何学和光学一无所知，仍然坚信金星本轮是可能的，或者认为这

---

① 关于这一引言，最初人们认定作者是哥白尼，但是后来认为是安德鲁·奥西安德尔所作，他是一位路德教派的神学家，也是哥白尼的朋友，他是在媒体上看到《天体运行论》的。

就是金星有时候走到太阳前面，有时却要落到太阳的后面多达40左右的原因。从这一假设出发，必然得到以下的结果：行星的直径在近地点的地方看来比在远地点观察要大出3倍多一些，而星体本身则大到了15倍还要多。然而，过去所有年代的经验都对此持否定的态度。当然，在这门科学的领域范围之内，还有其他的一些事情也同样荒唐，但是我们现在没有必要对此进行检验。非常清楚的是，这门科学已经完全忽视了这种不规则运动的原因。而且，如果仅仅是凭借想象构建出来这种不规则运动的原因——这种想象出来的原因已经有很多了，也就没有必要向任何人证明这是真实的，但它们可以为计算提供一个可信的基础。事实上，对于同一种运动的假设可以随着时间的变化而有所不同，正如对太阳的运动提出过的偏心率和本轮一样，但是就选择而言，天文学家们更愿意接受最易于掌握的那一种。哲学家注重的是可能性，他们也无法抓住任何确定性的东西，或者把其传承下去，除非他们受到了神灵的启发才具备这种可能。

基于这样的原因，就让我们把这些新的假设公布出来，让它们与那些旧的假设一起存在，虽然这些古老的假设已经被证明是不实际的了。我们为什么一定要这样做，主要原因在于新的假想非常完美、非常简洁，并且符合进行大量观测的需要。既然我们谈论的是假设或者说假想，我们就不能指望从天文学那里得到任何肯定性的答案，而天文学本身也确实提供不了这样的答案。如果我们不能明确这一点，某些人就会把为了另一目的构建的想法当作真实的存在，于是在研究结束的时候，他们会比研究开始的时候更像傻瓜。再见！

前言　献给教皇保罗三世的致辞

神圣的父啊，我很容易想象出这样一幅画面，当某些人获知在我的这些涉及天体运行的书籍中，我将赋予地球运动的属性时，他们一定会激动地尖叫着要求把我的观念，甚至我本人都完全地清除掉。我很清楚地认识到这一点，我的观点并没有完美到可以不用考虑别人意见的地步。而且，我也很清楚地知道，哲学家们的思想要超越众人的思想，因为他们的责任就在于在上帝赋予人类智慧所能许可的范围之内，去寻求所有事物的真谛。但是，我认为，我们应该摆脱所有的错误的观念。而且，我也已经意识到这一点，地球静止不动地居于宇宙中心的观点已经持续了数个世纪，现在我提出地球处于运动状态的这个观点，与以往的观点截然不同，他们必然认为我的观点是极其荒谬的。因此，在相当长的一段时期里面，我一直在犹豫，是否要把我的关于地球运动的这本书籍公开出版。也许，我应该只把本书中的观点通过口述的方式传递给我的亲人和朋友，就像毕达哥拉斯和其他一些前人所做的那样。这里我能够提供的证据就是莱西斯写给喜帕恰斯的信件。在我看来，他们之所以这样做，并不是害怕自己的思想观点被广泛传播之后引发妒忌，虽然的确有些人是这样想的，但是事实并非如此。他们之所以没有把自己的观点公开表达出来，主要是因为他们不希望这些努力奉献的伟大人物得出的观点和结论，因为其另类而遭到他人的嘲笑。而喜欢嘲笑新观点的人们，他们或者是出于追逐金钱的需要，或者是因为别人的劝导，或者是突然受到某个范例的推动，才会去进行真正的研究工作。这些人的确存在于哲学家的团体之中，其地位有如雄蜂在蜜蜂群体之中的位置。我一直在这些情况之中纠结不断，我也非常担心我的观点遭人鄙视，因为它的确看起来标新立异，让人难以理解。这种纠结让我在很长的一段时间里都无法继续工作。

但是，当我纠结于心，甚至想要放弃的时候，朋友们的鼓励让我最终坚持下来。最早对我进行鼓励的是尼古拉·舍恩贝格，他是卡普亚地区的红衣主教，也是一位在各个学科领域都颇有建树的学者。紧随其后的是我最好的朋友泰德曼·吉兹，他是切姆诺地区的主教，极其热爱学术研究，主要关注的领域是神学以及文学艺术。他一直不断地催促我，甚至有时以谴责的口气督促我抓紧时间把我的论述集结成书，赶快出版。其实，我已经把我书中的观点通过论文的形式展现出来，但是方式极其隐晦，这种状态持续了不止九年的时间，确切地说是长达四个九年的时间。除了这两个人之外，还有其他一些学识渊博、颇有声望的学者们也一直敦促我出版这部著作。他们一再告诉我，不要因为个人的担忧而让那些真正对天文学感兴趣的学生们错过使用我的著作中的观点。他们指出，虽然现在我的观点对于大多数人而言非常荒谬，但是如果最终的证据使得怀疑的烟雾逐渐散去，其结果将是非常令人欣慰的，而他们对此将表达由衷的敬佩和感激之情。最终，我听从了这些人的劝告，决定接受他们长期以来的请求，把这部著作公开出版。

神圣的教皇陛下，在我进行了上面的陈述之后，也许您对于我付出诸多努力的地动学说的这一成果公开出版并不感到意外。但是，我想，您也许特别急切地想了解我为什么胆敢提出这样一个关于地球在运动的假想。这个假想不仅公然与天文学家的固有观点对立，而且看起来似乎也不符合常识。我准备毫不隐瞒地、开诚布公地跟您说明这一点，我这样做完全是受到前人的启发。长期以来，天文学家们对于天体运行的描述并不是完全一致的，这促使我对这一问题进行思索和研究，决定另外采用一套描述来提供答案。首先，这些天文学家对于太阳和月亮运动的认识并不确切，由此导致他们对于回归年不能给出一个非常固定的长度。其次，在测定太阳和月亮以及其他五个行星的运动时，他们所使用的原理、假想和证明并非同一个，这也就存在标准不一的问题。有些人仅仅使用同心圆，另一些人则使用偏心圆和本轮，但是实际上这些都没有达到他们所要追求的目标。那些对于同心圆坚信不疑的人，他们尽管已经证明了那样的同心圆能够组合成各种不同的运动，但是不能够确立任何能够真正对这些现象进行解释的事实。但是，即使是那些运用偏心圆解决了大部分视运动的人，他们所运用的原则在相当程度上也与均匀运动的原则是相互矛盾的。而且，最为关键的是，他们不能通过这种方法发现或者推断出来这一整体的最核心的一点，即宇宙的结构及其各部分的真实的对称性。这种做法就像对一个人的描绘，由于站在不同的方位，人们对于一个人的手、脚、头部以及其他的部位进行了非常具有美感的描述，但是这些描述得很好的部位并不能代表一个人体。这是因为它们彼此之间没有呼应，把这些部件组合在一起就会成为一个怪物的形象，而不是一个正常的人体。如此一来，我们就会发现，在证明的过程中所使用的"方法"，或者是忽略了某些非常必要的东西，或者就是加进了一些与实物本身并无必然关系的外来的东西。如果这些人真的想要遵循正确的原则的话，他们就不会出现这种情况。如果他们所构建的假设并非错误的话，由这一假设所推断出来的结果也无疑会得到证实。现在，虽然我所论述的观点可能是模糊不清、难以理解的，但我坚信在将来的适当场合，这些观点最终会得到清晰的证明。

因此，我对传统的天文学进行了长期的探索。哲学家们虽然也对宇宙的细微之处进行了仔细的审视，但是对于宇宙的运动并没有得出确切的结论，而这实际上是造物主为我们提供的最巧妙的、最有秩序的设计。这点非常令人遗憾，于是我辛辛苦苦地把所有能够搜集到的哲学家的著作重读了一遍，目的在于寻找关于天体运动的模式，是否已经有人提出过与学院派不同的观点。这样做的结果，是我首先发现西塞罗的著作中有过这样的观点，而赫赛塔斯也曾经指出过地球可能处于运动之中。随后，我发现，普鲁塔克在著作中也表述了这样的观点，还有其他的人也曾经表达过类似的看法。为了让大家了解这一观点，我把他的话摘抄下来：

有人认为，地球处于静止不动的休眠状态，但是菲洛劳斯，这一类属于毕达哥拉斯学派的学者说，地球实际上是围绕着一个火球进行倾斜的圆周运转，就像太阳和月亮一样。本都的赫拉克莱提斯，还有来自毕达哥拉斯学派的埃克番达斯都认为地球在运动，但它的运动不是一直向前的，而是像车轮一样，从西向东围绕自己的中心旋转。

因此，我从这些资料中受到启发，开始研究地球的可动性。虽然这一观点看起来很荒谬，但我认识到这样一个事实，我的前辈们为了证明天文上的某些现象，他们已经随意构建了各种各样的圆周。这对我是个很大的激励，我想我也可以运用假设的方法，来找到某种对天体运动的解释，看看它是否能够比前辈们的解释更加可靠合理一些。

于是，我大胆地提出了假设，认为地球在进行我在本书后面所提出的那些运动。最终，经过长期的、大量的观察工作，我发现了这样一个事实：如果我们把其他行星进行的运动与地球的轨道运行放在一起进行思考，而且按照每颗行星的演变去进行运算，那么所有的围绕这一问题所产生的现象都可以得到解释，而且这些部分结合得非常紧密，以至于所有行星的顺序、规模以及它们的运行轨迹都紧密地联系在一起，这也就是说，其中任何一部分的移动与改变，都将破坏其他部分和整个宇宙作为一个整体的运行。

正是因为这样的原因，我在设计本书的时候，采用了如下顺序。第一卷，我从整体上介绍天体和轨道运行的分布状况，还包括我所提出来的地球的运动，也就是对宇宙总体结构的介绍。随后，在接下来的各卷之中，我把其他行星的运动，甚至其他球体的运动都与地球的运动联系在一起进行考察。这样，我就会得出结论，如果这些运动的确都与地球的运动能够结合起来，那么其他行星的运动及其轨道的运行能够在多大程度上得以保留。我一直坚信这一点，天文学家们本身已经具备足够的才能和学识，只要他们愿意深入地思考，对我在本书中所提供的材料进行仔细的斟酌和检验，他们最终一定会同意我的观点。为了证明我的观点，我不想逃避任何人（无论是受过教育的人，还是文盲）对此可能的评判，我不想把我的研究成果奉献给其他任何人，而只想把它奉献给您，神圣的教皇大人。因为，在我所生活的整个地球上，哪怕是一个最为偏远的角落，您的权威都被认为是至高无上的；无论是就教堂的尊严来说，还是基于对于文化甚至天文学的热爱来说，您的崇高地位都是毋庸置疑的。因此，您的判定将是最具权威的说辞，能够彻底阻隔无中生有的诽谤之词，因为那些肆意诽谤者，很多时候是无药可救的。

还有这样的一群人，他们对于天文学几乎是一无所知，却自称是行家里手，这些人可以被冠以"无聊的空谈家"。他们有意识地对《圣经》的某些部分进行曲解，以达到自己的目的。他们必然会对我的著作进行攻击，但是我不会理睬他们，我认为他们的判断根本不值一提。大家非常熟知的一个事实是，拉克坦蒂斯的确是一位非常著名的作家，但并非天文学家。他嘲笑那些认为地球是球形的人们，还非常幼稚地提出了自己对于地球形状的看法。因此，如果我本书中的观点遭到这样一类人的嘲笑，大家不必感到惊奇。天文学的著作，其主要读者是天文学家，而且在天文学家们看来，我的著作最终一定会为您所主持的教会的共同事业做出一定的贡献，如果我没有弄错的话。并非很久之前，教皇利奥十世任期内，召开了拉特兰会议，这次会议对教会历书进行改革的问题进行了讨论，结果却一无所获，主要原因就在于年份和月份的长度，以及太阳和月亮的运动无法进行精确的测量。正是从那时起，我决定对这些事情进行更加精密的研究，我的工作得到了佛桑布朗地区最著名的大主教——保罗——的鼓励和支持，他当时负责教历的整改工作。但是，关于我在这一领域到底取得了什么样的成就，这将取决于您以及所有其他具备真才实学的天文学家们的判断。为了使本书的观点和成就客观地呈现于您的面前，我现在就开始进入正文的写作。

目录
Contents

第一卷

1

第三卷

第四卷

第六卷

第一卷

世界上存在着诸多能够滋养人类智慧的文学和艺术的研究领域，然而在我看来，最为重要的一点在于，一定要用最强烈的热爱之情，来对那些充满美感、颇具价值的领域进行研究。我认为，这一领域就是关于宇宙的神奇运转问题，其涉及星体的大小、距离、起落以及其他在这一运动中所出现的所有景象的成因。其最终的研究目标也就是探讨宇宙的整体构成。包含所有美好事物的苍穹非常美丽，难道还有其他事物比它更美丽吗？有两个词汇能够使这一问题更加清晰：Caelum（天），意思是美丽的雕刻品；Mundus（世界），意思是纯净和优雅。绝大多数哲学家认为世界就是一位清晰可见的神，因为它的组合设计实在是太完美了。因此，如果就所研究的范畴来衡量各门学科的价值，那么我现在所关注的这门学科——一些人称之为天文学，另一些人称之为占星术，而前人则认为这是数学领域中的顶尖学问——是所有学科领域中最为尖端的，也是值得让一个自由人从事钻研的。天文学的研究需要得到数学中所有分支的支撑，包括算术、几何、光学、测地学、力学，还有其他所有的学科。虽然一切崇高学术研究的目的都是让人们戒掉恶念，促使人们去追求美好的事物，但是天文学在这些方面的作用更为突出。它能够给人们的思想带来难以置信的快乐。

对于那些投身于自认为具备最好的安排和受到神灵指引的研究中的人们而言，对这些事物的仔细研讨必然会激发他们追求更美好的事物，他们也因此一定会去赞美万物的创造者。他们会认为，一切的幸福都应该归功于上帝。《圣经》中的《诗篇》不是也在表明，在从事与上帝相关的工作时，会感觉非常快乐吗？这一过程，就像马车一样，最终会把我们带向对至善至美事物的关注中去。

柏拉图的观点是最值得推崇的，他非常深刻地认识到这门学科所能提供的效用和美感——当然也包括它能够给个人带来的不计其数的好处。在《法律》一书的第七卷中，他指出对于这门学科应该给予特别的重视，因为它能把日子分成年月，因而使国家能够保持对于节日和祭祀日期的敏感和重视。柏拉图也强调，如果某人试图在分支学科的研究中，否定天文学的作用，那会是十分愚蠢的想法。而想要成为真正的神职人员，如果不懂得关于太阳、月亮，甚至其他星体的知识，那也是不可能的。

但是，这门学科虽然比人文科学更为神圣，探索的领域也更为高级深奥，其实也面临诸多困难和困境。这种困境主要来源于它的原理和假设（希腊人称其为"假想"）。许多从事这一学科研究的人使用的运算方法不尽相同，因此他们之间的观点也是不一样的。而且，他们无法通过精确的运算对恒星的运行轨迹和行星的运转进行界定，甚至连基本的了解都做不到。他们所能做到的，就是通过时间的推移，在他们能够接触到的早期观测资料的协助下，把这些知识传递下来。来自亚历山大城的克罗狄斯·托勒密，他凭借细心、勤奋以及对400多年来观察数据的完美应用，在这方面做得比他人要杰出得多，他把这门学科推向了一个巅峰，似乎已经没有什么需要填补的空白了。但是，我们会发现很多的事实、运动与他的论断并不相符，这都是在他之后被发现的，也有一些是他的知识领域未能涉及的。在谈到太阳的回归年的时候，普鲁塔克说到"星体的运动已经超越了天文学家们的创造"。在这里，我以年本身为例来说明这一问题。人们对于它的看法差异很大已是众所周知，以至于人们几乎要放弃对它进行精确测量的打算了。同理，其他星球的运转也是如此。但是，在上帝的帮助下，我将竭尽全力对这些问题进行更加详尽的研究。没有上帝的帮助，我将一事无成。这门学科的创始人离开我们的时间越长，为发展我们的事业所需要的帮助就越多。而且，我可以肯定，相对于我的那些前辈们，我的研究范畴将极大地扩展，当然这些研究是站立在前人的肩膀之上才能够完成的，因为正是他们开辟了通往这些研究领域的道路。

第一章　宇宙是球形的

文章一开始，我必须指出的一点，即宇宙是球形的。我之所以做出这样的推断，是因为球形是所有形状中最完美的，并且它是一个既不能增又不能减的整体，不需要任何接口；或者，也许是因为这种形状容量巨大，特别适合包容和保有万物；甚至，也可能是因为宇宙的各个组成部分，如太阳、月亮和星星都是这样的形状；或者，也是因为世界上的每个事物，例如水滴和其他的液体，都被塑造成这种形状。因此，似乎没有人能够否认，一切神赐的物体都应该是这种形状。

第二章　地球也是球形的

地球也是球形的，因为它也是从各个方位向中心方向汇集，但是它看起来并非一个完美的球体，这主要是因为凸起的山峰和凹陷的河谷，但其实它们只是在很小的程度上对球形有所改变。

我们可以通过以下的方式证明这一点。对于一个从任何地点出发向北方旅行的人而言，这一轴线的北端每天都在升高，而与其对应的部分则每天相应地降落，升高和降落的程度是相同的。北部的星星看起来好像不会降落，而南部的星星看起来也不会升高。因此，老人星在意大利是看不到的，但是在埃及就能够看到。在意大利，能够看见波江座的最后一颗星星，但是在更加寒冷的地区则看不到。相反地，对于一个从任何地点出发向南旅行的人来说，这些星星在天空中逐步升高，而那些在我们看来在不断升高的星星则处于下降状态。

而且，天极的这种高度变化与人类在地上的行走距离基本是一致的，而这种状况只有在球形的状态下才可能发生。这也就表明，大地同样局限在两极之间，因此它必然是球形的。

正是因为这样的原因，东部的居民无法看到我们这里傍晚的日、月食，而西部的居民也无法欣赏在早晨出现的日、月食。而住在中间区域的居民，会早于西部的居民看到傍晚的日、月食，而晚于东部的居民看到早晨的日、月食。

更进一步来说，航海家们一定会了解到，大海也必然呈现同样的形状。例如，当站在船的甲板上无法看到陆地的时候，却可能在船上桅杆的顶端看到它。相反，如果在桅杆的顶端绑上一个发光的物体，那么站在岸边的人会发现，随着船只距离岸边越来越远，其光度是逐渐减弱的，最终消失不见，就好像船只已经沉没了一样。

而且，我们也知道，水的自然流淌方向是向低处流动，这同泥土的流动趋向是一致的，因此海水的流动不会超过岸边的最高点。这样我们就能够理解，一旦陆地浮出海面，它就比海面离地球中心更远。

第三章　大地和水如何构成统一的球体

海水环绕大地，四处流动，最终填满了所有地势低洼的地方。当然，水的体积比土地要小一些，否则整片大地都要淹没于海水之中，因为它们都倾向于中心，当然这受制于它们的重量，因此才会留下部分土地，还有到处散落的岛屿，这样生物才有了生存的空间。人口密集的国家是什么？大陆又是什么？究其根本，就是一个更大的岛屿罢了。逍遥学派的学者们认为水的体积大约是陆地的10倍，他们的结论来源于，在元素转换的时候，一份土可以液化为大约10份的水，在这一点上，我们不应该听从他们的结论。他们还认为，因为大地内部有空心的区域，因此就重量而言，各处并不是相同的，因此大地在一定程度上凸起，导致重量的重心与几何形状的中心是不同的。他们之所以会犯这样的错误，是由于缺乏几何学的相关知识。他们不了解这样的事实，只要地球上的某些土地保持干燥的状态，水的体积就不可能达到土地的体积的7倍，除非土地偏离了其重心，让位给似乎更具有重量的水。球的体积与其直径的立方成正比。因此，如果地球上水与大地的体积比为7比1，那地球的直径就不会大于从中心到水的边界的距离。因此，水的体积不可能比大地的体积大9倍。我们也可以进一步得出结论，地球的重心与几何的中心并无差别，因为从海洋向陆地的方位，凸起的部位并非一直连续增加的。否则，陆地上的海水就会被排光，也就不会有内陆海和辽阔的海湾出现。而且，从海岸边开始，海水的深度会逐渐增加，于是乘船远航的水手们就不会遇见岛屿以及任何形式的陆地。大家现在也知道，如果以人居住的地点为中心的话，埃及和红海之间的距离也不过是两海里①。与之相反的是，托勒密在《地理学》一书中，把可以居住的地域以及周边的范围进行了扩展。在他留作未知土地的子午线以外的地方，近代人又补充上了中国以及经度达60的辽阔土地。这样人类可以居住的土地范围等于又扩大了，远远超过了海洋的范围。在这些地区之外还应把西班牙和葡萄牙的国王在我们这一时代发现的岛屿加上，特别是应该把美洲（这是以发现这一土地的船长命名的）囊括进来。人们认为美洲是第二个比较适合人类居住的区域，其规模大小还没有定论，当然还有许多其他未知的岛屿，因此对于对称体的存在，我们实在不应该感到惊奇。用几何学来论证美洲大陆的位置使我们相信，美洲和印度的恒河流域正好处于直径的两端。

综上所述，我认为事实已经很清晰了，陆地和海洋的重心是相同的，它与地球的几何中心重合。因为陆地更重一些，它的缝隙里面注满了水，所以虽然在表面看来水域覆盖的面积更大一些，但实际上它的体积还是小于陆地的。

于是，陆地和环绕它的水域的形状就像地球的投影。当月食的时候，大陆的影子就会形成一个完美的圆。因此，大地并非如恩培多克勒和阿那克西美尼所说的那样是一个平面，也并非如留基伯所说的是一个鼓形；它也并非如赫拉克利特所说的呈碗的形状，或者如德谟克利特所说的呈凹弧面形，或者像阿那克西曼德所想象出来的柱状体，同时也不是色诺芬尼所构建出来的下边部分无限延长，而密度在向着底部削减。大地的形状就是非常完美的圆球形状，就像哲学家们所构建出来的那样。

---

① 1海里=1 852米。

第四章　天体的运动是匀速的、永恒的或复合的圆周运动

在这之后，我们就能够回想起天体的运动是圆周运动，因为球体的运动就是在圆圈上旋转。圆球通过这种运动表明其具有最为简单的物体的形状，我们既发现不了它的起点，也不知道它的终点，两者之间无法进行明确的区分，而且球体正是旋转形成的。

但是由于天上的球体非常多，其运动的轨迹也是多种多样的。在一切运动中最为明显的就是周日运动，也就是希腊人所说的νυχθήμερον，实际上就是昼夜交替的现象。通过这种运动，他们设想整个宇宙（地球除外）都是从东向西进行旋转的。这一运动被认定为所有运动的公共量度，因为我们在衡量时间的时候主要是依据天数来进行计算的。

接下来，我们还会看到相反的运动，也就是从西向东的旋转。我指的是太阳、月亮和五大行星的运行。通过这种方式，太阳给了我们年的概念，月亮给出了月的概念，这些都是最为常见的时间周期。其他的五大行星也有各自的运行轨迹。但是，很明显，这些运动与第一种运动有很多的不同之处。第一，它们并没有沿着与第一种运动相同的两极运转，而是沿着黄道的方向运转，其运转是倾斜的。第二，它们的运转并不是均匀的，因为太阳和月亮的运行有时慢些，有时又快一些，而其他的五大行星的运转有时是逆向的，有时还会暂停。太阳的运动是沿着其轨迹径直向前的，但是行星们有时还会逆行和停留。太阳径直前行，行星有时向南，有时向北，这也是它们被叫作"行星"的原因。还有一个事实可以补充，它们有时距离地球较近（这时它们处于近地点），有时又距离地球很远（这时它

们处于远地点）。

　　但是，我们必须承认，这些运动是圆周形的运动，或者是由许多圆周组成的复合运动。虽然它们的运动并不特别规律，但是仍然遵循着同样的法则，并且有周期性的反复。如果不是圆周运动的话，那么这种情形是不会出现的，因为只有圆周运动才能够使物体回归到过去的位置。例如，由圆周运动组合而成的复合圆周运动促使太阳带给我们不一样的昼夜长度，这最终导致了四季的出现。许多运动都被组合进这种运动里面，因为仅仅一个简单的球体不可能带动某个天体的不规则运动。为什么会出现这样不规律的运动呢？其或者基于内部的不稳定性，或者基于外部的不稳定性，再有就是运行中物体的变化。但是理智告诉我们，这些想法并不可信，因为在完美情况下形成的天体不应该存在如此的不足和缺陷。因此，实际的情况很可能是，这些星体的运动本来是非常规律的，但是其呈现给我们的则是非规律的状态。而导致这种误差的原因，可能是它们有着与地球不同的圆周运行极点，也可能是地球并不是它们进行圆周运转的中心。当我们从地球上进行观察的时候，我们的眼睛与其运行轨道的距离并不是固定不变的。这样，由于距离的变化，当它们靠近我们的时候，我们就觉得它们大一些，当它们的距离远一些的时候，我们就觉得它们小一些，这在光学中是已经被证明的道理。同理，由于不同的观测距离，即使在同一时间段内，它们的运动看起来也是不均等的。正是因为这个原因，我认为最重要的是证明地球与宇宙的关系，以避免我们在研究宇宙中最高的天体之时，忽略了与我们关系最密切的事物，也避免由于同样的无知和失误，把属于地球的事物归之于天体。

第五章　圆周运动对地球是否适宜，地球的位置在何处

现在，我们已经证明了大地是球形的，因此我们现在需要判定其运动是否与这一形状相符，同时探明地球在宇宙中究竟处于什么位置。如果不这样做的话，我们就不能找出天体运动的确切原因。尽管诸多权威已经判定地球静居于宇宙的中心，而任何与此相反的观点在他们看来不仅是令人难以想象的，而且是非常荒唐的。但是，如果我们进行仔细的考量，就会发现这个问题实际上尚未解决，无论如何不能对此视而不见。每个位置的变动，或者由于物体本身的运动，或者由于观测者的运动，当然也可能是这两者之间的运动频率不一致造成的。如果被观察的物体和观测者向着同一个方向以同样的速率同时移动，运动是很难被观测出来的，也就是说被观察的物体和观察者之间的相对运动是察觉不出来的。现在，我们是在地球上，观察到天界的芭蕾舞剧在我们面前重复演出。因此，如果地球真的有运动的话，那么地球外面的物体也一定会有这样的运动，只不过方向是相反的，似乎它们的运动是越过地球的。周日运动就是如此。整个宇宙（地球除外）似乎都在进行这样的运动。但是，如果你承认天空并没有参与这一运动，只有地球自西向东旋转的话，那么经过仔细的观察，你就会发现，太阳、月亮和行星的起落符合这种状况。天穹是包容万物的，它是所有物体的共有之地，这种答案听起来让人不解，为什么运动与被包容的东西有关，而不是与包容者有关？为什么与太空中的物体有关，而不是与提供这些空间的框架有关？

事实上，据西塞罗记载，毕达哥拉斯学派的赫拉克莱提斯和埃克番达斯一直持有这样的观点，锡拉库萨的希塞塔斯也是这样认为的。他们一致

认为，地球位于宇宙的中心，处于旋转状态，星星的下沉是因为地球的遮挡，而星星的升起则是因为地球旋转走了。但是这种假设带来了另外一个问题，即地球的位置问题，这同样也是非常重要的问题。迄今为止，几乎所有的人都坚信地球是宇宙的中心。如果有谁要否认这一点，那么他就会认为这种距离（地球与宇宙中心的距离），与恒星天球之间的距离相比，根本不值一提。但是如果与太阳和其他行星的轨迹相比，这还是值得考虑的，这一点是非常明显的。因为这一原因，他就会考虑，这些运动之所以不规则，主要是因为它们不是围绕地球这一中心旋转运动，而是围绕另外一个中心旋转。这样，他就为出现的不规则运动找到了一个非常完美的理由。事实是，行星们有时看起来距离地球很近，有时看起来距离地球很远，这本身也说明了地球并非它们的运行轨道的中心。但这种时远时近状况的发生究竟是地球导致的，还是行星导致的，这一问题目前还没有被弄清楚。

所以，毫不奇怪，除了周日运动之外，一定会有某些人提出还有其他运动存在。事实也的确如此，毕达哥拉斯学派的菲洛劳斯就是这样认为的，他是一位非凡的天文学家，据给柏拉图写传记的人说，柏拉图之所以前往意大利就是为了拜访这个人。他认为，地球在不断旋转，但是地球还有其他的几种运动存在，而且地球是行星之一。

很多人都认为，他们可以运用几何学的原理来证明地球的确位于宇宙的中心。与浩大无边的天穹相比，地球就是一个点，静静地居于天穹的中心位置。因为，虽然宇宙在运动，但中心是静止不动的，而越靠近中心地点，物体的运动越慢。

第六章　天比地大，无可比拟

地球虽然很大，但是与巨大的天穹相比较就显得渺小了。通过解析以下事实，我们很容易理解这一点。地平圈（这是从希腊语ὁρίζοντες翻译过来的）正好把整个天球切为相等的两半。如果地球的规模与天穹相比差不多，或者它与天穹中心的距离是相当大的，那么就不会出现这种情况。因为如果一个圆能够把球状物等分的话，那么它必须经过球心，而且这个圆必须是在这个球面上所能勾画出来的最大的圆。

如图1-1所示，我们设圆周ABCD为地平圈。现在，如果我们站在地球上进行观测，设定E为地球。地平圈把天空分为可见的和不可见的两部分。我们通过设定在点E的角度测量仪、天宫仪或水准器，可以观测到，巨蟹宫的第一颗星星在点C上升，与此同时，摩羯宫的第一颗星星看起来是在点A下降。这样，A、E、C都处于一条直线上。这条直线穿过角度测量仪，它也是黄道的一条直径，黄道的六宫则围成了一个半圆，同时，E为直线的中点，它与地平圈的中心是重合的。随后，黄道各宫的位置发生了变化，于是摩羯宫的第一颗星星在点B升起，而相对地，巨蟹宫的星星在点D沉降下去。这样，BED又成为一条直线，也成为黄道的直径。但是，正如我们前面所说，AEC也是这一圆周的直径，所以两条直径的交叉之点就必然是圆周的中心。这样就可以推导出来，地平圈是可以把天球上的这个大圆——黄道进行等分的，而能够把这个大圆进行等分的圆周，自身同时也是一个大圆。因此，我们的结论就是，地平圈就是一个大圆，其圆心与黄道的中心是重合的。假如我们在天空中选取一点，同时从地球表面和地心向这一点引出直线的话，它们肯定不能完全重合。但是，因为这两条线与地球相比，它们的长度是无限的，我们可以把它们看作平行线，而且因为它们的端点距离太遥远了，所以两条线看起来重合为一条线。依据光学的原理，这两条线的间距与它们的长度相比根本不值一提。

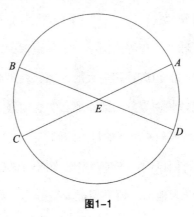

图1-1

　　通过这种论证，我们会发现，与地球的体积比起来，天穹实在是巨大无比，地球就像其中的一个小点，它们之间进行比较就是用有限去比较无限。但是，这并不能推导出我们的结论。而且，这也不能说明地球居于宇宙的中心静止不动。如果这么庞大的宇宙每24个小时就转一周，而不是其最小的那部分地球在转的话，这的确会让人感觉无比惊奇。中心是静止不动的，越靠近中心的部分转动得越慢，这并不能说明，地球就是位于宇宙的中心，它是静止不动的。这也等于说明，天穹一直在旋转，而天极是静止不动的，而越靠近天极的星座旋转得就会越慢。例如小熊星座的旋转肯定要慢于天鹰座和天狼星，因为它更靠近天极，转出来的圆圈也比较小。但是实际上，这些星座都是同一天球之内的。当这个球在旋转的时候，轴上是静止的，而球上的各部分的运动是不可能均等的。随着整个球的旋转，它们之间的运动虽然移动的空间不一样，但它们都在相同的时间内返回初始位置。

这一论证主要是为了说明地球是天球的一部分，它也在进行这一运动。但是因为它更靠近中心，所以移动是很微小的。因此，地球的确在运动，但是它并不是中心，而仅仅是一个天体，它也会扫描出圆弧，但是扫描的圆弧是比较小的。这一论点的错误实在是过于明显，因为如果按照这一论断，有的地方永远都处于中午，有的地方永远都是半夜，于是星体的周日出没不会发生，因为天穹的整体与局部的运动是一体的，是不可能分开的。

但是，情况差距很大的天体都受一种很不相同的关系左右：轨道小的天体比在较大圆圈上运动的天体转动得快。这样，土星作为行星中最高的一个，30年完成一次旋转。月亮，是距离地球最近的天球，每个月完成一次旋转。而地球每个昼夜完成一次旋转。于是，我们在这里又一次提出同样的问题，即关于天穹的周日运动的问题。此外，还有一个问题就是，如果考虑上述状况，地球的位置更加不能确定了。上述的论证只能证明，相对于地的规模，天的规模是非常巨大的，但是天究竟有多大，这个问题仍然不是非常清楚。相反，最小的而且是不可分割的一个物体，被称为"原子"。因为太细小，它们很难被感知到，即使一次取出两个或者几个，它们也不能构成一个看得见的物体。但是由于它们数量众多，如果把它们放在一起，也会形成一个可以感知到的规模。地球的位置，情况也是如此。虽然地球不在宇宙的中心，但是距离并不重要，与恒星天球相比，更是如此。

第七章 为什么古人认为地球静居于宇宙中心

　　古代的哲学家们一直试图寻找其他的原因来证明，地球位于宇宙的中心，并且是静止不动的。他们提出了轻和重的问题，并把它作为最重要的依据。在他们看来，土是最重的元素，所有具有一定重量的物体都会向它运动，而且移动的方向就是地球的正中心。

　　既然大地是球形，地上的具有重量的物体都向着地球表面垂直运动。因此，如果没有地面的阻隔，这些物体就会一直奔向地心。一条直线如果能够垂直于水平面，它就会直穿球心。这些物体抵达中心后就会在那里静止不动。既然地球处于宇宙的中心静止不动，而且它接受了一切的落体，它由于自身的重量也应保持静止不动的状态。

　　对于运动及其性质问题，古代的哲学家采用了同样的分析模式。亚里士多德曾经说过，一个物体的运动如果是单独进行的并且非常简单，就可以称作简单运动，而简单运动包括直线运动和圆周运动两种模式。直线运动既可以向上，也可以向下。于是，简单运动或者是朝向中心，也就是向下运动；或者是背离中心，也就是向上运动；或者是围绕中心，这也就是圆周运动。只有被当作重元素的土和水，才会向下即进行趋向地心的运动；而空气和火这样的轻元素，则是背离中心向上运动。但是这些元素所做的都是直线运动。而天球的运动是圆周运动，它是围绕宇宙中心展开的。亚里士多德就是这样认为的。而居于亚历山大城的托勒密则认为，如果地球处于运动状态，即使它的运动仅仅限于周日旋转，那么其结果必然也与上述道理相悖。因为，地球真的要在24小时内完成一次旋转的话，它的速度会非常快，运动也将非常剧烈。而在如此高速运转的情况下，物体就很难真正地聚集在一起，而且即便聚集在一起，高速运转也会导致它们分散。托勒密说如果是这样的话，地球早就破碎不堪，消失于天穹之中了。所以，这个想法是非常荒唐的。而且，所有的生物和其他的物体也不能保留下来。同时，落体也不会直线落下，降落到其目标设定的地点，因为运动速度过快，尚未降落，这一点已经移动开了。并且，云彩以及其他一切空中的东西都会朝着西方移动。

第八章　以往论证的不当和对它们的批驳

古人正是基于上述类似的理由，认为地球是宇宙的中心，它是静止不动的，并认为这一点是确定无疑的。即使真的有人相信地球的确是在运动的，那么他也会认为这种运动是自发的运动，而不是被迫进行的运动。因为自发和自然的运动，与受到外力和暴力产生的运动，它们的结果是不一样的，甚至是截然相反的。受到外力作用的运动不可能长期存在，最终运动的物体会趋于瓦解。而只有自然的运动才会持久，因为它的安排非常合理，将处于最佳的状态。托勒密曾经非常担心，因为地球处于不断的运动状态，地球乃至于地球上的万物最终都会分离瓦解，这实在是杞人忧天。因为地球的自转是大自然赋予的，是最好的安排，它与人类依靠智慧和技巧设计出来的产品是不一样的。但是，为什么他不担心宇宙呢？宇宙比地球大很多，运动也快很多啊。或者说是否因为无以言状的巨大运动已经把天穹拽离宇宙的中心，天穹就这样变得无比巨大了呢？又或者说，如果天穹静止不动，它是否就会直接坠落呢？

如果这样的推理正确的话，天穹将变得无比巨大，因为每隔24小时，运动经过的路程不断增加，运动把天穹带向更高的位置，运动就会更快。也就是说，速度越快，天穹就越辽阔。就这样，速度使尺度增大，尺度又引起速度变快，如此循环，最后两者都会变得越来越大。根据众所周知的物理学原理，这种无限不可能转动，也不可能运动，所以天穹只能是静止不动的。

　　有人认为，天穹之外没有任何物体，没有任何空间，什么都没有，因此天穹绝对没有向外扩展的任何可能性。可是竟有什么东西为乌有所约束，这真是奇怪。如果天穹真的是无限的，而只有内部是有限的，那么天穹之外一无所有就是一条真理。无论大小，任何一件物体都包含在天穹之内，而天穹仍然保持静止不动的状态。如果我们试图论证宇宙是有限的，最主要的论据就是它的运动。

　　宇宙究竟是有限的，还是无限的，这一问题还是留给关注自然的哲学家们去讨论吧。我们能够确认的是，地球由两极、一个球面连接在一起。我们一直在犹豫是否承认这样一个事实，即地球的运动本质上是与它的形状相适应的，我们宁愿把这一运动与整个宇宙联系起来，其实我们并不了解宇宙的限度，宇宙也不可能有限度。我们为什么不愿意承认，表面上的天穹的周日运动，事实上是地球运动所导致的呢？也许实际情况正如维吉尔在《埃涅阿斯纪》中所说的一样："我们的船只逐渐驶离海港，陆地和城市变得越来越远。"事实上，当船只在静静的海面上行驶的时候，对于船员们而言，外界事物的运动其实是船自身运动的一种错觉——他们反而设想身边所有的事物（包括他们自己）都是静止不动的。同理，由于地球的运动，人们也会产生这样一种印象，也就是整个宇宙都在旋转。但是，关于云彩，以及其他飘浮在空中的上下起伏的物体，我们应该怎么样去解释呢？也许我们只能这样设想，不仅土、水和地球一起在运动，而且还有相当部分的空气也是随着它们一起运动，它们与地球的运动遵循着同样的自然法则，尤其是空气靠近地面，由于缺乏阻力而受制于地球的影响，于是地球的不断旋转支撑了这部分空气的运动。与此同时，另一方面，靠近顶层的空气则伴随着天体进行运动，特别是那些突然出现的天体，这就是希腊人所说的"彗星"以及"长胡须的星星"。它们产生于那一区域，同其他的星星一样，它们也有起伏升降。我们可以这样说，那部分空气距离地球非常遥远，可以不受地球运动的影响。因此，最接近地球的空气以及悬浮于其中的物体，如果没有风或者其他外力的作用，似乎是静止不动的。空气里面的风不就像海洋里的波浪吗？

我们必须承认的是，宇宙体系中升降起伏的物体，其运动具有双重性，它是由直线运动和圆周运动结合而成的。由于自身的重量向下运动的物体，它们自身含有很多的土质，它们无疑拥有与所属物体相同的本质。对于那些向上升的、火性的物体，原理也是相同的。地球上的火主要来源于土性的物质，其火焰就是灼热的烟。火的性质就是能够迅速地膨胀，而且无论采用任何方法、任何工具都无法阻止这种膨胀的态势。膨胀开始于中心，然后向四周扩展。因此，如果地球上有任何一部分着火了，它都会从地心向上延伸。因此，如果一个物体非常简单，它的运动也必然是简单运动，主要是圆周运动，但是这一说法的正确性主要取决于物体所在的位置，即只有在它保持天然的位置之时，这一说法才能够成立。但如果是直线运动，物体就会偏离原来天然所处的位置，而这有悖于宇宙的秩序安排，也和其原来的图像并不相符。因此，做直线运动的物体必然处于不正常的状态，与本性也并不相符，与整体的统一性也是不一致的。或者可以进一步推论说，那些上下起伏的物体，即使没有做圆周运动，它们的运动也并不是简单的、统一的和规律的，因为它们并不完全受制于轻重的影响。这些物体坠落的时候，刚开始都非常慢，但是后来非常快。而地面上的火是我们唯一能够体会的现象，其规律则完全相反，它在上升到一定高度的时候，则会变得非常缓慢，其原因就在于地面物质的作用。

圆周运动是比较规律的，原因在于其动力永不衰竭。直线运动的动力则完全与之不同，物体一旦抵达相应的位置后，物体不再有轻重，它们的直线运动就停止了。圆周运动是整体运动，各个部分也存在直线运动，这就意味着，这两种运动是可以并存的，就像"活着"和"生病"这两种状态可以并存一样。亚里士多德把简单的运动分为三种，离中心、向中心和绕中心，这只能说是一种推理上的划分。就像点、线和面一样，它们都不能单独存在，也不能脱离实体而存在。

而且，静止不动比变化、不稳定更加高贵、更加神圣，所以认为地球处于变动的不稳定状态，比宇宙处于这种状态更为合适。同时，把运动归结于包容全部的框架之内，而不是归属于只占有一个狭小空间的地球，这一想法是非常荒谬的。最后，行星有时离地球很近，有时又离地球很远。因此，单独一个天体围绕中心的运动，既可以是向心的运动，也可以是离心的运动。由此，对于围绕中心而展开的运动，我们必须赋予它更广泛的理解，其充分条件是任何这种运动都必须环绕自己的中心。以上论证充分说明，相比于静止不动的状态，地球更可能处于运动状态。特别是考虑到周日运动的例证，更是如此。周日运动对地球更为合适。我认为，作为对问题第一部分的说明，这些已经足够了。

第九章　能否赋予地球几种运动，地球是不是宇宙的中心

　　按照上面的论述，不能否认地球的运动。那么我们现在应该仔细考虑一下地球进行的运动是否超过了一种，于是可以把地球判定为一颗行星。行星所进行的明显的非规律的运动以及它们对于地球距离的变化，都说明地球并非所有运转的中心。这些现象无法使用以地球为中心的同心圆所进行的圆周运动进行解释，因为存在的中心有许多个，提出进一步的问题就是自然而然的事了：宇宙的中心是与地球的重心重合呢，还是和别的某一点重合呢？我的个人观点是，重力是神圣的造物主在其各个构成部分中所根植的自然意志，而非别的其他任何的东西，其目的是使这些部分能够连接成为一个整体，并且呈现出球体的形状。我们可以假设，这种效果存在于太阳、月亮和其他明亮的行星上，并且让它们保持球体的形状。但是它们以不同的方式在轨道上运转。如果地球的运动也按别的方式进行，比如绕一个中心转动，那么它的运动必然会在其外的很多天体的表面上反映出来。我们会发现，周年运动就是这些运动之一。如果周年运动从太阳运动转换为地球运动，而且假定太阳是静止不动的，那么黄道各星和恒星在起伏降落中，成为晨星或者昏星的方式都将是相同的。同时，行星的停留、逆行以及重新顺行都可以看成不是行星的运动，而是通过行星表现出来的地球的运动。最后，太阳被认定是宇宙的中心。正如俗语所说，睁大双

眼，才能真正认清事物。这些天体依次运行的规律，乃至整个宇宙的和谐状态都在提醒我们正视这一真理的存在。

第十章　天球的顺序

谁都不会怀疑，在所有可见的物体之中，恒星是最高的存在。古代的哲学家希望根据行星的运转规模来界定它们的顺序，他们的论据在于，在物体运转速度相同的情况下，物体越远，运转看起来显得越慢，这也是欧几里得在《光学》一书中所论证过的。他们也认为，由于月亮紧邻地球，转的圆圈最小，因此所需的时间也是最短的。与之相对的是，土星转的圈子最大，因此时间也是最长的。土星之后，依次是木星和火星。

但是，关于金星和水星则存在不同的看法。它们与其他行星不同，并不是每次都通过太阳的大距①。因此，有些人把它们排在太阳之上，就像柏拉图在《蒂迈欧篇》中所做的那样，而有些人把它们排在太阳之下，就像托勒密和许多其他现代人所做的那样。阿耳比特拉几的做法更为奇特，他把金星摆在太阳上面，水星则摆在太阳下面。柏拉图的追随者认为，所有的行星本身都是暗淡无光的，它们能够发光是因为接受了从太阳发出的光线。由此，他们认为，如果行星在太阳的下方，由于与太阳之间的视距原因，它们看起来应该是半圆或者是部分的球形。因为它们所能够接收到的光线大部分都是向上反射的，也就是向着太阳的方向，就像我们所看到

---

① 金星与太阳的大距约为45；水星与太阳的大距约为24；而土星、木星和火星与太阳的大距有任何可能，最大可达180。

的新月或者残月的那种状况。而且，他们还说，行星在太阳前面运行的时候，太阳会被遮挡[1]，而太阳被遮挡的部分与行星的大小呈正比例的关系。由于从来没有人观测到这种现象，所以柏拉图的追随者断定这些行星无论如何都没有居于太阳的下面。

与此相对立的是，那些认为金星和水星位于太阳下方的人，他们的论据在于太阳和月亮之间存在的巨大空间。他们发现，月亮距地球的最远距离为地球半径的$64\frac{1}{6}$倍。这大约是太阳与地球之间最近距离（即1 160个地球半径）的$\frac{1}{18}$。因此，太阳、月亮之间相距1 096个地球半径。为了不让庞大的太空过于空旷，他们认为近地点和远地点之间的距离——根据各个天球的厚度计算——正好能够填满这一空间。在这种状况下，月亮的远地点，正好挨着水星的近地点，而水星的远地点正好挨着金星的近地点，最后，金星的远地点几乎触及太阳的近地点。他们计算的结果是，水星的近地点和远地点之间的距离大概是$177\frac{1}{2}$个地球半径，而金星的近地点和远地点之间的距离大概是地球半径的910倍，正好能够填充剩余的空间。

因此，他们并不承认这些行星是不透明的物体，就像月亮一样。这些行星或者有自己的光线，或者依靠吸收太阳光发亮。它们并不会遮挡太阳，与太阳相比，它们都比较微小，所以谈不上遮挡。即使金星比水星要大一些，但还是无法遮挡住太阳的百分之一，巴塔尼就坚持认为，太阳的直径达到金星的10倍，这有如在强烈的光线中去寻找一个极其微小的斑点，难度非常大。阿维罗斯在《托勒密〈天文学大成〉注释》中记录到，他在观测太阳与水星相合的时候，看到了一个黑色的物体，于是他断定，

---

[1] 在哥白尼去世前从没有人观测到金星或水星凌日。

这两个行星居于太阳的下方。

但是通过以下的事实，我们会发现这种推理方式实在太不可靠了。按照托勒密的说法，月亮距离地球的最短距离大约是地球半径的38倍，但结果实际是大于49倍，这一点我们将在后面进行分析。但是，据我们所知，在这一广阔的空间中除了空气什么都没有，当然，如果你想这样说的话，也可以称之为火的元素。

而且，事实上，金星本轮的直径——这也是金星在太阳两侧的大距约为45的原因——是地心距离金星近地点的6倍，对此我们将在适当的时候予以说明。如果金星仅仅是围绕一个静止不动的地球在旋转，那么他们怎么解释地球、空气或者月亮、水星，以及庞大的金星本轮所占据的空间，还有其他什么东西呢？

而且，托勒密认为，太阳居于与太阳有任何可能的大距的行星和与太阳有固定的大距的行星之间的位置，这一观点是多么的荒谬，因为事实很清楚，月亮也与太阳有任何可能的大距。

究竟是什么导致了这些状况的出现呢？某些人认为金星在太阳下面，紧接着是水星，或者按照其他的顺序把它们分离开来——他们的理由是：金星和水星与其他行星不同，只有它们在受太阳支配的轨道上运行——如果不打乱行星按照其运行快慢排列的顺序的话。因此，可能的情况是，或者按照行星和天球的排列顺序，地球并不是中心，或者我们没有足够的理由说明它是有序运行的，也没有足够的理由证明为什么是土星而不是木星或者其他任何别的行星占据了最高的位置。

因此，我判定，乌尔提亚努斯·卡佩拉（他是一本百科全书的作者）还有其他的一些拉丁学者，他们的观点是值得认真思索的。他们认为，金星和水星以太阳为中心进行旋转，他们也坚持认为，金星和水星不能脱离其轨道所允许的程度。它们并不是围绕着地球旋转，这和其他的行星并不一样，但是它们的近地点和远地点是可相互易位的（在恒星的范围之内）。他们认为，天球的中心是围绕着太阳的，这意味着什么呢？水星这一天球被包围在金星的天球里面——后者大约是前者的2倍——在这个广阔的空间内水星占据非常广阔的空间。因此，如果某些人以此为例，认为土星、木星和火星也以此为中心，并且认为这些行星的天球非常巨大，能够把金星、水星和地球都包容在内并绕着它们旋转，也许他们的看法并没有错，因为行星运动的图像可以说明这一点。

已经被证明的一点是，这些行星在黄昏升起时距离地球是最近的，这时它们与太阳处于对冲，地球正好位于行星与太阳中间。行星在黄昏下落时距离地球最远，这时太阳位于行星和地球之间，这些行星更靠近太阳一些，因此看不见。所有这些都说明，它们的中心与太阳有关，而这也与金星和水星运转的规律相符合。但是既然它们拥有共同的轨道中心，那么金星的凸天球与火星的凹天球之间的空间就必然被看作一个天球，或者考虑到它们表面的状况，它们是同心的。它们能够容纳地球，地球的卫星月球，以及月亮这一天球所能够包含的一切。因为月亮非常靠近地球，所以无论如何我们都不可能把月亮和地球分开，特别是当我们发现这个空间正好可容纳月球的时候。因此，我们并不羞于承认，这一区域以月亮和地球为中心，能够在其他行星之间每年绕太阳转出一个非常大的圆圈。

我也可以说，宇宙的中心靠近太阳。进一步说太阳是静止不动的，任何归属于太阳的运动实际都是通过地球的运动展现出来的。宇宙非常巨大，因此尽管日地之间的距离与其他行星之间的距离相比比较恰当，但是相对于恒星的天球而言，它就显得特别微小了。我发现，相对于认为地球是宇宙的中心，设想有无数的天球，这种观点更容易接受，因为前者会导致人的思维处于混乱的状态。我们应该坚信造物主是极具智慧的，他一定不会制造出很多烦琐无用的东西，造物主经常会赋予一个物品多种功能。尽管这些论述与大部分人的观点截然不同，使好多人不能理解，但借助上帝的帮助，我一定能把这个问题清晰地阐述出来，让那些仍然不理解天文学的人能够明白。

因此，第一法则仍然是最可信的——没有人提出一个更好的法则——即天球的规模可以根据时间计算出来，于是天球的排列将遵循图1-2所示的顺序。

1.静止不动的恒星天球
2.土星的30年公转
3.木星的12年公转
4.火星的2年公转
5.地球连同月亮的每年一次公转
6.金星的7个月公转
7.水星的88天公转
太阳

图1-2

先从最高点开始，最高的，也是排名第一的天球就是恒星，它包罗万象，静止不动。它是宇宙得以运行的空间，所有其他天体的运动和位置都以它作为参考标准。当然，也有人对此持有不同的观点，认为恒星在某种程度上也在运动，但是我将给出不同的观点。恒星下面是土星，每隔30年，土星完成一次轨道环行。土星下面是木星，每隔12年，完成一次公转环行。再下面是火星，每两年完成一次公转环行。在这个序列中，占据第四位的是每年进行一次公转的地球和月球。居于第五位的是金星，每隔$7\frac{1}{2}$个月回归原处。第六位，也是最后一位的是水星，它每隔88天完成一次公转。所有这些都是以太阳为中心，而太阳居于宇宙中的中心，它有如这座美丽寺庙里的一盏明灯，它能够照亮一切，我们再也找不到一个更适合它的位置了。事实上，虽然有人把太阳比喻成灯笼，有人把其拟为整个宇宙的主宰，这并不恰当。赫尔墨斯称太阳为"能够看见的上帝"，索福克勒斯笔下的厄勒克特拉宣称太阳能够"洞察一切"。于是，太阳似乎就应该居于王位来统领所有围绕它运转的行星们。当然，地球能够统领月亮。正如亚里士多德在关于动物的一本书中描述的，月亮同地球之间有着最近的亲属关系。地球与太阳交媾，最终导致地球怀孕，每年产子一次。

在这种排列组合中，我们会发现，宇宙的对称性非常奇妙，天球的运动和规模也是非常和谐的组合，这在其他任何轨道圈中都是找不到的。如果一位观测者足够细心的话，他会发现木星运转产生的弧，看起来要长于土星，无论顺行逆行都是如此，但是木星的弧却比火星的弧看起来要短。接下来，金星的弧要长于水星。而对于土星来说，这种转换方向的频率更快一些。但是，相比于水星，对于火星和金星来说，却极为罕见。另外，如果土星、木星以及火星处于冲日状态，相比于它们处于掩星状态并且消失不见时应该距离地球更近一些。但是，火星的情况比较特别。当火星冲日的时候，它的规模几乎与木星相同，只能通过颜色（红色）对它进行辨别。但是它在其他的情形下，只能算作一个二等星，非经仔细观察根本无法辨别。这种现象都可以归结为地球的运动。

但是恒星们不具备那样明显的表象，这也说明它们太遥远了，我们的肉眼无法观测到其周年的运转状况。光学的研究早已经说明了这一点，每个物体都有可视范围，超出一定距离，它就无法被看到了。最远的行星就是土星，它与恒星之间的距离非常大。这实际上也是恒星与行星的区别所在，也是运动与不动物体之间的差异所在。造物主的神来之笔果然非常伟大。

第十一章　地球三重运动的证据

行星的诸多运动都被证明与地球密切相关，现在我们用地球运动所能解释的现象，对这些运动做一总结。总体来说，地球的运动是三重运动。

第一重运动，就是希腊人所说的"νυχθημερινος"，也就是导致昼夜变化的自转运动，这也是围绕地球轴心所进行的自西向东的运动，于是宇宙看起来就在进行反方向的运动。这种运转方式描绘出赤道或者均日圈运动，所谓"均日圈"，是某些人模仿了希腊的表述方式"ισημερινος"。

第二重运动就是地心的周年运动，这种运动是地心围绕太阳在黄道上的运动，同样，其也是自西向东的运动，遵循的顺序是黄道十二宫。地球在金星与火星之间进行运转，与陪伴它的物体一起运动。由于这种运动，太阳似乎在黄道上也在做同样的运动。因此，当地心穿过摩羯宫的同时，太阳似乎在穿过巨蟹宫。而地心通过宝瓶宫之际，太阳则在狮子宫，诸如此类，正如我们以前谈过的那样。

众所周知，赤道、地轴，相对于穿过黄道各宫中心的圆、平面都具有一种可以变化的倾角。如果它们的倾角是固定不变的，而且只受地心运动的影响，昼夜不均等的现象就不会出现。与之相反，有些地方就会出现最长或最短的白昼，或者昼夜均等，或者会出现永远是夏天或冬天的情况，或者固定在其他某一个季节之中。因此，我们需要关注第三种运动，就是倾角运动。倾角运动也是一种周年旋转运动，但是它循与黄道十二宫相反的次序，即在与地心运动相反的方向上进行。虽然这两种运动方向完全相反，但是运行的周期却基本是相同的。地球自转的轴与地球上最大的纬度圈（赤道），看起来都指向宇宙中的同一部分，而且看起来是固定不动的状态。同时，太阳看起来是沿黄道在倾斜的方向上运动。它也在绕地心运动，地心看起来就像宇宙中心一样。但是，需要记住的是，对于我们而言，相比较于恒星的天球来说，日地之间的距离几乎是可以忽略不计的。

解释如此复杂的问题，仅仅用语言是不够的，最好加上图形（图1-3）进行说明。

首先，画一个圆$ABCD$，这一圆圈代表地心在黄道面上进行周年运转的轨迹。E代表太阳，两条直径AEC和BED，它们一共把圆周分为4个部分。A为巨蟹宫的第一点，B为天秤宫的第一点，C为摩羯宫的第一点，D则为白羊宫的第一点。我们首先把地心放在点A，地球赤道为$FGHI$，它与黄道并非位于同一平面。直径GAI是赤道面与黄道面的交线。FAH是与GAI垂直的一条直径，F是赤道上最大南倾点，H则为最大北倾点。通过这一设定，居于地球上的人在冬至的时候将会看到E附近的太阳在摩羯宫附近，因为赤道上最大北倾点H是面向太阳的。赤道与直线AE之间形成了一个倾

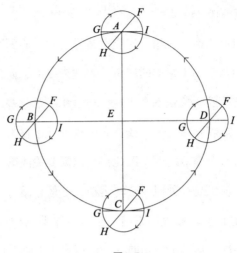

图1-3

角，那么周日运动所描绘出来的轨迹就与赤道平行，其间距就是倾斜度为 *EAH* 的南回归线。

现在令地心循从西向东的方向运行，*F* 作为最大的倾斜点，在相反的方向上转动同样的角度，到达点 *B* 的时候，它们都已经转过了四分之一个圆。同时，由于运转的量是相等的，角 *EAI* 总是与角 *AEB* 相等，而直径一直保持互相平行，无论是 *FAH* 和 *FBH*、*GAI* 和 *GBI*，以及赤道和赤道都是一样的。在巨大的天穹之中，同样的现象会反复出现，原因我们已经多次论述过了。因此，从天秤宫的第一点 *B* 看去，*E* 看起来是在白羊宫，黄道与赤道的交线落在直线 *GBIE* 那里。而在周日运转中，轴线的垂直平面也必定不会偏离这条线。与此相反，自转轴整个倾斜在侧平面上。太阳看起来落在了春分点之上。如果让地心在同样的条件下继续运动，当它到达点 *C*，也就是行走了半圈的时候，太阳看起来即将进入巨蟹宫。赤道上最大南倾点 *F* 将面对太阳。太阳看起来是在北回归线上进行运动，它与赤道形成的倾角就是ECF。紧接着，当点F运转四分之三个圆的时候，GI将与ED线处于重合状态。那么太阳则落在了天秤座的秋分点上。随后，运动继续进行，HF逐渐朝向了太阳的方向，周而复始，又回到了我们探讨的起点。

换一种方式来解释。在我们画的平面之中，设定AEC既为黄道面上的一条直径，同时也是黄道面与垂直平面的交线。在垂直平面上，绕点A和点C（相当于巨蟹宫和摩羯宫）各画一个通过两极的地球经线圈（图1-4）。把这个经线圈命名为$DGFI$，地轴为DF，北极为D，南极为F，GI为赤道的直径。因此，当F转向位于点E的太阳之际，赤道向北的倾角就是IAE，由于周日旋转的原因，太阳看起来就像是沿着南回归线运动。南回归线平行于赤道，位于赤道的南侧，其距离为LI，KL为直径。更进一步，站在AE的方向进行观察，周日自转的结果是产生了一个锥面，这个锥面以地心为顶，以平行于赤道的圆周为底。与它相对立的点C，情况非常相似，只不过处于相反的方向。现在情况变得很清楚，即对于地心运动与倾斜面的运动，如何让它们结合起来，使地轴保持固定方向和几乎一样的位置，然后使这一切现象看起来是与太阳有关的运动。

图1-4

我曾经说过地心和倾斜面的周年运转几乎是相等的。如果它们刚好相等，两分点、两至点、黄道倾角相对于恒星天球都不会发生变化。但是小小的偏差一定会存在，只不过需要经过很长时间，等它变大的时候才能被发现。从托勒密时代算起，一直到现在，两分点的岁差一共才21。正是因为存在偏差，某些人认为恒星也是运动的，并设想存在一个超越于一切之上的第九重天球。但是这一设想已经被证明是不可能的。最近，还有一些学者更设想了一个第十重天球。但是，这同样达不到我希望运用地球运动所达到的目的。我将把这一点作为证明其他运动的原理和假设。

第十二章　圆周的弦长

我们按照数学家的普遍做法，把圆分为360度，而古人则是把直径划分为120等份。但是现代人为了避免弦长（通常是长度不可公度的，甚至平方时也如此）在乘除的过程中出现分数的麻烦，采用1 200 000等份的方式，还有人取的数值是2 000 000，当然在阿拉伯的数字投入使用之后，也有人创建其他合适的数值。这样的运算体系，明显超过了希腊和拉丁的体系。因此，我采用的方法也是把直径划分为200 000份，尽可能地排除误差，如果数量之比不是整数的时候，我们取的是近似值。下面，我将按照托勒密的方法，运用六条定理和一个问题来对这一问题进行说明。

定理一

圆的直径是给定的，则内接三角形、正方形、五角形、六角形和十角形边长也是给定的。

直径的一半，也就是半径，与六角形的边长是相等的（欧几里得的《几何原本》可以说明）。三角形边长的平方是六角形边长的平方的3倍，正方形边长的平方则是六角形边长的两倍。于是，如果六角形的边长是100 000单位，正方形边长则为141 422单位，三角形边长为173 205单位。

如图1-5所示，令六角形的边长为AB，根据《几何原本》的第2卷，第11命题，或者第6卷，第30命题，点C将AB分为成黄金比例的两段。设CB为较长的一段，把它延长并取同样的长度BD。因此，整条线ABD也被分为成黄金比例的两段。BD是较短的一段，它是内接于圆的十角形的一边，AB是六角形的一边。关于这一点，《几何原本》第13卷，第5命题、第9命题已经解释得很清楚了。

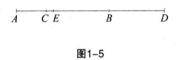

图1-5

BD也可以通过这种方法求出。AB于点E被等分，从《几何原本》的第13卷，第3命题可知，EBD平方为EB平方的5倍。EB长度为50 000单位。由它的平方的5倍可得EBD的长度为111 803单位。如果把EB的50 000单位减掉，剩下BD的61 803单位，也就是我们所求的十角形的边长。

而且，五角形的边长平方等于六角形边长与十角形边长平方相加之和。可知五角形边长为117 557单位。

因此，当圆的直径已知时，内接三角形、正方形、五角形、六角形和十角形的边长均可求得——正如我们在上面论证过的。

推论

于是，非常清楚的是，当任意圆弧的弦已知的时候，半圆其余部分所对应的弦的长度也是可以求得的。

既然半圆中内接的角为直角，那么在这一直角三角形中，与直角相对应的边，也就是直径，它的平方等于直角其余两边的平方的和。十角形一个边所对应的弧的圆心角是36 。通过定理一，我们已经求证了其长度为61 803单位，直径是200 000单位。于是，半圆其余144 对应的弦长是190 211单位。五角形一个边的长度是117 557单位，其对应的弧的圆心角则是72 ，而半圆其余的108 对应的弦长为161 803单位。

定理二

如果一个四边形内接于圆，以对角线为边所作的矩形，与两组对边所作的矩形之和是相等的。

如图1-6所示，我们设$ABCD$为圆内接的四边形，对角线的乘积$AC \times DB$等于$AB \times DC$和$AD \times BC$两个乘积之和。

现在，我们令

$$角ABE = 角CBD$$

于是，

$$角ABD = 角EBC$$

于是角EBD为双方共有，而且

$$角ACB = 角BDA$$

因为它们对应的是圆周上的同一段弧。因此两个三角形BCE和BDA相似，它们的对应边成比例，于是

$$BC : BD = EC : AD$$

$$EC \times BD = BC \times AD$$

因为ABE和CBD两角是相等的，而BAC与BDC两角由于截取同一圆弧

而相等，所以*ABE*和*CBD*两个三角形也相似。

于是，和前面一样，$AB : BD = AE : CD$，乘积$AB \times CD$等于乘积$AE \times BD$。

已经证明$AD \times BC$等于乘积$BD \times EC$。相加便得乘积$BD \times AC$等于两个乘积$AD \times BC$与$AB \times CD$之和。

这就是所需要证明的。

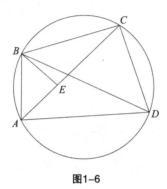

图1-6

定理三

如果在一个半圆之中，已知两段不相等的弧所对应的弦长，那么就可以求得两弧的差所对应的弦长。

如图1-7所示，在半圆*ABCD*之中，*AD*为直径，*AB*和*AC*分别对应不相等的弧。我们需要求的是*BC*的弦长。通过上述方法，我们可以求得半圆中弧所对应的弦*BD*和*CD*。半圆中形成了四边形*ABCD*，已知其对角线*AC*和*BD*，三边*AB*、*AD*和*CD*，按照定理二，在这个四边形中，乘积$AC \times BD$等于两个乘积$AB \times CD$和$AD \times BC$之和。因此，从乘积$AC \times BD$中减去$AB \times CD$，剩下的乘积为$AD \times BC$。如果将之除以*AD*（这是能办到的），便可求出弦长BC。

进一步而言，例如，如果上述过程中五角形和六角形的边长是已知的，它们的差所对应的弧的圆心角就是12，所对的弦长可求得为20 905单位。

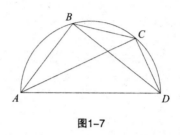

图1-7

定理四

如果任意弧所对应的弦是已知的，那么就可知半个弧所对应的弦长。

如图1-8所示，假定圆为ABC，AC为其直径，BC为已知的与其弧相对应的弦，从圆心E，作直线EF垂直于BC。根据《几何原本》的第3卷，第3命题，点F把BC等分。现在，把EF延长到D，D把弧等分。画出弦AB和BD。三角形ABC和EFC为相似直角三角形，因为它们有共同的角ECF。因为

$$CF = \frac{1}{2}BFC$$

所以

$$EF = \frac{1}{2}AB$$

但是AB已知，由半圆其余的弦长可以推论出这一点，于是EF也相应可知，半径的剩余部分DF也就可知。画直径DEG，连接BG。于是在三角形BDG中，从直角顶点B向斜边作一条垂线BF，于是

$$GD \times DF = BD^2$$

因此，BD 的长度可知，它是弧 BDC 的一半所对应的弦。而且，因为对应 12 的弦长已经求出，对应 6 的就为 10 467 单位，对应 3 的为 5 235 单位。对应 $1\frac{1}{2}$ 的为 2 618 单位，对应 $\frac{3}{4}$ 的为 1 309 单位。

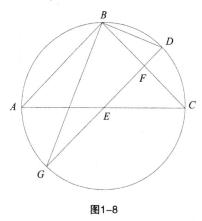

图1-8

定理五

再次，两个弧所对应的弦已知，那么就可以求得两弧之和与所对应的弦长。

圆内的两段弦 AB 和 BC 已知，可证它们对应的整个 ABC 弧的弦长也就已知。

如图1-9所示，画直径 AFD 和 BFE，直线 BD 和 CE。鉴于已知 AB 和 BC，弦 $DE=$ 弦 AB，用前面的定理一的推论就能求得这些弦长。

连接 CD，完成四边形 $BCDE$，其对角线 BD、CE，三个边 BC、DE 和 BE 都可求出，剩余的一边 CD 也可以求出。因此与半圆余下部分所对的弦 CA 可以得到，这就是整个 ABC 弧所对应的弦。这也就是我们要寻求的结果。

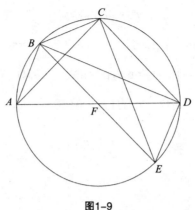

图1-9

再进一步说，3、$1\frac{1}{2}$ 和 $\frac{3}{4}$ 所对应的弦长也可以求得。通过这种间距的方法，可以构建一个非常精确的表格。但是如果需要增加1或者 $\frac{1}{2}$ 的话，把两段相加起来，或者再进行其他运算，求得的弦长能否正确就得不到保证。因为我们没有发现它们之间的图形关系。但是，为了避免出现这样的误差，我们可以采用另一种方法，但是前提是要有一个很精确的数字。这也是托勒密曾经计算过的1和 $\frac{1}{2}$ 所对应的弦长。

定理六

大弧与小弧之比，大于所对应的两弦长之比。

在一个圆内，令AB和BC为不相等的相邻的两条弧，BC更大一些，如图1-10所示。

可证弧BC：弧AB大于构成B角的弦的比值BC：AB。这些弦构成角B，直线BD等分B角。连接AC，与BD相交于E，连接AD和CD。于是，因为对应的弧相等，所以

$$AD=CD$$

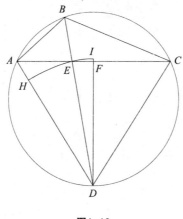

图1-10

相应地，在三角形ABC之中，角的等分线与AC交于点E，于是

$$EC : AE = BC : AB$$

而且，因为

$$BC > AB$$

于是

$$EC > EA$$

作DF垂直于AC，于是点F等分AC，点F必将在较长的EC之内。

在每个三角形中，大角对长边。因此在三角形DEF之中，边DE比边DF长。更进一步，AD长于DE，因此，以D为圆心，以DE为半径所画的圆弧，将与AD相交，并且超出DF。令此弧与AD相交于H，并令它与DF的延长线相交于I。

因为

$$扇形EDI > 三角形EDF$$

但是

$$三角形DEA > 扇形DEH$$

因此，

$$三角形DEF：三角形DEA < 扇形EDI：扇形DEH$$

但是，扇形与其弧或者圆心角是成正比的关系，而顶点相同的三角形与它们的底也成正比。于是

$$角EDF：角ADE > 底边EF：底边AE$$

因此，由合比定理可知

$$角FDA：角ADE > 底边AF：底边AE$$

通过同样的方式，可以得出

$$角CDA：角ADE > 底边AC：底边AE$$

由分比定理可知，

$$角CDE：角EDA > 底边CE：底边EA$$

然而，

$$角CDE：角EDA = 弧CB：弧AB$$

$$底边CE：底边AE = 弦BC：弦AB$$

因此，

$$弧CB：弧AB > 弦BC：弦AB$$

证明完毕。

问题

弧总是比其对应的弦要长一些，因为对于相同的两个端点而言，直线是最短的距离。但是，随着弧长不断减小，不等式逐渐趋于等式，以至最终直线和圆弧同时消失于圆的一个切点。因此，在这种情况最终形成之

前，它们之间虽然存在差异，但是非常难以注意到。

例如，如图1-11所示，设弧AB对应的圆心角为3，弧AC对应的圆心角为$1\frac{1}{2}$，直径＝200 000单位，由定理四可知，弦AB＝5 235单位，而且，弦AC＝2 618单位，尽管

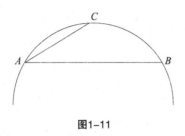

图1-11

$$弧AB＝2弧AC$$

但是

$$弦AB＜2弦AC$$

同时，

$$弦AC－2\,617单位＝1单位$$

如果我们令

$$弧AB＝1\frac{1}{2}$$
$$弧AC＝\frac{3}{4}$$

于是

$$弦AB＝2\,618单位$$

$$弦AC＝1\,309单位$$

而且，尽管AC应该大于AB弦长的一半，但是看起来它们似乎一样长。两弧之比与两弦之比基本是一样的。因此可知，我们现在的状况就是，直线

和弧线之差基本无法体察，它们似乎已经重合成为一条直线。因此，我认为 $\frac{3}{4}$ 与 1 309 单位的比值，可以运用到 1 或某些分度所对应的弦。于是，我们可以把 $\frac{1}{4}$ 加上 $\frac{3}{4}$ ，求得 1 所对应的弦长为 1 745 单位，$\frac{1}{2}$ 则对应 $872\frac{1}{2}$ 单位，$\frac{1}{3}$ 对应 582 单位。

但是，我认为，只要在表格中把倍弧所对应的半弦列入就很充分了。这种方法很简单，就是把以往要在半圆之内展开的数值都压缩于一个四分之一圆周之内。之所以使用这样的方法，在于我们在做证明题和进行计算的时候，半弦的确比整弦用途更广。我列出的表格（表1-1）里，每 $\frac{1}{6}$ 都有一个值，共有三栏：第一栏为度数，以及六分之几度；第二栏为倍弧所对的半弦数值；第三栏则是把相邻两个半弦之间的差额列出来。使用这些差额，就可以依据比例相加，查出特定角度相应的半弦数值。

表 1-1　圆周弦长

弧		倍弧所对半弦	相邻半弦的差额	弧		倍弧所对半弦	相邻半弦的差额	弧		倍弧所对半弦	相邻半弦的差额
度	分			度	分			度	分		
0	10	291	291	7	0	12 187	289	13	50	23 910	282
0	20	582	291	7	10	12 476	288	14	0	24 192	282
0	30	873	290	7	20	12 764	289	14	10	24 474	282
0	40	1 163	291	7	30	13 053	288	14	20	24 756	282
0	50	1 454	291	7	40	13 341	288	14	30	25 038	281
1	0	1 745	291	7	50	13 629	288	14	40	25 319	282
1	10	2 036	291	8	0	13 917	288	14	50	25 601	281
1	20	2 327	290	8	10	14 205	288	15	0	25 882	281
1	30	2 617	291	8	20	14 493	288	15	10	26 163	280
1	40	2 908	291	8	30	14 781	288	15	20	26 443	281
1	50	3 199	291	8	40	15 069	287	15	30	26 724	280
2	0	3 490	291	8	50	15 356	287	15	40	27 004	280
2	10	3 781	290	9	0	15 643	288	15	50	27 284	280
2	20	4 071	291	9	10	15 931	287	16	0	27 564	279
2	30	4 362	291	9	20	16 218	287	16	10	27 843	279
2	40	4 653	290	9	30	16 505	287	16	20	28 122	279
2	50	4 943	291	9	40	16 792	286	16	30	28 401	279
3	0	5 234	290	9	50	17 078	287	16	40	28 680	279
3	10	5 524	290	10	0	17 365	286	16	50	28 959	278
3	20	5 814	291	10	10	17 651	286	17	0	29 237	278
3	30	6 105	290	10	20	17 937	286	17	10	29 515	278
3	40	6 395	290	10	30	18 223	286	17	20	29 793	278
3	50	6 685	290	10	40	18 509	286	17	30	30 071	277
4	0	6 975	290	10	50	18 795	286	17	40	30 348	277
4	10	7 265	290	11	0	19 081	285	17	50	30 625	277
4	20	7 555	290	11	10	19 366	286	18	0	30 902	276
4	30	7 845	290	11	20	19 652	285	18	10	31 178	276
4	40	8 135	290	11	30	19 937	285	18	20	31 454	276
4	50	8 425	290	11	40	20 222	285	18	30	31 730	276
5	0	8 715	290	11	50	20 507	284	18	40	32 006	276
5	10	9 005	290	12	0	20 791	285	18	50	32 282	275
5	20	9 295	290	12	10	21 076	284	19	0	32 557	275
5	30	9 585	289	12	20	21 360	284	19	10	32 832	274
5	40	9 874	290	12	30	21 644	284	19	20	33 106	275
5	50	10 164	289	12	40	21 928	284	19	30	33 381	274
6	0	10 453	289	12	50	22 212	283	19	40	33 655	274
6	10	10 742	289	13	0	22 495	283	19	50	33 929	273
6	20	11 031	289	13	10	22 778	284	20	0	34 202	273
6	30	11 320	289	13	20	23 062	282	20	10	34 475	273
6	40	11 609	289	13	30	23 344	283	20	20	34 748	273
6	50	11 898	289	13	40	23 627	283	20	30	35 021	272

弧		倍弧所对半弦	相邻半弦的差额	弧		倍弧所对半弦	相邻半弦的差额	弧		倍弧所对半弦	相邻半弦的差额
度	分			度	分			度	分		
20	40	35 293	272	27	30	46 175	258	34	20	56 400	241
20	50	35 565	272	27	40	46 433	257	34	30	56 641	239
21	0	35 837	271	27	50	46 690	257	34	40	56 880	239
21	10	36 108	271	28	0	46 947	257	34	50	57 119	239
21	20	36 379	271	28	10	47 204	256	35	0	57 358	238
21	30	36 650	270	28	20	47 460	256	35	10	57 596	237
21	40	36 920	270	28	30	47 716	255	35	20	57 833	237
21	50	37 190	270	28	40	47 971	255	35	30	58 070	237
22	0	37 460	270	28	50	48 226	255	35	40	58 307	236
22	10	37 730	269	29	0	48 481	254	35	50	58 543	236
22	20	37 999	269	29	10	48 735	254	36	0	58 779	235
22	30	38 268	269	29	20	48 989	253	36	10	59 014	234
22	40	38 537	268	29	30	49 242	253	36	20	59 248	234
22	50	38 805	268	29	40	49 495	253	36	30	59 482	234
23	0	39 073	268	29	50	49 748	252	36	40	59 716	233
23	10	39 341	267	30	0	50 000	252	36	50	59 949	232
23	20	39 608	267	30	10	50 252	251	37	0	60 181	232
23	30	39 875	266	30	20	50 503	251	37	10	60 413	232
23	40	40 141	267	30	30	50 754	250	37	20	60 645	231
23	50	40 408	266	30	40	51 004	250	37	30	60 876	231
24	0	40 674	265	30	50	51 254	250	37	40	61 107	230
24	10	40 939	265	31	0	51 504	249	37	50	61 337	229
24	20	41 204	265	31	10	51 753	249	38	0	61 566	229
24	30	41 469	265	31	20	52 002	248	38	10	61 795	229
24	40	41 734	264	31	30	52 250	248	38	20	62 024	227
24	50	41 998	264	31	40	52 498	247	38	30	62 251	228
25	0	42 262	263	31	50	52 745	247	38	40	62 479	227
25	10	42 525	263	32	0	52 992	246	38	50	62 706	226
25	20	42 788	263	32	10	53 238	246	39	0	62 932	226
25	30	43 051	262	32	20	53 484	246	39	10	63 158	225
25	40	43 313	262	32	30	53 730	245	39	20	63 383	225
25	50	43 575	262	32	40	53 975	245	39	30	63 608	224
26	0	43 837	261	32	50	54 220	244	39	40	63 832	224
26	10	44 098	261	33	0	54 464	244	39	50	64 056	223
26	20	44 359	261	33	10	54 708	243	40	0	64 279	222
26	30	44 620	260	33	20	54 951	243	40	10	64 501	222
26	40	44 880	260	33	30	55 194	242	40	20	64 723	222
26	50	45 140	259	33	40	55 436	242	40	30	64 945	221
27	0	45 399	259	33	50	55 678	241	40	40	65 166	220
27	10	45 658	259	34	0	55 919	241	40	50	65 386	220
27	20	45 917	258	34	10	56 156	240	41	0	65 606	219

续表

弧		倍弧所对半弦	相邻半弦的差额	弧		倍弧所对半弦	相邻半弦的差额	弧		倍弧所对半弦	相邻半弦的差额
度	分			度	分			度	分		
41	10	65 825	219	48	0	74 314	194	54	50	81 784	167
41	20	66 044	218	48	10	74 508	194	55	0	81 915	167
41	30	66 262	218	48	20	74 702	194	55	10	82 082	166
41	40	66 480	217	48	30	74 896	194	55	20	82 248	165
41	50	66 697	216	48	40	75 088	192	55	30	82 413	164
42	0	66 913	216	48	50	75 280	191	55	40	82 577	164
42	10	67 129	215	49	0	75 471	190	55	50	82 741	163
42	20	67 344	215	49	10	75 661	190	56	0	82 904	162
42	30	67 559	214	49	20	75 851	189	56	10	83 066	162
42	40	67 773	214	49	30	76 040	189	56	20	83 228	161
42	50	67 987	213	49	40	76 229	188	56	30	83 389	160
43	0	68 200	212	49	50	76 417	187	56	40	83 549	159
43	10	68 412	212	50	0	76 604	187	56	50	83 708	159
43	20	68 624	211	50	10	76 791	186	57	0	83 867	158
43	30	68 835	211	50	20	76 977	185	57	10	84 025	157
43	40	69 046	210	50	30	77 162	185	57	20	84 182	157
43	50	69 256	210	50	40	77 347	184	57	30	84 339	156
44	0	69 466	209	50	50	77 531	184	57	40	84 495	155
44	10	69 675	208	51	0	77 715	182	57	50	84 650	155
44	20	69 883	208	51	10	77 897	182	58	0	84 805	154
44	30	70 091	207	51	20	78 079	182	58	10	84 959	153
44	40	70 298	207	51	30	78 261	181	58	20	85 112	152
44	50	70 505	206	51	40	78 442	180	58	30	85 264	151
45	0	70 711	205	51	50	78 622	179	58	40	85 415	151
45	10	70 916	205	52	0	78 801	179	58	50	85 566	151
45	20	71 121	204	52	10	78 980	178	59	0	85 717	149
45	30	71 325	204	52	20	79 158	177	59	10	85 866	149
45	40	71 529	203	52	30	79 335	177	59	20	86 015	148
45	50	71 732	202	52	40	79 512	176	59	30	86 163	147
46	0	71 934	202	52	50	79 688	176	59	40	86 310	147
46	10	72 136	201	53	0	79 864	174	59	50	86 457	145
46	20	72 337	200	53	10	80 038	174	60	0	86 602	145
46	30	72 537	200	53	20	80 212	174	60	10	86 747	145
46	40	72 737	199	53	30	80 386	174	60	20	86 892	144
46	50	72 936	199	53	40	80 558	172	60	30	87 036	142
47	0	73 135	198	53	50	80 730	172	60	40	87 178	142
47	10	73 333	198	54	0	80 902	170	60	50	87 320	142
47	20	73 531	197	54	10	81 072	170	61	0	87 462	141
47	30	73 728	196	54	20	81 242	169	61	10	87 603	140
47	40	73 924	195	54	30	81 411	169	61	20	87 743	139
47	50	74 119	195	54	40	81 580	168	61	30	87 882	138

弧		倍弧所对	相邻半弦	弧		倍弧所对	相邻半弦	弧		倍弧所对	相邻半弦
度	分	半弦	的差额	度	分	半弦	的差额	度	分	半弦	的差额
61	40	88 020	138	68	40	93 148	105	75	40	96 887	72
61	50	88 158	137	68	50	93 253	105	75	50	96 959	71
62	0	88 295	136	69	0	93 358	104	76	0	97 030	69
62	10	88 431	135	69	10	93 462	103	76	10	97 099	70
62	20	88 566	135	69	20	93 565	102	76	20	97 169	68
62	30	88 701	134	69	30	93 667	102	76	30	97 237	67
62	40	88 835	133	69	40	93 769	101	76	40	97 304	67
62	50	88 968	133	69	50	93 870	99	76	50	97 371	66
63	0	89 101	131	70	0	93 969	99	77	0	97 437	65
63	10	89 232	131	70	10	94 068	99	77	10	97 502	64
63	20	89 363	130	70	20	94 167	97	77	20	97 566	64
63	30	89 493	129	70	30	94 264	97	77	30	97 630	62
63	40	89 622	129	70	40	94 361	96	77	40	97 692	62
63	50	89 751	128	70	50	94 457	95	77	50	97 754	61
64	0	89 879	127	71	0	94 552	94	78	0	97 815	60
64	10	90 006	127	71	10	94 646	93	78	10	97 875	59
64	20	90 133	125	71	20	94 739	93	78	20	97 934	58
64	30	90 258	125	71	30	94 832	92	78	30	97 992	58
64	40	90 383	124	71	40	94 924	91	78	40	98 050	57
64	50	90 507	124	71	50	95 015	90	78	50	98 107	56
65	0	90 631	122	72	0	95 105	90	79	0	98 163	55
65	10	90 753	122	72	10	95 195	89	79	10	98 218	54
65	20	90 875	121	72	20	95 284	88	79	20	98 272	53
65	30	90 996	120	72	30	95 372	87	79	30	98 325	53
65	40	91 116	119	72	40	95 459	86	79	40	98 378	52
65	50	91 235	119	72	50	95 545	85	79	50	98 430	51
66	0	91 354	118	73	0	95 630	85	80	0	98 481	50
66	10	91 472	118	73	10	95 715	84	80	10	98 531	49
66	20	91 590	116	73	20	95 799	83	80	20	98 580	49
66	30	91 706	116	73	30	95 882	82	80	30	98 629	47
66	40	91 822	114	73	40	95 964	81	80	40	98 676	47
66	50	91 936	114	73	50	96 045	81	80	50	98 723	46
67	0	92 050	114	74	0	96 126	80	81	0	98 769	45
67	10	92 164	112	74	10	96 206	79	81	10	98 814	44
67	20	92 276	112	74	20	96 285	78	81	20	98 858	44
67	30	92 388	111	74	30	96 363	77	81	30	98 902	42
67	40	92 499	110	74	40	96 440	77	81	40	98 944	42
67	50	92 609	109	74	50	96 517	75	81	50	98 986	41
68	0	92 718	109	75	0	96 592	75	82	0	99 027	40
68	10	92 827	108	75	10	96 667	75	82	10	99 067	39
68	20	92 935	107	75	20	96 742	73	82	20	99 106	38
68	30	93 042	106	75	30	96 815	72	82	30	99 144	38

弧度	弧分	倍弧所对半弦	相邻半弦的差额	弧度	弧分	倍弧所对半弦	相邻半弦的差额	弧度	弧分	倍弧所对半弦	相邻半弦的差额
82	40	99 182	37	85	10	99 644	24	87	40	99 917	11
82	50	99 219	36	85	20	99 668	24	87	50	99 928	11
83	0	99 255	35	85	30	99 692	22	88	0	99 939	10
83	10	99 290	34	85	40	99 714	22	88	10	99 949	9
83	20	99 324	33	85	50	99 736	20	88	20	99 958	8
83	30	99 357	32	86	0	99 756	20	88	30	99 966	7
83	40	99 389	32	86	10	99 776	19	88	40	99 973	6
83	50	99 421	31	86	20	99 795	18	88	50	99 979	6
84	0	99 452	30	86	30	99 813	17	89	0	99 985	4
84	10	99 482	29	86	40	99 830	17	89	10	99 989	4
84	20	99 511	28	86	50	99 847	16	89	20	99 993	3
84	30	99 539	28	87	0	99 863	15	89	30	99 996	2
84	40	99 567	27	87	10	99 878	14	89	40	99 998	1
84	50	99 594	26	87	20	99 892	13	89	50	99 999	1
85	0	99 620	24	87	30	99 905	12	90	0	100 000	0

第十三章 平面三角形的边和角

一

三角形的角可知，于是各边可知。

如图1-12所示，有三角形ABC，作外接圆，根据《几何原本》的第4卷，第5命题，AB、BC和CA三段弧所对的圆周角已知，其和为180，即等于两个直角，于是内接三角形的边根据表1-1也可以求得，取直径为200 000单位，

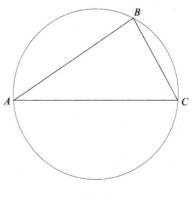

图1-12

可确定边长。

<h2 style="text-align:center">二</h2>

如果三角形的两边和一个角可知，那么可以求得另一边和其余两角。

已知的两条边，可以相等，也可以不等，已知的角可以为直角、锐角，也可以是钝角，已知的角既可以是两边的夹角，也可以不是。

如图1-13所示，在三角形ABC中，已知AB、AC为相等的两条边，它们的夹角A已知。于是，底边BC两侧的角都可以求出。这两个角都等于两个直角减去角A后的一半，即它们是相等的。如果已知的一角是底边BC两侧的任意一角，那么与之相等的角就知道了，随后，两个直角减去它们之后，就能够求出另一个角。如果三角形的边与角都是已知的，那么底边BC就可以通过表1-1查出，AB、AC为半径，等于100 000单位，直径为200 000单位。

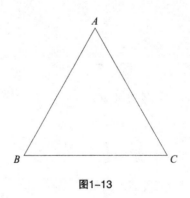

图1-13

<h2 style="text-align:center">三</h2>

如果角BAC为已知两边的夹角，且为直角，结果相同，如图1-14

所示。

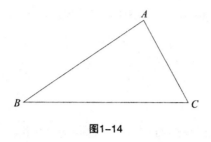

图1-14

非常明显的是，$AB^2+AC^2=BC^2$，因此可以求出BC的长度，各边之间的比例关系也相应可知。但是，直角三角形外接的是一个半圆，底边BC为直径，长度为200 000单位，因此，AB和AC作为对应C、B两角的弦，它们的长度也是可知的。因为180 等于两直角，那么就可以用表1-1的比例查出其余的角的值。

如果BC已知，直角两边中的一边已知，我的判断是，结果必然相同。

四

现在，如图1-15所示，如果设定已知角ABC为锐角，夹它的两边AB和BC都已知。

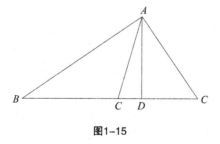

图1-15

从点A向BC作垂线，如果必要，就延长BC线，而必要性主要取决于垂线落在三角形的内或外。垂线为AD。由此，形成两个直角三角形ABD和ADC，而且因为角D为直角，角B被假定已知，因此三角形ABD中的角都已知，于是根据表1-1，角A、B所对应的弦BD和AD就可以查到，AB的长度用外接圆直径为200 000单位表示。AD、BD、CD的长度就可以求得，CD就是BC和BD之差。

于是，在直角三角形ADC之中，已知AD和CD两边，那么边AC、角ACD都可以运用上述方法求得。

五

假如角B是钝角，如图1-16所示，结果也不会有任何的不同。从点A向BC的延长线作垂线AD，形成三角形ABD，它的三个角都是已知的。角ABD是角ABC的补角，角D则是直角。设AB长度为200 000单位，则BD、AD的长度都可求得。鉴于BA和BC的比值是给定的，BC与BD都可以用相同的单位表示，于是整个CBD也是可知的。

直角三角形ADC也是如此，因为两边AD和CD已知，于是边AC、角BAC和角ACB都可以求得。

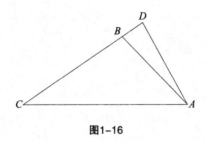

图1-16

六

现在令已知两边AB、AC中的任何一边与已知角B相对（图1-16）。于是，AC可以通过表1-1查出，三角形ABC的外接圆的直径为200 000单位。因为AC与AB的比值可知，AB可以用相同的单位表示出来。通过表1-1，可以得知角ACB和角BAC。同样，可以求得弦CB的长。当这一比值已知时，边长的表示可以采用任何单位。

七

已知三角形各边，可知各角。

众所周知，等边三角形之中，每个角都是两个直角的三分之一。

在等腰三角形之中，情况也非常清楚。等边中的任何一边与第三边的比，都等于半径与弧所对应的弦的比。而通过弦长，我们可以查阅表1-1，于是可以得到两个等边所夹的角的度数。而360的圆心角等于4个直角的度数。而底边旁边的两个角，其度数为两个直角减去两等边所夹的角之后剩余量的一半。

现在需要解决的问题是不等边的三角形，我们可以用同样的方法把其分为直角三角形。

如图1-17所示，我们设ABC为不等边的三角形，三边已知。作最长边BC的垂线AD，按照《几何原本》的第2卷，第13命题，一个锐角所对AB边的平方小于其他两边的平方之和，差额为乘积$BC \times CD$的两倍。

现在，设定角C为锐角，否则AB将成为最长的边，这是违反《几何原本》第1卷，第17~19命题所构成的假设的。因此，如果BD和DC都是已知

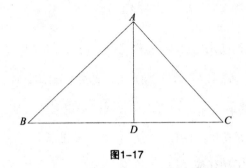

图1-17

的，于是和已经多次遇到的情况一样，三角形*ABD*和*ADC*的边和角都是已知的，是直角三角形，于是我们也可以求出三角形*ABC*中的各个角。

我们也可以采用另一种方法，同样使用《几何原本》的第3卷，第36命题，这也许是更为简便的一种方法。如图1-18所示，假定*BC*为最短的一条边，以*C*为中心，以*BC*为半径画圆，将会截断其他两边或者一边。

首先，先让圆与两边都相截，截*AB*于点*E*，截*AC*于点*D*。延长*ADC*到*F*，*DCF*等于直径的长度。按照这种模式，根据欧氏定理，有

$$FA \times AD = BA \times AE$$

因为乘积等于从点*A*对圆所作的切线的平方。假定*AF*已知，它的各段都已知，因为

$$半径CF = 半径CD = BC$$

以及

$$AD = CA - CD$$

所以乘积*BA* × *AE*也已知。于是*AE*的长度可知，于是弧*BE*所对的弦*BE*的长度可以求得。连接*EC*，得到等腰三角形*BCE*，其各边已知，可以求得角*EBC*。通过前面的方式，我们可以求得三角形*ABC*中的角*C*和角*A*。

但是，如果圆不与*AB*相截（图1-19），*AB*落在凸弧上，*BE*已知，或

者说，在等腰三角形*BCE*中，已知角*CBE*，可以求得它的补角*ABC*。按照前面我们运用过的方法，其他的角也可以求出。

关于平面三角形，我们已经介绍得很多了，下面我们要转到球面三角形。

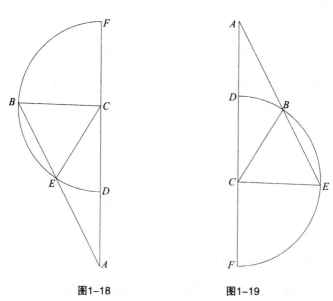

图1-18   图1-19

第十四章　球面三角形

在本章，我把球面的三角形看成由球面上的三个大圆的弧构建而成的三角形。某个角的大小、各个角之间的差可以从大圆的弧上得到，该大圆是以角的顶点为极所画的，该弧是组成角的四分之一圆周在大圆上截得的弧。该弧与整个圆周的比，相当于对应的角与4个直角的比，这也是我所说的整个圆周和四个直角都含360个相等的分度。

一

如果球面上有三段大圆的弧，而其中任意的两段之和加起来都大于第三段，那么非常清楚的一点是，它们可以构成一个球面三角形。

《几何原本》的第11卷，第23命题给出了立体角的作法，这里证明弧对应的圆心角构成立体角。角之间的比例与弧的比例相同，而大圆是那些通过球心的圆，因此可以证明三个大圆上的扇形在球心能够形成一个立体角。

二

球面三角形中的任何一边都小于半圆。

在球心部位，半圆并不构成角度，而是成为一条直线，直线穿过球心。但是，其他两边所属的角在球心也不能构成立体角，所以无法形成球面三角形。

在我看来，托勒密在论述这种球面三角形时，之所以规定各边不能大于半圆，原因也就在于这里。

三

在球面三角形中，如果有直角的话，直角对边的2倍弧所对应的弦，同其一个邻边的2倍弧所对应的弦的比例，等于球的直径与另一个邻边与对边所夹之角的2倍在大圆上所对应的弦的比例。

现在，我们令球面三角形ABC之中，角C为直角。可证2倍的AB所对的弦同2倍的BC所对的弦之比，等于球的直径同2倍的角BAC在大圆上所对弦之比。

接下来，如图1-20所示，我们设定A为极，画大圆弧DE，作成两个四分之一圆周ABD和ACE。从球心F出发，画下列各圆面的交线：ABD和ACE的交线FA；ACE和DE的交线FE；ABD和DE的交线FD以及AC和BC两圆面的交线FC。接着，我们画BG垂直于FA，画BI垂直于FC，画DK垂直于FE。连接GI。

因为一圆与另一个圆相交，并且通过它的两极，正好切成直角，因此根据假设，AED为直角，ACB也是直角。因此，EDF和BCF这两个平面都垂直于AEF。

在后一平面通过点K，作一条直线，垂直于交线FKE。根据平面相互垂直的定理，这条垂线与KD相交成另一直角。根据《几何原本》的第11卷，第4命题，KD垂直于AEF。同样，作BI垂直于同一个平面，根据《几何原本》的第11卷，第6命题，DK平行于BI。同理，因为角FGB＝角GFD＝90，GB平行于FD。根据《几何原本》的第11卷，第10命题，

$$角FDK＝角GBI$$

但是

$$角FKD＝90$$

于是根据垂线定义，GIB也是直角，GI垂直于IB。因为相似三角形的边是成比例的，而且

$$DF:BG＝DK:BI$$

但是，BI垂直于半径CF，所以BI等于CB的倍弧所对的半弦。

同理可知，BG是BA的倍弧所对的半弦；DK是DE的倍弧或角DAE的倍

角所对的半弦，而

$$DF = 球的半径$$

因此，非常清楚的是，AB的倍边所对的弦与BC的倍边所对的弦之比，等于直径与角DAE的倍角或DE的倍弧所对的弦之比。这就是我们所要证明的。

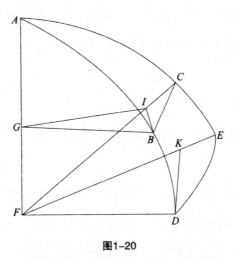

图1-20

四

在任何含有一个直角的三角形之中，如果已知另外一角和一边，那么其余的边和角也是已知的。

在三角形ABC之中，角A为直角，另外两角之中的角B已知。

关于已知的边，存在3种情况：如果它与两个已知角相邻，即AB；如果只是与直角相邻，就是AC；如果是直角的对边，就是BC。

如图1-21所示，我们首先设定AB为已知的一边，以C为极，作大圆的弧DE，完成四分之一圆周CAD与CBE，延长AB和DE，令它们在点F相交。因此，F必定也是CAD的极，因为

$$角A＝角D＝90$$

而且，如果球面上的两个大圆相交成直角，它们将彼此平分都穿过对方的极点，于是ABF和DEF都是大圆之中的四分之一圆周。因为AB是已知的，那么四分之一圆周的余下部分BF也是已知的，角EBF等于其已知的对顶角ABC。通过上述证明，可知

BF的倍弧所对应的弦长：EF的倍弧所对应的弦长＝球直径：

2倍角EBF所对应的弦长

因为其中的3个量已知，即球直径、BF的倍弧所对应的弦长和2倍角EBF所对应的弦长或它们的一半已知，因此根据《几何原本》的第6卷，第15命题，与EF的倍弧所对应的半弦也是可知的。通过查阅表1–1，弧EF、四分之一圆周的其余部分DE，或者角C，都是可以得到的。

同理可得，DE和AB的倍弧所对弦之比等于EBC与CB的倍弧所对弦之比。已有三个量已知，即DE、AB和四分之一圆周CBE。第四个量（2倍CB所对的弦）可知，于是所求的边CB也可知。

就倍弧所对的弦来说，CB与CA之比等于BF与EF之比。它们的比值都等于球的直径与2倍角CBA所对弦之比。

这两个比值彼此相同，因此，鉴于弦BF、EF和CB已知，那么可以求得弦CA，而弧CA是三角形ABC的第三条边。

下面假定AC为已知的一边，现在的问题是求得AB、BC边，还有角C。如果反过来论证，有

CA的倍弧所对应的弦长：CB的倍弧所对应的弦长

＝2倍角ABC所对应的弦长：直径

于是可以求得边CB，以及四分之一圆周的剩余部分AD、BE。接着我们可

以再次得到

AD的倍弧所对应的弦长：BE的倍弧所对应的弦长

＝ABF的倍弧所对应的弦长：BF的倍弧所对应的弦长

于是可得弧BF，而其余边为AB。同理，从2倍BC、AB和CBE所对的弦，可得2倍DE所对的弦，则弧DE可得，余下的角C可得。

更进一步说，如果BC已知，如前所述，可以求得AC，及其余边AD和BE。通过这些量，以及它们所对应的弦和直径，可以求得弧BF及其余边AB。按照前述定理，由于BC、AB和CBE都是已知的，可以求得ED，也就可以求得余下的角C。

在三角形ABC中，A和B两个角已知，其中角A为直角，三边中的一条边已知，那第三个角和其他的两条边都可以求得。

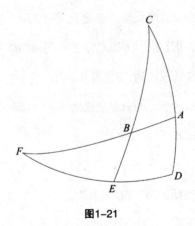

图1-21

五

如果直角三角形中的角都已知，那么各边也是可知的。

我们仍然沿用图1-21，鉴于角C已知，弧DE已知，那么四分之一圆周的剩余部分EF也可知。因为BE是从DEF的极中画出来的，而BEF为直角，EBF则是一个已知角的对顶角。按照前述定理，三角形BEF之中，包含直角E、另一个已知角B、已知边EF，于是我们可以求得其他的边和角。因此，BF可知，四分之一圆周的其余部分AB也是可知的。同样，在三角形ABC之中，AC和BC也是可知的。

六

如果在同一个球面上，存在两个三角形，它们各自都有一个直角，都有相应的角和边彼此相等，那么无论该边与相等的一角相邻还是相对，其余的两边及另一个角一定彼此相等。

如图1-22所示，设定ABC为半球，上面有两个三角形ABD、CEF，角A和角C为直角，角ADB等于角CEF，三角形中有一边相等。我们先设相等的边为相等角的邻边，即AD等于CE，可以进一步推论AB边等于CF边，BD边等于EF边，余下的角ABD等于角CFE。

下面，我们以B和F为极点，画大圆的四分之一圆周GHI和IKL。连接ADI和CEI，它们在半圆的极点点I相交，因为

$$角A＝角C＝90$$

于是，GHI与CEI都通过圆ABC的极点。

既然我们设定

$$边AD＝边CE$$

那么，它们的余边DI和IE应该相等，而且

$$角IDH＝角IEK$$

因为它们是相等角的对顶角，并且

$$角H＝角K＝90$$

又，等于同一比值的两个比值是相等的，即

$$2倍ID所对弦：2倍HI所对弦＝2倍EI所对弦：2倍IK所对弦$$

因为根据本章中的第三部分内容，这些比值中的每一个都等于球的直径与2倍角IDH所对弦（或与之相等的2倍角IEK所对弦）之比。

因为2倍DI弧所对弦等于2倍IE所对弦。根据《几何原本》的第5卷，第14命题，因此2倍IK和2倍HI所对弦也相等，而且，在相等的圆中，相等的弦切出相等的弧，分数在乘以相同的因子之后，仍然保持相同的比值，所以，弧IH与弧IK相等，而四分之一圆周的其余部分GH和KL也是相等的。因此，很清楚的是

$$角B＝角F$$

于是，根据第三部分内容的反比例，有

$$2倍AD所对弦：2倍BD所对弦＝2倍HG所对弦：$$

$$2倍BDH所对弦（即直径）$$

$$2倍EC所对弦：2倍EF所对弦＝2倍KL所对弦：$$

$$2倍FEK所对弦（即直径）$$

因此

$$2倍AD所对弦：2倍BD所对弦＝2倍EC所对弦：2倍EF所对弦$$

并且

$$AD＝CE$$

因此，根据《几何原本》的第5卷，第14命题，因为倍弧所对的弦相等，可知弧BD与弧EF相等。

我们运用同样的方法，已知BD和EF相等，就可以证明其余的边和角都

是对应相等的。

依序，如果设定AB和CF两边相等，那么结果也将遵循同样的比值关系。

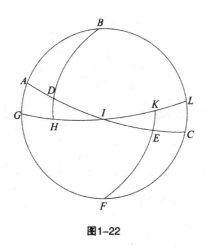

图1-22

七

现在，即使没有直角，但是假如相等角的邻边相等，那么可以得出相同的结论。

运用这种方式，在ABD和CEF两个三角形中，有

$$角B＝角F$$

同时，有

$$角D＝角E$$

而且，对于与相等角相邻的边，有

$$边BD＝边EF$$

那么我们可以得出结论：这两个三角形的边和角都是相等的。

如图1-23所示，我们再次以B和F为极点，画大圆上的弧GH和KL。延长AD、GH，使它们相交于N，延长EC和LK，使它们相交于M。

因此，在两个三角形HDN和EKM之中，有

$$角HDN＝角KEM$$

因为它们是假定相等角的对顶角。同时，因为

$$角H＝角K＝90$$

这是因为彼此穿过对方的极点的大圆相交成直角；而且

$$边DH＝边EK$$

根据上述原理，这两个三角形的角和边是对应相等的。

同时，因为B和F两角相等，有

$$弧GH＝弧KL$$

相等量相加后仍然相等，则

$$弧GHN＝弧MKL$$

因此，在三角形AGN和MCL之中，有

$$边GN＝边ML$$

$$角ANG＝角CML$$

而且，角G＝角L＝90，所以三角形的边与角都是分别相等的。从相等量减去相等量之后，其余的差仍然相等，所以

$$弧AD＝弧CE$$

$$弧AB＝弧CF$$

而且

$$角BAD＝角ECF$$

证明完毕。

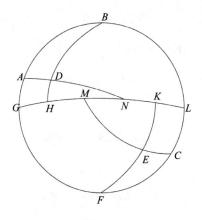

图1-23

八

现在，更进一步说，如果两个三角形之中，两边等于两条对应的边，一角等于一角，而且无论该角为相等边所夹的角还是底角，底边必定等于底边，其余两角也必定对应相等。

在图1-23之中，令

$$边AB＝边CF$$

而且

$$边AD＝边CE$$

首先，令

$$角A＝角C$$

它们是相等边的夹角。可证

$$底边BD＝底边EF$$

$$角B＝角F$$

而且

$$角BDA = 角CEF$$

因为我们有两个三角形AGN和CLM，其中

$$角G = 角L = 90$$

而且，因为

$$角GAN = 180 - 角BAD$$

同时，有

$$角MCL = 180 - 角ECF$$

然后，可得

$$角GAN = 角MCL$$

因此，这两个三角形相应的边和角都是相等的。

又因为

$$弧AN = 弧CM$$

同时有

$$弧AD = 弧CE$$

于是通过减法，可得

$$弧DN = 弧ME$$

因为非常清楚的是

$$角DNH = 角EMK$$

而且角H=角K=90，于是，三角形DHN和EMK的相应的角和边也是相等的。因此，根据相等量相减的原理，有

$$弧BD = 弧EF$$

而且，因为

$$弧GH = 弧KL$$

所以

$$角B＝角F$$

同时，有

$$角ADB＝角FEC$$

　如果不取边AD和CE，假设

$$底边BD＝底边EF$$

并且底边与相等的角是相对的，其余的都与前面一样，那么证明也是相同的。

　因为

$$补角GAN＝补角MCL$$

$$角G＝角L＝90$$

而且

$$边AG＝边CL$$

同样，三角形AGN和MCL的对应边和对应角是相等的。作为它们的一部分，三角形DNH＝三角形MEK，因为

$$角H＝角K＝90$$

$$角DNH＝角KME$$

基于四分之一圆周的剩余部分，有

$$边DH＝边EK$$

这样我们就可以得出和以前相同的结论。

九

　在球面上，等腰三角形底边上的两角也是相等的。

在三角形ABC之中，

$$边AB = 边AC$$

求证：

$$角ABC = 角ACB$$

如图1-24所示，从顶点A出发，画一个垂直于底边的大圆，它通过底边的极。令这一大圆为AD，因此，在两个三角形ABD和ADC之中，

$$边BA = 边AC$$

而且，

$$边AD = 边AD$$

同时，

$$角BDA = 角CDA = 90$$

因此，非常清楚的是，根据上面的定理，

$$角ABC = 角ACB$$

证明完毕。

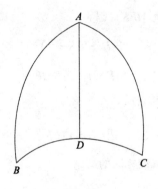

图1-24

推论

根据上述定理，可以得出这样的结论，如果从等腰三角形的顶点出发，画一条与底边垂直的弧，将平分底边，同时也平分相等的边所夹的角，反之亦然。

十

在同一个球面的三角形，如果对应的边相等，那么相应的角也是相等的。

在这种情形之下，三个大圆的弓形构成了三棱锥，而其顶点都位于球心，但是其底部都是平面三角形，是由凸三角形的弧所对应的直线形成的。根据立体图形相等和相似的定义，这些三棱锥也是相似相等的。而当两个图形相似的时候，对应角也是相等的。按照人们对相似的形体所做的普遍定义，任何形体如果相似，那么它们所对应的角一定是相等的。于是可知，如果球面三角形的对应边相等，那么它们必定相似，这基本类似于平面三角形的情况。

十一

如果三角形中的两条边和一个角已知，那么就可以知道其余的角和边。

如果已知的两条边相等，那么两个底角相等。根据本章第九部分内容的推论，从顶点出发，画一条垂直于底边的弧，就可以很轻松地证明这一点。但是，如果三角形中给出的边是不相等的，令角A和两边已知，该两边可以夹已知角，也可以不夹已知角。

如图1-25所示，首先，令已知边AB和边AC夹已知角A，以C为极，画大圆弧DEF，完成四分之一圆周CAD和CBE。延长AB，与DE相交于点F，于是在三角形ADF之中，边AD是从四分之一圆周减去AC的剩余部分，其也已知，则角BAD＝180－角CAB。

因为角度及其大小的比值，与直线和平面相交的比值是相同的，而且

$$角D＝90$$

根据本章的第四部分内容，三角形ADF的各角和各边都是已知的。同样，在三角形BEF之中，角F已经求出，并且由于角E的两边都经过极点，所以

$$角E＝90$$

而且

$$边BF＝弧ABF－弧AB$$

因此，按照同样的定理，三角形BEF的各角和各边也都是已知的。于是从BE可求得四分之一圆周的剩余部分，即所求边BC。从EF可得整个DEF的剩余部分DE，即角C。

从角EBF，可以求得其对顶角ABC，这就是我们所要求的角。

但是，如果假定的已知边并不是AB，而是已知角所对应的边CB，结果仍然相同。作为四分之一圆周的其余部分，AD、BE都是已知的，运用前面相同的论证方式，三角形ADF和BEF的各角和各边都是已知的。

因此，延伸推论可得，三角形ABC的各边和各角都是可以求得的。

十二

进一步说，如果已知三角形的两角一边，结果相同。

我们仍然可以使用图1-25，在三角形ABC之中，令角ACB和角BAC、

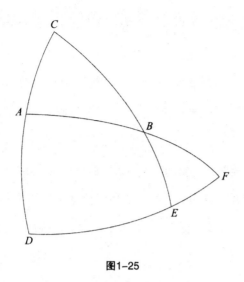

图1-25

边AC已知，AC是与两角相邻的边。如果已知角中的一个为直角，那么依照第四部分内容，其他的都可以求出来。但是现在如果已知角不是直角，于是AD为四分之一圆周CAD减去AC的剩余部分，而且，

$$角BAD=180-角BAC$$

同时，

$$角D=90$$

通过本章中的第四部分内容，三角形AFD的边和角都是已知的，但是如果已知角C和弧DE，那么剩余的部分

$$弧EF=四分之一圆周-弧DE$$

同时，

$$角BEF=90$$

而且，

$$角F=角F$$

运用同样的方式，根据第四部分内容，可以求出边BE和边BF，而通过它们，又可以求出边AB和边BC。

换一种情况，如果已知角之一与已知边相对，例如，ACB不是已知角，而ABC是已知角，其他情况一样，运用与前面相同的论证方式，三角形ADF的各边和各角也都是已知的。对于三角形BEF而言，情况相同。角F为两个三角形的公共角，角EBF为已知角的对顶角，角E为直角。运用前面的证明过程，三角形各边都可知。这样的论证阐述了我要说的结论，所有的事物都是相互绑定在一起的，就像球形能够满足所有的关系一样。

十三

最后，如果一个三角形的各边都已知，那么各角也是已知的。

假设三角形的各边已知，求各角。

三角形的各边可以相等，也可以不等。首先，如图1-26所示，令AB等于AC，显然与两倍的AB和AC相对的半弦也是相等的，设定这些半弦为BE和CE，它们距离球心的距离是相等的，它们相交于点E，这通过《几何原本》的第3卷，定义4及由其引申的逆定理可看得非常清楚。

根据《几何原本》的第3卷，第3命题，在平面ABD中，

$$角DEB=90$$

在平面ACD中，

$$角DEC=90$$

因此，根据《几何原本》的第11卷，定义3，角BEC是这两个平面的交角，可以通过下面的方法求出。它与直线BC是相对的，于是有了平面三角形BEC，由于弧已知，可以求边，而且因为BEC的各角都是已知的，我们可

以求得角*BEC*、球面的角*BAC*，以及其他两个角。

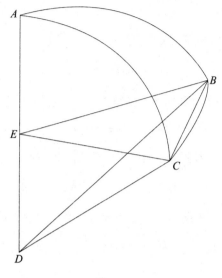

图1-26

如果三角形不是等边的，那么很明显，与两条边的倍弧相对的半弦也是不会相交的。因为，如果

$$弧AC>弧AB$$

那么，当*CF*为与两倍的*AC*相对的半弦时，*CF*将落在下面。但是，如果

$$弧AC<弧AB$$

那么半弦就会高一些，而这是根据它距离球心的远近来决定的。这里依据的是《几何原本》的第3卷，第15命题。现在，如图1-27所示，我们画*FG*平行于*BE*，并与圆的交线*BD*相交于点*G*，连接*GC*，非常清楚的是

$$角EFG=角AEB=90$$

同样，

$$角EFC=90$$

因为CF是两倍的AC所对应的半弦。因此，角CFG是圆AB和圆AC的交角，我们可以求出角CFG。

因为，三角形DFG与DEB是相似三角形，而且

$$DF : FG = DE : EB$$

因此，FG的单位与FC是相同的，而且

$$DG : DB = FG : EB$$

DC为100 000单位，DG也可以用同样的单位。此外，通过弧BC，可以求得角GDC。按照第十三章的第二部分内容，边GC可以采用三角形GFC各边相同的单位表示出来。根据第十三章的最后一部分内容，可以求得角GFC，也就是球面上的角BAC，然后根据本章的第十一部分内容，其余的角也可以求出。

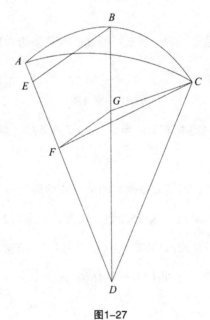

图1-27

十四

如果将一段圆弧任意分割，成为两段小于半圆的弧，如果两段弧的两倍所对应的半弦之比是已知的，那么弧长是可以求出来的。

现在，如图1-28所示，我们设弧ABC是已知的，D为圆心，ABC被点B分成任意的两段，两段都小于半圆，同时令两倍的AB与BC所对应的半弦之比用一长度单位表示出来，可证弧AB和BC都是可以求出的。

现在，画一条直线AC，与直径交于点E。从端点A、C作垂直于直径的AF和CG，那么它们都等于两倍的AB、BC所对应的半弦。在直角三角形AEF和CEG之中，

$$角AEF＝角CEG$$

因为它们是对顶角，所以两个三角形是相似的，它们与相等的角所对应的边也是成比例的，

$$AF：CG＝AE：EC$$

因此，AE、EC可以用与AF、GC相同的单位表示出来。同样，整个ABC也可以用相同的单位表示出来。而作为弧ABC所对的弦AEC，可以运用半径DEB的单位来求出。同时，还可以使用同样的单位求得AC的一半AK，以及剩余的EK。连接DA和DK，它们可以运用与DB相同的单位求出。DK是半圆减去ABC之后的弧所对应的弦长的一半。余下的弧被包含在角DAK之内，于是ADK为包含弧ABC一半的角。三角形EDK之中，已知两边，EKD为直角，可求得角EDK，于是可以得到角EDA，它包含弧AB，剩余的CB可以求出，这就是我们所证明的。

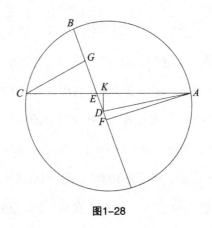

图1-28

十五

如果三角形的角都是已知的，即便不包括一个直角，那么所有的边也是可以求出的。

设三角形ABC，各角已知，没有直角，求各边。

如图1-29所示，从任意一个角出发，这里假设为A，经过BC的两极画弧线AD，与BC垂直相交，除非两个底角B、C一个为钝角，一个为锐角，否则AD将落到三角形之内。如果真的是这样，那么就必须从钝角出发作底边的垂线。作四分之一圆周BAF、CAG、DAE，以B、C作为极点，作弧EF和EG，有

$$角F＝角G＝90$$

因此，在直角三角形EAF中，两倍的AE和EF所对应的半弦之比，等于球的半径与两倍的角EAF所对应的半弦之比。同样，在直角三角形AEG之中，G为直角，两倍的AE和EG所对应的半弦之比，与球的半径和两倍的角EAG所对应的半弦之比是相等的，因此由首末比例可得，两倍的EF、EG所对应的

半弦之比，与两倍的角EAF和角EAG所对应的半弦之比也是相等的。

由于弧FE和EG已知，

弧FE＝四分之一圆周—角B对应的弧

而且

弧EG＝四分之一圆周—角C对应的弧

所以我们可以得到角EAF与角EAG的比值，这也就是它们的对顶角BAD与CAD的比值。

整个角BAC已知，按照前述定理，可以求出角BAD和角CAD。根据第五部分内容，可以求出AB、BD、AC、CD各边以及整个BC边。

对于我们的研究需要，目前关于三角形的讨论已经足够，当然如果需要更充分的讨论，那需要一本相当规模的专著才可以。

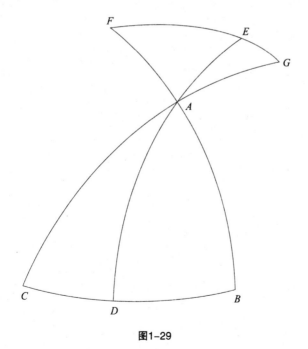

图1-29

第二卷

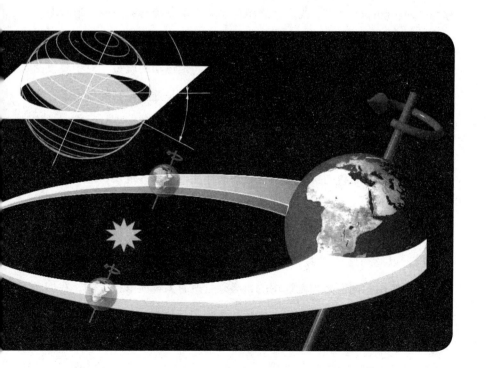

在上一卷里面，我已经简单地概括了地球的三种运动，试图运用它们来证明天体的一切现象。现在我将践行我的诺言，从整体研究进入个体分析，并将尽最大的努力来回答某些特殊的问题。现在我将从所有运动之中大家最熟悉的运动，即昼夜更替谈起。前面我们说过，希腊人把这种现象称为"νυχθήμερον"，而我认为这种现象的出现直接与地球的球形状态有关，也正是由于这种运动，才产生了月、年以及其他关于时间的界定，这与所有的数字都开始于一是同样的道理。时间是运动的度量。对于昼夜的不等、太阳的起落，甚至黄道宫的出没（这些都是这种运转的效果），我不想花费太多的笔墨，因为许多人已经对这些课题进行了充分论证，他们的观点与我的论调基本是一致的。虽然他们的论点建立在宇宙运转和地球静止的基础上，而我则持相反的看法并同样能说明这些现象，这两者并不存在差异。因为，有时相互关联的事物的正反两面是对立一致的。但是，我并不会忽略任何非常必要的事情。如果我谈及的问题仅仅是太阳和恒星的出没，以及与此类似的其他现象，请你不要感到诧异。我们应该意识到，我们使用的词汇必须是通用的，必须是所有人都能够接受的，我们必须牢记的是"大地承载着我们，太阳和月亮都是过客，星辰在消逝之后，终将回到其原来的位置"。

第一章　圆圈及其名称

前面我们已经谈过，赤道是围绕地球周日自转的两极所能描绘出来的最大的纬度圈，而黄道则是穿过黄道十二宫中心的圆，在黄道的下面，地球的中心进行周年的圈式运转。

黄道倾斜地穿过赤道，其倾斜度与地轴对于黄道形成的倾斜是一致的，而这一倾角的最外极限在赤道的每一边都各自扫描出一个与黄道相切的圆，这也是地球自转的结果。这两个圆圈就叫作"回归线"。太阳在这两条回归线上，出现方向倒转，于是出现了冬天和夏天。北面的一条被称为"夏至线"，南面的被称为"冬至线"。这在前面的总结中我们已经谈过了。

我们下一个谈到的是水平圈，拉丁人称其为分界线，因为它是看得见的世界和看不见那部分的一个分界。所有的天体似乎都是在这一圈上升起，而一切下落的天体似乎也在地平圈上沉没。它的中心在地面上，而极点则在我们的天顶。但是把地球与浩瀚无边的天穹相比，是不可能的，而且按照我的假设，即便把整个太阳和月亮之间的空间都加进去，也没有办法与庞大无边的天穹相比。正如我在一开始就说过的，这个地平圈就像一个穿过宇宙中心的圆面，它能够平分天穹。

但是，由于地平圈与赤道是斜交的，因此它也在赤道两侧与一对纬圈相切在一起。在北部的那个圆圈，是整年都可以看到星星的，但是在南边则是永远看不到的。按照普罗克洛斯以及希腊人的说法，第一个圆圈被称为北极圈，第二个被称为南极圈。这两个圆圈的大小不断变化，这种变化是伴随着地平圈的倾角，以及北极星的高度的变化而发生的。

剩下的是穿过地平圈的两极，也穿过赤道的两极，这就是子午圈，它同时也垂直于这两个圆圈。当太阳抵达子午圈的时候，就是正午或者午夜时分。

地平圈和子午圈的中心都在地面上，它们完全由地球的运转和我们的视线而定。在任何地点，眼睛都是在各方向上可见天球的中心。因此，就像埃拉托斯特尼、波希多尼以及其他宇宙结构与地球形状研究者已经明确证明过的，假定地球上所有的圆圈都是它们在天穹中的对应物体以及类似圆圈的基础，那么这些圆圈也有各自特定的名字，而对其他的则可以采用各种方式进行命名。

第二章　黄道倾角、回归线间的距离以及它们的测量方法

因为黄道是在回归线之间并倾斜地穿过赤道的，所以我认为我们现在应该研究回归线之间的距离，以及赤道与黄道之间交角的大小。凭感觉自然可以得到一定的结果，但借助工具仪器可以得到更好的珍贵结果。用木头做一把矩尺是非常必要的，当然用石头和金属材料做的更为坚固，因为空气流动可能会导致木料的变动，那样就会误导观测者。矩尺的一面必须非常平整光滑，必须有充足的区域以便在上面刻上分度，所以它应该有5~6

尺长。现在以一个角为圆心，一条边为半径，画出圆周的四分之一。把其分成90个相等的度，然后再把每一度分成60分，或者一度所能涵盖的任何分度。现在，在圆心处装上一个圆柱形的精心制作的指针，使其垂直于矩尺表面，但是要稍微突出大约相当于一个手指的宽度。

现在，我们就做好了所需要的仪器，下面我们所要做的就是把它放在地板上，用来测量子午线。为了确保地板处在水平面上，要对其用水准器尽可能准确地调整，使它位于水平面上而不向任何方向倾斜。接着，我们在地板上画一个圆圈，在圆心处竖立起一个指针。在整个上午，可以随时观测指针的影子落在圆周的位置，标上记号。在下午也要这样做，随后平分已经做好记号的两点之间的圆弧。通过平分的那一点和圆心所画的直线，无疑会为我们指示出南北的方向。

现在，我们就以这条线为基线，把仪器的平面竖起来，圆心指向南方，而中心悬挂起来的铅垂线与子午线成直角相交，于是仪器的表面自然包含了子午线在里面。因此，在夏至和冬至的时候，应当在正午通过那根圆心上的指针或圆柱体观测投射在仪器上的日影。同时为了更精确，要将日影的位置标记在四分之一圆周上，并且在记录的时候要精确到度数和分数。通过这种方式，可得到夏至和冬至的影子记录，求得弧长，即可得到回归线之间的距离，也可以测得黄道的整个倾角。取这个角度的一半，就能够得到回归线与赤道之间的距离，并得到黄道和赤道的交角大小。

托勒密已经测得了南北极限之间的距离，以圆周为360的度数表示为47 42′40″。他也发现其前辈喜帕恰斯、埃拉托斯特尼已经得到了这一结论。如果整个圆周是83单位，那么上面的测定值就为11单位。这个间距的一半为23 51′20″，可以测出回归线与赤道之间的距离，还有回归线与黄道的交角。因此，托勒密认为这些数值是固定不变的，是常数。然而，从那时起到现在，这些数值实际上在不断缩减，因为我以及一些同时代的人都发现，回归线之间的距离没有超过46 58′，黄道与赤道之间的交角也没有大于23 29′。这可以充分说明，黄道的倾角并非固定不变。随后我将对这个问题展开深入的讨论。我将通过一个足够可能的结论证明，该倾角从来没有大于23 52′，未来也绝不会小于23 28′。

第三章　天赤道、黄道与子午圈相交的弧和角；由这些弧和角所确定的赤经和赤纬的计算

我们前面谈过宇宙的各个部分在地平线上的起落，而我现在要说子午圈把天穹等分为两部分。在24小时之内，子午圈在黄道和天赤道上都扫过一遍，并且把它们进行了分割，截出了从春分点和秋分点算起的圆弧，而圆弧反过来又把子午圈进行了分割。由于它们都是大圆，它们形成了球面直角三角形。按定义，子午圈经过天赤道的两极，于是子午圈与天赤道正交，所以这个三角形是直角三角形。在这个三角形中，子午圈的圆弧，以及穿过天赤道两极的任何一个圆周上截取出来的圆弧，都可以被称为"赤纬"，而天赤道上的相应圆弧被称为"赤经"。

所有这些通过一个凸面的三角形都能很容易得到证明。如图2-1所示，设ABCD为一个圆，它同时穿过天赤道两极和黄道两极，很多人称之为"分至圈"。黄道的一半为AEC，天赤道的一半为BED，春分点为E，夏至点为A，冬至点为C。现在令F为周日旋转的极点，那么令黄道上的

$$弧EG=30 ^{①}$$

令它被四分之一圆周FGH所截。

然后，非常清楚的是，在三角形EGH之中，有

$$边EG=30$$

角GEH已知，取其最小值，取4直角＝360，则

$$角GEH=23\ 28'$$

这与赤纬AB的最小值相符。

$$角GHE=90$$

因此，根据第一卷第十四章的第四部分内容，三角形EHG的各边和各角都是已知的。

因为我们可以证明，两倍的EG和GH所对应的弦之比，与两倍的AGE所对应的弦，或者球的直径与两倍的AB所对应的弦之比，是相等的。同理，半弦之间的比例关系也是成立的。

同时，如果两倍AGE所对应的半弦等于半径，等于100 000单位，那么两倍的AB所对应的半弦为39 822单位，两倍EG所对应的半弦为50 000单位。而且，如果这4个数值是成比例的，那么首尾两数的乘积等于中间两数的乘积。因此，两倍弧GH所对应的半弦为19 911单位，这样，根据表1-1，

$$弧GH=11\ 29'$$

它也就是与EG段对应的赤纬。

因此，在三角形AFG中，FG和AG两边作为两条四分之一圆周的剩余部分，可求得为78 31′和60，而角FAG＝90。

运用同样的方法，可以知道，两倍的FG和两倍的AG所对应的半弦，

---

① 本书中若无特殊说明，类似的等式均指弧所对应的圆心角的度数。——译者注

和两倍的*FGH*和*BH*所对应的半弦，其比例是相等的。因为这些弦长中的3个数值是已知的，那么，

$$弧BH=62°6'$$

这是从夏至点开始算出的赤经，或者从春分点算起*HE*=27°54'。与此相似，由

$$边FG=78°31'$$

$$边AF=66°32'$$

以及一个四分之一圆周*AGE*，可知角*AGF*约为69°23$\frac{1}{2}$'。它的对顶角与此相等。在一切其他情况下，我们都将沿用这个例子。但是，我们不应该忽略这样的事情，即在黄道与回归线相切的那一点，子午圈垂直于黄道。因为，有时候子午圈正好穿过黄道的两极，但是在两分点，子午圈与黄道的交角是小于直角的，并且随黄赤交角偏离直角越多，上述交角比起直角就越小，目前子午圈与黄道的交角是66°32'。

同时，我们更应该注意到，从两分点或两至点量起的在黄道上的相等弧长，与两个三角形的等边和等角基本是同时出现的。

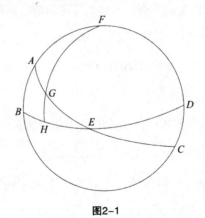

图2-1

现在我们画一个天赤道弧ABC，黄道弧DBE，它们交于点B，它同时也是一个分点，如图2-2所示。设FB和BG的弧长相等。通过周日旋转的极点K和H画四分之一圆周KFL和HGM，那么将出现两个三角形FLB和BMG，其中

$$边BF＝边BG$$

$$角FBL＝角MBG$$

同时

$$角FLB＝角GMB＝90$$

于是，根据第一卷第十四章的第六部分内容，所有对应的边、角都是相等的，因此

$$赤纬FL＝赤纬MG$$

$$赤经LB＝赤经BM$$

同时

$$角LFB＝角MGB$$

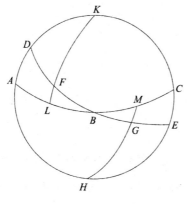

图2-2

同样的事实是，当假设相等的弧从一个至点量起的时候，方法同上。例如，当点B两侧的弧AB、BC相等的时候，而B为回归线与黄道的相切点。

当从天赤道的极点D画四分之一圆周DA和DC，并连接DB时，将得到两个三角形ABD和DBC，如图2-3所示。

接下来，底边AB＝底边BC，BD为共有边，同时，角ABD＝角CBD＝90。

根据第一卷第十四章的第八部分内容，这两个三角形的对应边和角相等。那么，显而易见的是，对黄道上一个四分之一圆周制作出来的这些角和弧的表格，也同样适用于整圆的其他四分之一圆周。

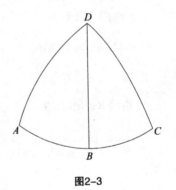

图2-3

在表2-1~表2-3中，我要举出一个关于这些关系的例子。第一栏所载的是黄道度数，第二栏是与这些度数相应的赤纬，而第三栏为在黄道倾角最大时出现的赤纬超过黄道倾角最小时的赤纬的分数，最大差值为24′。我也采取同样的方法对赤经与子午圈角度编制表格。黄道倾角改变将导致所有相关数据随之发生变化。但是，我们会发现赤经的变化很难察觉，因为它不会超过$\frac{1}{10}$的"时度"，而在一个小时的过程中，只有$\frac{1}{150}$的"时度"。古代人用"时度"来表示与黄道分度一道升起的天赤道分度。正如我多次说的，这些圆中的每一个，其周角都是360。为了对它们进行区分，黄道的单位被称为"度"，天赤道的单位则被称为"时度"，在下面我们就这样使用了（后面的表中均简写为"时"。——译者注）。因为其差别小到几乎可以忽略，但是我们还是要把它单独列入一个栏中。

因为这些表格也适用于黄道中的其他倾角，而这与黄道的最大和最小的倾角的差别是一致的。例如，如果一个倾角的度数为23 34′，而我们想要求得从二分点开始黄道为30的赤纬，那么在表格里就可以查到11 29′，差额为11′。如果黄道倾角为最大，那么就应该把11′加上。正如我们前面说过的，黄道倾角曾经为23 52′，但是目前我们只能取23 34′，比最小的值大6′，是最大的倾角多于最小倾角的24′的 $\frac{1}{4}$。按同样比值可得11′的 $\frac{1}{4}$ 约为3′。

我们把3′加上11 29′，将得到11 32′，这也是从二分点开始黄道为30时的赤纬。

在表格之中，我们可以采用同样的方法来看待子午圈角度和赤经，只是在计算赤经的时候应该加上差值，在计算子午圈角度的时候则应该减去差值，这样才会与时间相对应，结果也会更为准确。

表2-1 黄道度数的赤纬表

黄道度	赤纬度	赤纬分	差值分
1	0	24	0
2	0	48	0
3	1	12	1
4	1	36	1
5	2	0	2
6	2	23	2
7	2	47	2
8	3	11	3
9	3	35	3
10	3	58	4
11	4	22	4
12	4	45	4
13	5	9	5
14	5	32	5
15	5	55	5
16	6	19	6
17	6	41	6
18	7	4	7
19	7	27	7
20	7	49	7
21	8	12	8
22	8	34	8
23	8	57	8
24	9	19	9
25	9	41	9
26	10	3	10
27	10	25	10
28	10	46	10
29	11	8	11
30	11	29	11
31	11	50	11
32	12	11	12
33	12	32	12
34	12	52	13
35	13	12	13
36	13	32	13
37	13	52	14
38	14	12	14
39	14	31	14
40	14	50	14
41	15	9	15
42	15	27	15
43	15	46	15
44	16	4	16
45	16	22	16
46	16	39	16
47	16	56	17
48	17	13	17
49	17	30	17
50	17	46	18
51	18	1	18
52	18	17	18
53	18	32	19
54	18	47	19
55	19	2	19
56	19	16	19
57	19	30	20
58	19	44	20
59	19	57	20
60	20	10	20
61	20	23	20
62	20	35	21
63	20	47	21
64	20	58	21
65	21	9	21
66	21	20	22
67	21	30	22
68	21	40	22
69	21	49	22
70	21	58	22
71	22	7	22
72	22	15	23
73	22	23	23
74	22	30	23
75	22	37	23
76	22	44	23
77	22	50	23
78	22	55	24
79	23	1	24
80	23	6	24
81	23	10	24
82	23	15	24
83	23	18	24
84	23	20	24
85	23	22	24
86	23	24	24
87	23	26	24
88	23	27	24
89	23	28	24
90	23	28	24

表2-2 赤经表

黄道度	天赤道时	分	差值分
1	0	55	0
2	1	50	0
3	2	45	0
4	3	40	0
5	4	35	0
6	5	30	0
7	6	25	1
8	7	20	1
9	8	15	1
10	9	11	1
11	10	6	1
12	11	0	1
13	11	57	1
14	12	52	2
15	13	48	2
16	14	43	2
17	15	39	2
18	16	34	2
19	17	31	3
20	18	27	3
21	19	23	3
22	20	19	3
23	21	15	3
24	22	10	4
25	23	9	4
26	24	3	4
27	25	0	4
28	26	57	4
29	26	57	4
30	27	54	4
31	28	54	4
32	29	51	4
33	30	50	4
34	31	46	4
35	32	45	4
36	33	43	5
37	34	41	5
38	35	40	5
39	36	38	5
40	37	37	5
41	38	36	5
42	39	35	5
43	40	34	5
44	41	33	6
45	42	32	6
46	43	31	6
47	44	32	5
48	45	32	5
49	46	32	5
50	47	33	5
51	48	34	5
52	49	35	5
53	50	36	5
54	51	37	5
55	52	38	4
56	53	41	4
57	54	43	4
58	55	45	4
59	56	46	4
60	57	48	4
61	58	51	4
62	59	54	4
63	60	57	4
64	62	0	4
65	63	3	4
66	64	6	3
67	65	9	3
68	66	13	3
69	67	17	3
70	68	21	3
71	69	25	3
72	70	29	3
73	71	33	3
74	72	38	2
75	73	43	2
76	74	47	2
77	75	52	2
78	76	57	2
79	78	2	1
80	79	7	1
81	80	12	1
82	81	17	1
83	82	22	1
84	83	27	1
85	84	33	0
86	85	38	0
87	86	43	0
88	87	48	0
89	88	54	0
90	90	0	0

表2-3 子午圈角度表

黄道度	角度度	角度分	差值分
1	66	32	24
2	66	33	24
3	66	34	24
4	66	35	24
5	66	37	24
6	66	39	24
7	66	42	24
8	66	44	24
9	66	47	24
10	66	51	24
11	66	55	24
12	66	59	24
13	67	4	23
14	67	10	23
15	67	15	23
16	67	21	23
17	67	27	23
18	67	34	23
19	67	41	23
20	67	49	23
21	67	56	22
22	68	4	22
23	68	13	22
24	68	22	22
25	68	32	22
26	68	41	21
27	68	51	21
28	69	2	21
29	69	13	21
30	69	24	21
31	69	35	21
32	69	48	21
33	70	0	20
34	70	13	20
35	70	26	20
36	70	39	20
37	70	53	20
38	71	7	19
39	71	22	19
40	71	36	19
41	71	52	19
42	72	8	18
43	72	24	18
44	72	39	18
45	72	55	18
46	73	11	17
47	73	28	17
48	73	47	17
49	74	4	16
50	74	24	16
51	74	42	16
52	75	1	15
53	75	21	15
54	75	40	15
55	76	1	14
56	76	21	14
57	76	42	14
58	77	3	13
59	77	24	13
60	77	45	13
61	78	7	12
62	78	29	12
63	78	51	11
64	79	14	11
65	79	36	11
66	79	59	10
67	80	22	10
68	80	45	10
69	81	9	9
70	81	33	9
71	81	58	8
72	82	22	8
73	82	46	7
74	83	11	7
75	83	35	6
76	84	0	6
77	84	25	6
78	84	50	5
79	85	15	5
80	85	40	4
81	86	5	4
82	86	30	3
83	86	55	3
84	87	19	3
85	87	53	2
86	88	17	2
87	88	41	1
88	89	6	1
89	89	33	0
90	90	0	0

第四章　对黄道外任一天体，若黄经、黄纬已知，测定其赤经、赤纬和过中天时黄道度数的方法

对于黄道、天赤道、子午圈及其交点，我们基本已经确定下来了。但是鉴于周日旋转的问题，重要的事情不仅是明白那些在黄道上出现的太阳现象，而且要对那些处于黄道之外的恒星和行星，用类似的方法求出天从赤道开始算起的赤纬和赤经（在假定知道它们经纬度的情况下）。

如图2-4所示，画圆周 *ABCD*，使其穿过天赤道和黄道的极点，令 *AEC* 为天赤道上位于极点 *F* 之上的半圆，*BED* 是以 *G* 为极点画出的黄道上的半圆，并且在点 *E* 与天赤道相交。现在，从极点 *G* 画通过一颗恒星的圆弧 *GHKL*。

恒星位置已知在点 *H*，通过此点从周日旋转的极点画四分之一圆周 *FHMN*。非常清晰可见的是，位于点 *H* 的恒星，与点 *M* 和点 *N* 一起，同时落在子午圈上。弧 *HMN* 则是从天赤道算起的恒星的赤纬，*EN* 则是赤经，这也就是我们所要求的坐标。

因为，在三角形 *KEL* 之中，边 *KE* 已知，角 *KEL* 已知，而且角 *EKL*＝90，根据第一卷第十四章的第四部分内容，边 *KL* 已知，边 *EL* 已知，角 *KLE* 已知，所以弧 *HKL* 已知。

三角形 *HLN* 之中，角 *HLN* 已知，角 *LNH* 等于90，而且边 *HL* 已知，因此同样根据第一卷第十四章的第四部分内容，其余的边也是可知的，包括 *HN*（恒星的赤纬）、*LN*。用 *EL* 减去 *LN*，余量为 *NE*，这就是天球从分点到恒星所转过的弧长，也就是赤经。

或者我们可以采用另外一种方法，在上述关系中，令 *KE* 这一黄道的弧

为LE的赤经，而LE作为赤经可以从表2-2中查出。LK是对应LE的赤纬，根据表2-3，可以查出角KLE，因此其余的边和角也是可以求得的。

通过赤经EN，可以求出EM的度数，这与恒星、点M过中天时的度数是一致的。

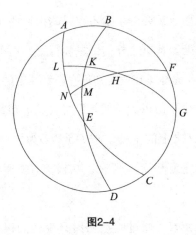

图2-4

第五章　地平圈的交点

在正的圆球中，其地平圈与斜球上的地平圈是不同的。对于前者来说，正的地平圈是与赤道垂直的圆，或者是穿过赤道两极的圆。而在斜球中，与赤道相倾斜的圆，我们称之为地平圈。

因此，在正的圆球中，所有的天体都是垂直起落的，白天和黑夜是等长的。而子午圈则等分了因为周日旋转而形成的纬圈，并且通过纬圈的极。这就出现了我们讨论子午圈时出现的现象。但是，我们现在指代的白天是从日出到日落，而不是光亮出现到夜幕彻底来临，或者说从黎明到街道上出现第一缕灯光。后面我们将结合黄道十二宫的出没谈及这一问题。

与之相对的是，在地轴垂直于地平圈的位置没有天体的起落，每个天体似乎都在转圈，而它们有的一直都可以看到，有的却一直都看不到。例如围绕太阳进行的周年运转会产生例外情况。这种运动的结果是白天持续大约半年的时间，黑夜则占据了其余的时段。在那里，赤道与地平圈是重合的，因此除冬夏的差别外不会有其他差别。

但是，对于斜球来说，有些天体时出时没，而另一些永远可见或永远隐藏不见。同时，白天和黑夜也是不相等的。在这些情况下，倾斜的地平圈与两条纬圈相切，而纬圈的角度取决于地平圈的倾角。在两条纬圈之中，一条是永远可以看见天体的界限，它是靠近可见的天极的；而另一条，则是靠近不可见的天极的纬圈，是被隐藏的天体的界限。地平圈会与这两个极限之间的纬圈相交，我们会看到纬圈被截得的弧段是不相等的。赤道的情况明显不同，因为它是一个最大的纬圈，而大圆是彼此等分的。在北半球，倾斜的地平圈把纬圈分割成两段不相等的弧段，靠近可以看见的天极的那一段比靠近看不见天极的那一段要长。南半球的情况正好相反。太阳在这些弧段上的周日视运动，导致了白天和黑夜不均等的现象。

第六章　正午影子的差异

正午的太阳影子也是存在差异的，因此有些人被称为环影人，一些人被称为双影人，一些人还被称为异影人。所谓的环影人就是能够接受四面八方日影的人，他们的天顶离地球的极点有一段距离，这一距离比回归线与赤道的距离要小一些。在那一区域，与地平圈相切的纬圈，是永远可以看到或永远看不见星星的界限，它们是大于或者等于回归线的。所以，在夏季的时候，太阳高居于永远可见的恒星之间，并且把日晷的影子投向各方。但是在地平圈与回归线相切的地域，这两条线本身就成为永远可见和永远不见恒星的界限。因此，在至日时分，太阳看起来是在午夜时分掠过地球。那时，黄道与地平圈彻底重合，黄道六宫同时迅速升起，同样数目的相对各宫同时沉没，而黄道的极与地平圈的极是重合的。

双影人的正午日影落在两侧。他们居住在两条回归线之间，也就是古代人所称的中间区域。在这一区域，每天黄道从头顶上经过两次。欧几里得的《现象篇》的定理二证明了这一点。因此在同一区域，日晷的影子两次消失，随着太阳的前后移动，其影子有时投向南部，有时投向北部。

我们是地球上的其余居民，居住在双影人和环影人之间。我们是异影人，因为我们在中午的影子只投向北方。

古代的数学家习惯把整个世界按不同地方的一些纬圈分为8个地域，包括梅罗、塞恩、亚历山大、罗德岛、赫勒斯滂、本都中央、第聂伯河、君士坦丁堡。为什么选择这些纬圈进行划分，主要的依据就是：一年的时间段之内，在某些特定的区域，最长的白天的长度之差及其增加量；在两分日和两至日的正午用日晷观测到的日影长度；还有天极的高度或每一个地区的宽度。随着时间的推移，这些数据在发生变化，现在的数值与过去也是不同的。正如我们说过的，鉴于黄道倾角也是变化的，这是古代的天文学家忽略掉的，或者更准确地说，主要是赤道对于黄道面的倾角是变化的，这些数值都与此相关。但是，天极的高度或所在地的纬度，甚至是二分日影子的长度，都与古代的观测记录吻合。情况应当是这样的，因为地球的极决定着赤道，所以影子和白天的非永久固定性并不会把那些地区精密地结合在一起。换一种方式，因为与赤道的距离是固定的，所以这才能更确切地定位各个地区的界限。而需要指出的是，回归线的变化幅度虽然很小，但是却能够在南部地区对于白天和影子产生一定的影响。如果一个人向北方行走，那么很容易就体察到这一点。因此，如果考虑到日晷的影子，非常清楚的一点是，如果太阳的高度是可知的，那么影子的长度也是可知的，反之亦然。

运用这种方式假设日晷AB的投影为BC，如图2-5所示。日晷垂直于地平圈的平面，角ABC是直角，这是依据平面垂直的定义得出来的结论。如果把AC连接起来，我们就有了一个直角三角形ABC。

因为太阳的高度是已知的，于是我们可得角ACB。依据第一卷第十三章的第一部分内容，可以求出AB与其影子BC之比，于是可以求

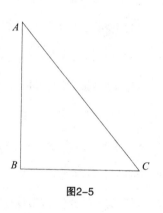

图2-5

得BC的长度。反过来说，如果AB和BC已知，那么根据第一卷第十三章的第三部分内容，就可以求出角ACB，以及投影时太阳的高度。正是通过这样的方式，古代的那些人在描述那些地区的时候，对于二分日、二至日的日影长度都进行了界定。

第七章　如何相互推求最长的白昼、各次日出的间距和天球的倾角以及白昼之间的余差

运用下面的方式，我要说明天球、地平圈的倾角，同时说明最长和最短的白昼和各次日出之间的间距，以及白昼之间的余差。目前，日出之间的间距实际就是一段地平圈上的弧长，是冬至点和夏至点的日出截出来的弧长，也可以说是这两天的日出与分点的日出之间的距离。

现在，我们设定ABCD为子午圈（图2-6）。令BED为在东半球的地平圈的半圆，而AEC是赤道的半圆。令F为赤道的北极。设定点G是夏至日日出的点，作大圆弧FGH。因为地球在旋转时围绕赤道的极点F展开，G、H到达子午圈ABCD的时间应该是一致的。G、H的纬圈也是围绕相同的两极点画出来的，于是所有通过极点的大圆在这些纬圈上截出的圆弧都是相似的。于是，太阳从点G升起，一直到正午，所需要的时间等于点H沿弧AEH到达点A的时间。而从午夜到日出，所需要的时间就是位于地平圈下面的半圆余下部分的CH的长度。现在，设AEC是半圆，AE和EC是圆周的四分之一，因为它们是通过ABCD极点画出来的。基于这种考虑，EH就是最长的白天与分日的白天之间差额的一半，EG就是分日与至日之间的距离。于是，三角形EGH中，倾角GEH借助弧AB就可以求出，而且角GHE为直角。边GH是已知的，它也就是夏至点到赤道之间的距离。根据第一卷第十四章的第四部分内容，其他的边可知，边EH是分日白昼与最长的白昼之间差值的一半，GE则是日出之间的间距。而且，如果GH已知，边EH或者EG也是已知的，那么角E作为球面的倾角也必然是已知的，这样FD，即极点在地平圈上的高度也是可以求出来的。

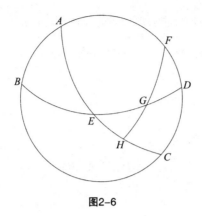

图2-6

但是，即使G不是作为黄道上的至点，弧EG、弧EH已知的话，根据表2-1，可以查出赤纬弧GH，它是与黄道度数相对应的，其余的数值也可以用同样的方法得到证明。

因此，位于黄道上的两个分度点（它们与至点是等距离的）在地平圈上会截得与分点日出同等距离的圆弧，而且圆弧是同一方向的，这就使得白昼和黑夜的时间是相等的。这主要是因为位于黄道上的两个刻度点位于同一纬圈上，它们的赤纬在同一方向，而且是相等的。

但是，如果从赤道与地平圈的交点取相等的圆弧，但是在不同的方向，虽然日出之点的距离仍然是相等的，但是方向是相反的，白昼和黑夜的长度是相反而相等的，因为它们在纬圈上扫出的弧长是相等的，正像黄道上与一个分点等距的两点从天赤道算起的赤纬是相等的。

在同一个图形之中，画GM和KN两条纬圈弧，它们分别在点G和点K与地平圈BED相交，从南部的极点L画一个大圆的四分之一圆周LKO，如图2-7所示，因此，有

赤纬HG＝赤纬KO

在DFG和BLK两个三角形中有两边各等于两相应边:

$$FG = LK$$

而且极点的高度相等,

$$FD = LB$$

同时,

$$角D = 角B = 90$$

因此,

$$底边DG = 底边BK$$

于是,日出点之间的距离就是四分之一圆周的剩余部分,即

$$GE = EK$$

在这里,有

$$边EG = 边EK$$

$$边GH = 边KO$$

而且

$$对顶角KEO = 对顶角GEH$$

$$边EH = 边EO$$

同时

$$EH + 四分之一圆周 = OE + 四分之一圆周$$

于是

$$弧AEH = 弧OEC$$

因为大圆通过纬圈的极点切出了相同的圆弧,GM和KN是相似并且相等的,证明完毕。

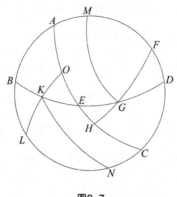

图2-7

但是，证明也可以采取完全不同的方式。

现在令子午圈*ABCD*的中心为点*E*，赤道的直径和子午圈截面的直径为*AEC*，*BED*为子午面上地平圈的直径，*LEM*为球的轴线，*L*为可以看见的天极，*M*则为隐藏的天极，如图2-8所示。设*AF*为夏至点的距离，或者也可以是任何其他的赤纬。画*FG*作为纬圈的直径，同时也是纬圈与子午面的交线。在点*K*，*FG*与轴线相交，在点*N*，与子午圈的直径相交。

根据波希多尼所做的定义，平行线既不会聚在一起也不会各自发散，但是无论在哪里，它们之间的垂线都是相等的。因此直线*KE*等于两倍弧*AF*所对的半弦。同样，*KN*是半弦，在以*FK*为半径的纬圈之中，其所对应的是分点日与昼夜不等日之间的差值的圆弧的两倍。因为以这些线为交线，就是以这些线为直径的半圆——倾斜的地平圈*BED*、正的地平圈*LEM*、赤道*AEC*、纬圈*FKG*——都是垂直于圆周*ABCD*平面的。根据《几何原本》的第11卷，第19命题，这些半圆的交线分别在点*E*、*K*、*N*垂直于同一个平面。而根据《几何原本》的第11卷，第6命题，这些垂线是相互平行的。

如果*K*为纬圈的中心，*E*是球心，*EN*表示地平圈上的半弦，其对应的是纬圈日出点与分日日出点之间差额的地平圈弧的两倍。已知赤纬*AF*和四分之一圆周的剩余部分*FL*，于是以*AE*为100 000单位，可求得两倍的弧*AF*、*FL*所对应的*KE*和*FK*两个半弦。在直角三角形*EKN*之中，角*KEN*已知，根据的是极点的高度*DL*，余角*KNE*与角*AEB*是相等的，依据在于斜球上的纬圈是与地平圈上的倾角完全相等的。所以，三角形的各边都可以求出来，采用的是球的半径为100 000单位。*KN*以纬圈半径*FK*为100 000单位，可以求出。

*KN*是半弦，是分日与相应纬圈之日的整个差值的弧所对应的半弦，纬圈圆周为360 ，可知弧对应的角度，于是可以求出*KN*。

非常清楚的是，*FK*与*KN*之比等于两倍的*FL*和两倍的*AF*所对应的半弦之比，同时，两倍的*AB*和*DL*所对应的半弦之比等于*FK*和*EK*之比。这也就是说，后一比值等于*EK*：*KN*，此外*KE*为*FK*与*KN*的比例中项。

与此相似，*BE*与*EN*的比值也可由*BE*：*EK*和*KE*：*EN*两个比值算出。托勒密通过球面上的弧段详细对此做了解释。所以我认为，昼夜之间的差值也可以用这个方法算出。但是如果考虑到月球和任何恒星，如果已知相关的赤纬，那么在地平圈上周日运动扫描出来的纬圈上的弧段，与地平圈下面的弧段就可以清晰地分开了。于是通过这些弧段我们就很容易理解它们的出没了。斜球经度差值见表2–4。

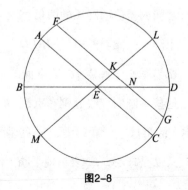

图2–8

表2-4 斜球经度差值表

赤纬	天极高度											
	31		32		33		34		35		36	
度	时	分	时	分	时	分	时	分	时	分	时	分
1	0	36	0	37	0	39	0	40	0	42	0	44
2	1	12	1	15	1	18	1	21	1	24	1	27
3	1	48	1	53	1	57	2	2	2	6	2	11
4	2	24	2	30	2	36	2	42	2	48	2	55
5	3	1	3	8	3	15	3	23	3	31	3	39
6	3	37	3	46	3	55	4	4	4	13	4	23
7	4	14	4	24	4	34	4	45	4	56	5	7
8	4	51	5	2	5	14	5	26	5	39	5	52
9	5	28	5	41	5	54	6	8	6	22	6	36
10	6	5	6	20	6	35	6	50	7	6	7	22
11	6	42	6	59	7	15	7	32	7	49	8	7
12	7	20	7	38	7	56	8	15	8	34	8	53
13	7	58	8	18	8	37	8	58	9	18	9	39
14	8	37	8	58	9	19	9	41	10	3	10	26
15	9	16	9	38	10	1	10	25	10	49	11	14
16	9	55	10	19	10	44	11	9	11	35	12	2
17	10	35	11	1	11	27	11	54	12	22	12	50
18	11	16	11	43	12	11	12	40	13	9	13	39
19	11	56	12	25	12	55	13	26	13	57	14	29
20	12	38	13	9	13	40	14	13	14	46	15	20
21	13	20	13	53	14	26	15	0	15	36	16	12
22	14	3	14	37	15	13	15	49	16	27	17	5
23	14	47	15	23	16	0	16	38	17	17	17	58
24	15	31	16	9	16	48	17	29	18	10	18	52
25	16	16	16	56	17	38	18	20	19	3	19	48
26	17	2	17	45	18	28	19	12	19	58	20	45
27	17	50	18	34	19	19	20	6	20	54	21	44
28	18	38	19	24	20	12	21	1	21	51	22	43
29	19	27	20	16	21	6	21	57	22	50	23	45
30	20	18	21	9	22	1	22	55	23	51	24	48
31	21	10	22	3	22	58	23	55	24	53	25	53
32	22	3	22	59	23	56	24	56	25	57	27	0
33	22	57	23	54	24	19	25	59	27	3	28	9
34	23	55	24	56	25	59	27	4	28	10	29	21
35	24	53	25	57	27	3	28	10	29	21	30	35
36	25	53	27	0	28	9	29	21	30	35	31	52

赤纬	天极高度										
	37		38		39		40		41		42	
度	时	分	时	分	时	分	时	分	时	分	时	分
1	0	45	0	47	0	49	0	50	0	52	0	54
2	1	31	1	34	1	37	1	41	1	44	4	48
3	2	16	2	21	2	26	2	31	2	37	2	42
4	3	1	3	8	3	15	3	22	3	29	3	37
5	3	47	3	55	4	4	4	13	4	22	4	31
6	4	33	4	43	4	53	5	4	5	15	5	26
7	5	19	5	30	5	42	5	55	6	8	6	21
8	6	5	6	18	6	32	6	46	7	1	7	16
9	6	51	7	6	7	22	7	38	7	55	8	12
10	7	38	7	55	8	13	8	30	8	49	9	8
11	8	25	8	44	9	3	9	23	9	44	10	5
12	9	13	9	34	9	55	10	16	10	39	11	2
13	10	1	10	24	10	46	11	10	11	35	12	0
14	10	50	11	14	11	39	12	5	12	31	12	58
15	11	39	12	5	12	32	13	0	13	28	13	58
16	12	29	12	57	13	26	13	55	14	26	14	58
17	13	19	13	49	14	20	14	52	15	25	15	59
18	14	10	14	42	15	15	15	49	16	24	17	1
19	15	2	15	36	16	11	16	48	17	25	18	4
20	15	55	16	31	17	8	17	47	18	27	19	8
21	16	49	17	27	18	7	18	47	19	30	20	13
22	17	44	18	24	19	6	19	49	20	34	21	20
23	18	39	19	22	20	6	20	52	21	39	22	28
24	19	36	20	21	21	8	21	56	22	46	23	38
25	20	34	21	21	22	11	23	2	23	55	24	50
26	21	34	22	24	23	16	24	10	25	5	26	3
27	22	35	23	28	24	22	25	19	26	17	27	18
28	23	37	24	33	25	30	26	30	27	31	28	36
29	24	41	25	40	26	40	27	43	28	48	29	57
30	25	47	26	49	27	52	28	59	30	7	31	19
31	26	55	28	0	29	7	30	17	31	29	32	45
32	28	5	29	13	30	54	31	31	32	54	34	14
33	29	18	30	29	31	44	33	1	34	22	35	47
34	30	32	31	48	33	6	34	27	35	54	37	24
35	31	51	33	10	34	33	35	59	37	30	39	5
36	33	12	34	35	36	2	37	34	39	10	40	51

续表

赤纬	天极高度											
	43		44		45		46		47		48	
度	时	分	时	分	时	分	时	分	时	分	时	分
1	0	56	0	58	1	0	1	2	1	4	1	7
2	1	52	1	56	2	0	2	4	2	9	2	13
3	2	48	2	54	3	0	3	7	3	13	3	20
4	3	44	3	52	4	1	4	9	4	18	4	27
5	4	41	4	51	5	1	5	12	5	23	5	35
6	5	37	5	50	6	2	6	15	6	28	6	42
7	6	34	6	49	7	3	7	18	7	34	7	50
8	7	32	7	48	8	5	8	22	8	40	8	59
9	8	30	8	48	9	7	9	26	9	47	10	8
10	9	28	9	48	10	9	10	31	10	54	11	18
11	10	27	10	49	11	13	11	37	12	2	12	28
12	11	26	11	51	12	16	12	43	13	11	13	39
13	12	26	12	53	13	21	13	50	14	20	14	51
14	13	27	13	56	14	26	14	58	15	30	16	5
15	14	28	15	0	15	32	16	7	16	42	17	19
16	15	31	16	5	16	40	17	16	17	54	18	34
17	16	34	17	10	17	48	18	27	19	8	19	51
18	17	38	18	17	18	58	19	40	20	23	21	9
19	18	44	19	25	20	9	20	53	21	40	22	29
20	19	50	20	35	21	21	22	8	22	58	23	51
21	20	59	21	46	22	34	23	25	24	18	25	14
22	22	8	22	58	23	50	24	44	25	40	26	40
23	23	19	24	12	25	7	26	5	27	5	28	8
24	24	32	25	28	26	26	27	27	28	31	29	38
25	25	47	26	46	27	48	28	52	30	0	31	12
26	27	3	28	6	29	11	30	20	31	32	32	48
27	28	22	29	29	30	38	31	51	33	7	34	28
28	29	44	30	54	32	7	33	25	34	46	36	12
29	31	8	32	22	33	40	35	2	36	28	38	0
30	32	35	33	53	35	16	36	43	38	15	39	53
31	34	5	35	28	36	56	38	29	40	7	41	52
32	35	38	37	7	38	40	40	19	42	4	43	57
33	37	16	38	50	40	30	42	15	44	8	46	9
34	38	58	40	39	42	25	44	18	46	20	48	31
35	40	46	42	33	44	27	46	23	48	36	51	3
36	42	39	44	33	46	36	48	47	51	11	53	47

赤纬	天极高度										
	49		50		51		52		53		54	
度	时	分	时	分	时	分	时	分	时	分	时	分
1	1	9	1	12	1	14	1	17	1	20	1	23
2	2	18	2	23	2	28	2	34	2	39	2	45
3	3	27	3	35	3	43	3	51	3	59	4	8
4	4	37	4	47	4	57	5	8	5	19	5	31
5	5	47	5	50	6	12	6	26	6	40	6	55
6	6	57	7	12	7	27	7	44	8	1	8	19
7	8	7	8	25	8	43	9	2	9	23	9	44
8	9	18	9	38	10	0	10	22	10	45	11	9
9	10	30	10	53	11	17	11	42	12	8	12	35
10	11	42	12	8	12	35	13	3	13	32	14	3
11	12	55	13	24	13	53	14	24	14	57	15	31
12	14	9	14	40	15	13	15	47	16	23	17	0
13	15	24	15	58	16	34	17	11	17	50	18	32
14	16	40	17	17	17	56	18	37	19	19	20	4
15	17	57	18	39	19	19	20	4	20	50	21	38
16	19	16	19	59	20	44	21	32	22	22	23	15
17	20	36	21	22	22	11	23	2	23	56	24	53
18	21	57	22	47	23	39	24	34	25	33	26	34
19	23	20	24	14	25	10	26	9	27	11	28	17
20	24	45	25	42	26	43	27	46	28	53	30	4
21	26	12	27	14	28	18	29	26	30	37	31	54
22	27	42	28	47	29	56	31	8	32	25	33	47
23	29	14	30	23	31	37	32	54	34	17	35	45
24	31	4	32	3	33	21	34	44	36	13	37	48
25	32	26	33	46	35	10	36	39	38	14	39	59
26	34	8	35	32	37	2	38	38	40	20	42	10
27	35	53	37	23	39	0	40	42	42	33	44	32
28	37	43	39	19	41	2	42	53	44	53	47	2
29	39	37	41	21	43	12	45	12	47	21	49	44
30	41	37	43	29	45	29	47	39	50	1	52	37
31	43	44	45	44	47	54	50	16	52	53	55	48
32	45	57	48	8	50	30	53	7	56	1	59	19
33	48	19	50	44	53	20	56	13	59	28	63	21
34	50	54	53	30	56	20	59	42	63	31	68	11
35	53	40	56	34	59	58	63	40	68	18	74	32
36	56	42	59	59	63	47	68	26	74	36	90	0

续表

赤纬	天极高度										
	55		56		57		58		59		60	
度	时	分	时	分	时	分	时	分	时	分	时	分
1	1	26	1	29	1	32	1	36	1	40	1	44
2	2	52	2	58	3	5	3	12	3	20	3	28
3	4	17	4	27	4	38	4	49	5	0	5	12
4	5	44	5	57	6	11	6	25	6	41	6	57
5	7	11	7	27	7	44	8	3	8	22	8	43
6	8	38	8	58	9	19	9	41	10	4	10	29
7	10	6	10	29	10	54	11	20	11	47	12	17
8	11	35	12	1	12	30	13	0	13	32	14	5
9	13	4	13	35	14	7	14	41	15	17	15	55
10	14	35	15	9	15	45	16	23	17	4	17	47
11	16	7	16	45	17	25	18	8	18	53	19	41
12	17	40	18	22	19	6	19	53	20	43	21	36
13	19	15	20	1	20	50	21	41	22	36	23	34
14	20	52	21	42	22	35	23	31	24	31	25	35
15	22	30	23	24	24	22	25	23	26	29	27	39
16	24	10	25	9	26	12	27	19	28	30	29	47
17	25	53	26	57	28	5	29	18	30	35	31	59
18	27	39	28	48	30	1	31	20	32	44	34	19
19	29	27	30	41	32	1	33	26	34	58	36	37
20	31	19	32	39	34	5	35	37	37	17	39	5
21	33	15	34	41	36	14	37	54	39	42	41	40
22	35	14	36	48	38	28	40	17	42	15	44	25
23	37	19	39	0	40	49	42	47	44	57	47	20
24	39	29	41	18	43	17	45	26	47	49	50	27
25	41	45	43	44	45	54	48	16	50	54	53	52
26	44	9	46	18	48	41	51	19	54	16	57	39
27	46	41	49	4	51	41	54	38	58	0	61	57
28	49	24	52	1	54	58	58	19	62	14	67	4
29	52	20	55	16	58	36	62	31	67	18	73	46
30	55	32	58	52	62	45	67	31	73	55	90	0
31	59	6	62	58	67	42	74	4	90	0		
32	63	10	67	53	74	12	90	0				
33	68	1	74	19	90	0						
34	74	33	90	0								
35	90	0			空白区属于既不升起也不沉没的恒星							
36												

第八章　昼夜的时辰及其划分

非常清晰可见的是，从表2-4中，依据太阳的赤纬，并且在给定天极高度的情况下，我们可以查出白昼的差值。对于北半球的赤纬而言，把差值与一个四分之一圆周加起来；对于南半球的赤纬，则用四分之一圆周减去这个差值。最终的结果的2倍，就是白昼的长度，黑夜的长度就是圆周的余量。

把其中的任何一个量除以15，得到的数值就是这一白昼含有的小时数。如果取$\frac{1}{12}$，就是一个季节时辰的长度，这些时辰因其所在的日期而命名，并且是一天的$\frac{1}{12}$。于是，这些时辰就被称为"夏至时辰、分日时辰、冬至时辰"，这也是古代的人使用过的称谓。

但是，原来使用的时辰除了从日出到日落的12个小时，没有其他的时辰称谓。古代的人倾向于把一个晚上分成四更，并且各国把这种方式使用了很长的时间。为了执行这一规则，由于不同的白昼长度，人们还创造了水钟，通过对水钟里的水增加和减少，来实现对时辰的调节。这样的话，即使在没有太阳的天气，也能知道时间。随后，人们采用了无论日夜都可以使用的同等的时辰。因为相等，更容易进行监测和掌握，相应地就废除了季节时辰。但是，这种方式也存在弊端，就是你如果随便问某人，某一时刻是否是一天中的第一、第三、第六、第九，第十一小时，他根本回答不出来，即使回答出来了也是不正确的。而且，对于等长时辰从什么时间开始编号，各个地区也并不一致，有的从正午开始，有的从日落算起，有的从午夜算起，还有的从日出开始算起。

第九章　黄道弧段的斜球经度；当黄道任一分度升起时，如何确定在中天的度数

既然我们已经了解了白昼和黑夜的长度及其差值，那么接下来的问题就是斜球的经度问题。也就是说，黄道十二宫或者黄道的其他弧段升起的时间。赤经与斜球经度之间的差值，与分日和昼夜不等长的一天的差值相同。而且，古代人借用动物的名称来命名十二组恒星，从春分点开始，依次称之为白羊、金牛、双子、巨蟹等。

如图2-9所示，为了把问题更加清楚地表述出来，我们再次令 ABCD 为子午圈，AEC 作为赤道半圆与地平圈 BED 于点 E 相交。现在，令点 H 为分点，黄道 FHI 通过该点在 L 处与地平圈相交。从赤道极点 K 通过交点 L 画大圆的四分之一圆周 KLM。现在非常清楚的是，黄道上的弧 HL 与赤道上的弧 HE 同时升起。但是在正球中，弧 HL 是同弧 HEM 一起升起的。弧 EM 就是它们之间的差。我们已经证明过，EM 是分日白昼与不等日白昼之间差值的一半，但是在北部加上的量是这里需要减去的量。在另一方面，对南半球赤纬来说，把它与赤经相加便可得到斜球经度。因此，整个宫或者黄道上的其他一段弧的升起需要多长时间，通过该宫或弧的起点到终点的赤经就能够精确地计算出来。

于是，当黄道上从分点量起的任一已知经度的点正在升起时，位于中天的度数是可以计算出来的。正在升起的点 L 的赤纬可以由 HL 求出。同时，它与分点的距离，它的赤经 HEM，以及整个 AHEM（半个白昼的弧）都是可知的，于是 AH 也是可知的。AH 是弧 FH 的赤经，弧 FH 由表2-4可知。换一种方式，因为角 AHF 作为黄赤交角已知，边 AH 已知，角 FAH 为直

角，那么也可以求出FH。于是，位于上升分度和中天分度之间的黄道圆弧FHL也是可以算出来的。

相反的是，如果中天的分度，或者说弧FH是已知的，那我们就会知道升起的分度。还可以求出赤纬AF，并通过球的倾角算出AFB和余量FB。在三角形BFL之中，角BFL和边FB是已知的，角FBL是直角，因此边FHL就可以求出来。下面我们通过另一种不同的方法求出这个量。

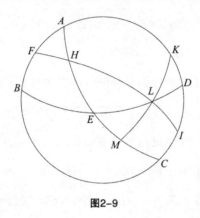

图2-9

第十章　黄道与地平圈的交角

进一步说，鉴于黄道是倾斜于地球轴线的一个圈，它与地平圈形成了各种各样的交角。因为我们已经说过日影之间的差异，并且提及对于那些居住在回归线之间的人们来说，黄道会有两次垂直于地平圈的机会。但是在我看来，如果仅仅为了我们的研究目标，我们只要证明与我们居住在异影区的人有关的那些角度，就已经很充足了。通过这些角度，整个关于角度的理论都非常容易理解。当春分点或者白羊宫第一点开始升起的时候，黄道相对于赤道面的最大南倾的赤纬越大（赤纬度数可由此时的摩羯宫第一点在中天的位置测得），黄道就越接近地平圈。与此相反，黄道较高的时候，升起角就越大，这是在天秤宫的第一点升起而巨蟹宫第一点在中天的时候出现的。我相信，上面的描述是一清二楚的。赤道、黄道和地平圈都通过相同的交点，即相会于子午圈的极点。那么它们在子午圈上截出来的弧段就可以表示升起角的大小。

对黄道的其他度数还有一个测量升起角的方法，如图2-10所示。我们再次设ABCD为子午圈，BED为地平圈的一半，AEC是黄道的一半，黄道的任何一个分度都可在点E升起来。

我们的问题在于，根据4个直角等于360，求出角AEB究竟有多大，因为E是已知的升起的分度，因此中天的分度也是可知的，弧AE以及沿子午圈的地平高度AB也是已知的。而且，因为

$$角ABE=90$$

2倍的AE和2倍的AB所对应的弦长之比，与直径和2倍的角AEB所对应的弦长之比，是相等的。因此，角AEB是已知的。

但是，如果已知分度不是在升起，而是在中天，我们设它为点A。尽管如此，升起角还是可以确定。以E为极点，设FGH为大圆的四分之一圆周，完成四分之一圆周EAG和EBH。由于已知沿子午圈的地平高度AB，于是四分之一圆周的剩余部分AF也可知。根据前面所述，角FAG已知，同时，有

$$角FGA=90$$

因此，弧FG可知。于是剩余部分GH也可知。而GH代表所求的升起的角。

同样，非常明显的是，当中天的分度给定的时候，升起的分度就可以求得，在论述球面三角形时已经说明，2倍的GH与2倍的AB所对应的弦长之比，与直径和2倍的AE所对应的弦长之比是相等的。

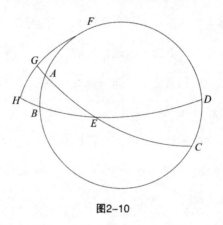

图2-10

我们加入了三组表格，表2-5给出正球中的赤经，从白羊宫开始，黄道每增加6，给出一个相应的数值；表2-6给出斜球的赤经，每增加6，给出一个相应的数值，从极点高度39到57的纬圈，每次相隔3增加一列；表2-7给出与地平圈的交角，黄道每次增加6，共有7栏。这些表格建立在最小的黄赤交角23 28′基础之上，这在我们这个时代是近似正确的。

表2-5 在正球自转中黄道十二宫赤经表

黄道		赤经		仅对一度		黄道		赤经		仅对一度	
符号	度	时	分	时	分	符号	度	时	分	时	分
白羊宫 ♈	6	5	30	0	55	天秤宫 ♎	6	185	30	0	55
	12	11	0	0	55		12	191	0	0	55
	18	16	34	0	56		18	196	34	0	56
	24	22	10	0	56		24	202	10	0	56
	30	27	54	0	57		30	207	54	0	57
金牛宫 ♉	6	33	43	0	58	天蝎宫 ♏	6	213	43	0	58
	12	39	35	0	59		12	219	35	0	59
	18	45	32	1	0		18	225	32	1	0
	24	51	37	1	1		24	231	37	1	1
	30	57	48	1	2		30	237	48	1	2
双子宫 ♊	6	64	6	1	3	人马宫 ♐	6	244	6	1	3
	12	70	29	1	4		12	250	29	1	4
	18	76	57	1	5		18	256	57	1	5
	24	83	27	1	5		24	263	27	1	5
	30	90	0	1	5		30	270	0	1	5
巨蟹宫 ♋	6	96	33	1	5	摩羯宫 ♑	6	276	33	1	5
	12	103	3	1	5		12	283	3	1	5
	18	109	31	1	5		18	289	31	1	5
	24	115	54	1	4		24	295	54	1	4
	30	122	12	1	3		30	302	12	1	3
狮子宫 ♌	6	128	23	1	2	宝瓶宫 ♒	6	308	23	1	2
	12	134	28	1	1		12	314	28	1	1
	18	140	25	1	0		18	320	25	1	0
	24	146	17	0	59		24	326	17	0	59
	30	152	6	0	58		30	332	6	0	58
室女宫 ♍	6	157	50	0	57	双鱼宫 ♓	6	337	50	0	57
	12	163	26	0	56		12	343	26	0	56
	18	169	0	0	56		18	349	0	0	56
	24	176	30	0	55		24	354	30	0	55
	30	180	0	0	55		30	360	0	0	55

表 2-6　斜球赤经表

黄道		天极高度												
		39		42		45		48		51		54		57	
		赤经		赤经		赤经		赤经		赤经		赤经		赤经	
符号	度	时	分	时	分	时	分	时	分	时	分	时	分	时	分
♈	6	3	34	3	20	3	6	2	50	2	32	2	12	1	49
	12	7	10	6	44	6	15	5	44	5	8	4	27	3	40
	18	10	50	10	10	9	27	8	39	7	47	6	44	5	34
	24	14	32	13	39	12	43	11	40	10	28	9	7	7	32
	30	18	26	17	21	16	11	14	51	13	26	11	40	9	40
♉	6	22	30	21	12	19	46	18	14	16	25	14	22	11	57
	12	26	39	25	10	23	32	21	42	19	38	17	13	14	23
	18	31	0	29	20	27	29	25	24	23	2	20	17	17	2
	24	35	38	33	47	31	43	29	25	26	47	23	42	20	2
	30	40	30	38	30	36	15	33	41	30	49	27	26	23	22
♊	6	45	39	43	31	41	7	38	23	35	15	31	34	27	7
	12	51	8	48	52	46	20	43	27	40	8	36	13	31	26
	18	56	56	54	35	51	56	48	56	45	28	41	22	36	20
	24	63	0	60	36	57	54	54	49	51	15	47	1	41	49
	30	69	25	66	59	64	16	61	10	57	34	53	28	48	2
♋	6	76	6	73	42	71	0	67	55	64	21	60	7	54	55
	12	83	2	80	41	78	2	75	2	71	34	67	28	62	26
	18	90	10	87	54	85	22	82	29	79	10	75	15	70	28
	24	97	27	95	19	92	55	90	11	87	3	83	22	78	55
	30	104	54	102	54	100	39	98	5	95	13	91	50	87	46
♌	6	112	24	110	33	108	30	106	11	103	33	100	28	96	48
	12	119	56	118	16	116	25	114	20	111	58	109	13	105	58
	18	127	29	126	0	124	23	122	32	120	28	118	3	115	13
	24	135	4	133	46	132	21	130	48	128	59	126	56	124	31
	30	142	38	141	33	140	23	139	3	137	38	135	52	133	52
♍	6	150	11	149	19	148	23	147	20	146	8	144	47	143	12
	12	157	41	157	1	156	19	155	29	154	38	153	36	153	24
	18	165	7	164	40	164	12	163	41	163	5	162	24	162	47
	24	172	34	172	21	172	6	171	51	171	33	171	12	170	49
	30	180	0	180	0	180	0	180	0	180	0	180	0	180	0
♎	6	187	26	187	39	187	54	188	9	188	27	188	48	189	11
	12	194	53	195	19	195	48	196	19	196	55	197	36	198	23
	18	202	21	203	0	203	41	204	30	205	24	206	25	207	36
	24	209	49	210	41	211	37	212	40	213	52	215	13	216	48
	30	217	22	218	27	219	37	220	57	222	22	224	8	226	8

续表

黄道		天极高度													
		39		42		45		48		51		54		57	
		赤经		赤经		赤经		赤经		赤经		赤经		赤经	
符号	度	时	分	时	分	时	分	时	分	时	分	时	分	时	分
♏	6	224	56	226	14	227	38	229	12	231	1	233	4	235	29
	12	232	31	234	0	235	37	237	28	239	32	241	57	244	47
	18	240	4	241	44	243	35	245	40	248	2	250	47	254	2
	24	247	36	249	27	251	30	253	49	256	27	259	32	263	12
	30	255	6	257	6	259	21	261	52	264	47	268	10	272	14
♐	6	262	33	264	41	267	5	269	49	272	57	276	38	281	5
	12	269	50	272	6	274	38	277	31	280	50	284	45	289	32
	18	276	58	279	19	281	58	284	58	288	26	292	32	297	34
	24	283	54	286	18	289	0	292	5	295	39	299	53	305	5
	30	290	35	293	1	295	45	298	50	302	26	306	42	311	58
♑	6	297	0	299	24	302	6	305	11	308	45	312	59	318	11
	12	303	4	305	25	308	4	311	4	314	32	318	38	323	40
	18	308	52	311	8	313	40	316	33	319	52	323	47	328	34
	24	314	21	316	29	318	53	321	37	324	45	328	26	332	53
	30	319	30	321	30	323	45	326	19	329	11	332	34	336	38
♒	6	324	21	326	13	328	16	330	35	333	13	336	18	339	58
	12	329	0	330	40	332	31	334	36	336	58	339	43	342	58
	18	333	21	334	50	336	27	338	18	340	22	342	47	345	37
	24	337	30	338	48	340	3	341	46	343	35	345	38	348	3
	30	341	34	342	39	343	49	345	9	346	34	348	20	350	20
♓	6	345	29	346	21	347	17	348	20	349	32	350	53	352	28
	12	349	11	349	51	350	33	351	21	352	14	353	16	354	26
	18	352	50	353	16	353	45	354	16	354	52	355	33	356	20
	24	356	26	356	40	356	23	357	10	357	53	357	48	358	11
	30	360	0	360	0	360	0	360	0	360	0	360	0	360	0

表2-7 黄道与地平圈交角表

黄道		天极高度													黄道
		39		42		45		48		51		54		57	
		交角		交角		交角		交角		交角		交角		交角	
符号	度	度	分	度	分	度	分	度	分	度	分	度	分	度	符号
♈	0	27	32	24	32	21	32	18	32	15	32	12	32	9	32	30	♒
	6	27	37	24	36	21	36	18	36	15	35	12	35	9	35	24	
	12	27	49	24	49	21	48	18	47	15	45	12	43	9	41	18	
	18	28	13	25	9	22	6	19	3	15	59	12	56	9	53	12	
	24	28	45	25	40	22	34	19	29	16	23	13	18	10	13	6	
	30	29	27	26	15	23	11	20	5	16	56	13	45	10	31	30	
♉	6	30	19	27	9	23	59	20	48	17	35	14	20	11	2	24	♑
	12	31	21	28	9	24	56	21	41	18	23	15	3	11	40	18	
	18	32	35	29	20	26	3	22	43	19	21	15	56	12	26	12	
	24	34	5	30	43	27	23	24	2	20	41	16	59	13	20	6	
	30	35	40	32	17	28	52	25	26	21	52	18	14	14	26	30	
♊	6	37	29	34	1	30	37	27	5	23	11	19	42	15	48	24	♐
	12	39	32	36	4	32	32	28	56	25	15	21	25	17	23	18	
	18	41	44	38	14	34	41	31	3	27	18	23	25	19	16	12	
	24	44	8	40	32	37	2	33	22	29	35	25	37	21	26	6	
	30	46	41	43	11	39	33	35	53	32	5	28	6	23	52	30	
♋	6	49	18	45	51	42	15	38	35	34	44	30	50	26	36	24	♏
	12	52	3	48	34	45	0	41	8	37	55	33	43	29	34	18	
	18	54	44	51	20	47	48	44	13	40	31	36	40	32	39	12	
	24	57	30	54	5	50	38	47	6	43	33	39	43	35	50	6	
	30	60	4	56	42	53	22	49	54	46	21	42	43	38	56	30	
♌	6	62	40	59	27	56	0	52	34	49	9	45	37	41	57	24	♎
	12	64	59	61	44	58	26	55	7	51	46	48	19	44	48	18	
	18	67	7	63	56	60	20	57	26	54	6	50	47	47	24	12	
	24	68	59	65	52	62	42	59	30	56	17	53	7	49	47	6	
	30	70	38	67	27	64	18	61	17	58	9	54	58	52	38	30	
♍	6	72	0	68	53	65	51	62	46	59	37	56	27	53	16	24	♎
	12	73	4	70	2	66	59	63	56	60	53	57	50	54	46	18	
	18	73	51	70	50	67	49	64	48	61	46	58	45	55	44	12	
	24	74	19	71	20	68	20	65	19	62	18	59	17	56	16	6	
	30	74	28	71	28	68	28	65	28	62	28	59	28	56	28	0	

第十一章　关于表格的使用

关于表2-5~表2-7的使用，实际上已经非常清楚了，因为我们前面都进行了证明，如果我们知道太阳的度数，那么就可以查到赤经。对每个等长小时，加上赤道的15，但是总和不能超过360，否则这个数值就需要去掉。那么这样算来，赤经的余量就表示在既定的时辰（从正午算起）黄道在中天的有关度数。

同样地，如果对所讨论的区域的斜球经度做同样的计算，你就可以用从日出算起的时辰求得黄道的升起分度。

此外，正如前面说明的，对位于黄道外面而赤经已知的任何恒星来说，通过从白羊宫第一点算起的相同赤经，由表可得与这些恒星一起位于中天的黄道分度。因为通过表2-6可以直接查出黄道的斜球经度和分度，这些恒星的斜球经度给出与它们一同升起的黄道度数。通过对立相反的位置，可以使用同样的方法算出沉没的问题。

而且，如果在中天的赤经再补充上一个四分之一圆周，求得的和就是升起分度的斜球经度。于是，升起的分度可以通过中天的分度求出来，反过来也是一样。

表2-7就是关于黄道与地平圈的交角，它是通过升起的黄道的分度来测定的。同时，我们还可以理解，黄道的90距地平圈的高度有多大，尤其在计算日食的时候，这是特别必要的数据。

第十二章 通过地平圈的两极向黄道所画圆的角与弧

下面，我要阐述的是出现在黄道与一些圆的交点的角和弧的理论。这些圆通过地平圈的天顶，而地平圈上面的高度就取在这些圆上。但是太阳在正午时的高度，还有黄道在中天的任何分度的高度，还有关于黄道与子午圈的交角，这些我都在上面说明了。子午圈也是通过地平圈天顶的一个圆。我们已经谈到过黄道十二宫上升时候的角度问题了。从直角减去该角得到的余角就是升起的黄道与通过地平圈天顶的大圆所夹的角。

我们使用图2-11来讨论圆圈之间的交点，这里指的是子午圈与黄道半圆和地平圈半圆的交点。取点G作为黄道上的任意一点，它处于正午和升起点或正午和沉没点之间。通过G，从F这一地平圈的极点出发，画四分之一圆周FGH。AGE的时间是已知的，它是介于子午圈和地平圈之间的黄道上的整个弧段。假设AG已知，因为正午的高度AB是已知的，角FAG已知，因此，AF可知。因此，按照之前对球面三角形的论证，FG也可求出。余量GH（即G的高度）以及角FGA都可知。这些就是我们要求的。

上面与黄道有关的角度和交点的有关论述，我是参阅了托勒密的著作中的某些论述。如果有人想继续对这一问题进行深入的研究，他自己可以找到更多的例证，而我只列举几个简单的例子。

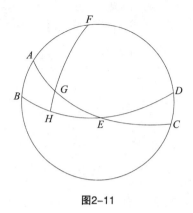

图2-11

第十三章　天体的出没

天体的出没同样依赖于周日旋转，不仅我们刚刚讨论过的那些简单的出没情况是这样，而且晨星和昏星的情况也是这样。尽管晨星和昏星的出现与周年运转有关，但是在这里对其进行讨论较为合适。

古代的天文家们把真出没和视出没进行了划分。如果一个天体是与太阳同时升起的，是真出没。在另一方面，天体的沉没发生在日出时候（即晨没）是真出没。在整个这段时期，该天体就被称为晨星。但是昏升是天体在日落的时候升起。在另一方面，昏没指的是天体与太阳同时沉没，两者同样是真出没。在中间这段时期，它称为昏星，因为它在白天看不见在夜晚能够被看见。

对比起来，视出没的情况如下。天体在破晓时和日出之前首先出现就是晨升。在另一方面，在太阳刚要升起时天体看起来正好沉没，这就是晨没。天体的昏升是它看起来在黄昏时候首先升起。但是它的昏没是在日没后它才沉没。因为太阳的出现使天体消失，直到它们都晨升时天体才在上面描述的序列中出现。

这些关于恒星的事实同样适用于土星、木星和火星这些行星。但是金星和水星的出没方式是不一样的。因为太阳靠近它们的时候，它们不像其他行星那样消失，也不会因为太阳的离去而再度出现。相反，它们在靠近太阳的时候，虽然沐浴着太阳的光辉，但是仍然可被我们观察到。不像其他行星都有昏升与晨没，它们在任何时候都不会被遮挡，并且几乎整个夜晚都是会发光的。另一方面，从昏没到晨升金星和水星完全消失，在任何地方我们都看不见。同时，还存在另外一个差别，对土星、木星和火星而言，真出没发生在早晨，比视出没要早一些，而在黄昏却晚一些，据此，它们的真出没在早晨要早于日出，在黄昏要晚于日落。在另一方面，对金星和水星来说，视出没中的晨升与昏升都比真出没的晚，而沉没却早一些。

在前面我论述了具有已知位置的任何一颗星的斜球经度以及它出没时的黄道分度，从这些内容我们便可以理解并确定出没的方法。如果在这个时刻太阳出现在该分度或相对的分度上，恒星就有其真出没。

通过上面的阐述，我们会明白，视出没因每一天体的亮度和大小而不同。亮度较强的天体在太阳的光芒中消失不见的时间比亮度较弱的天体要短。进一步说，隐藏和出现的极限是由近地平圈弧决定的。这些弧位于通过地平圈极点的圆周上，介于太阳和地平圈的中间。对于那些一等的星星来说，限度为12，土星11，木星10，火星11.5，金星5，水星10。但是白天的剩余部分属于黑夜的整个范围，也就是黄昏和破晓都是属于黑夜的，它们大约占到了18 。如果太阳下沉了18 ，那么较暗的星星就开始出现了。有些人把一个平行于地平圈的平面放在地平圈下面这个距离处。当太阳抵达这一平面时，他们就认为白天终结，黑夜开始。因此，我们就可以知道天体出没时的黄道分度，也可以找到黄道与地平圈在同一分度相交的角度。按照以上谈到的对所讨论的天体确定的极限，我们还能对那个时刻找到足够多的并与太阳在地平圈下深度有关的，在升起分度和太阳之间的许多黄道分度。如果情况真的是这样，我们就能断定天体早于太阳出现或消失正在发生。但是，我在前面关于太阳在地面之上的高度的论述中所解释的一切，对于太阳向地面之下的沉没，在一切方面都是适用的。这是由于它们除了位置之外没有什么差别。于是，天体在可以看见的半球中沉没，即在隐藏不见的半球中升起，一切都是相反的，这比较容易理解。因此，我们所谈论的关于天体的出没和关于地球的周日旋转，已经非常充分了。

第十四章　恒星位置的研究和恒星在星表中的排列

我们已经揭示了地球的周日运转产生的后果，现在应该证明与周年运转有关的问题了。不少古代的天文学家认为恒星的现象应该是这门科学优先考虑的问题，我也想遵照这样的观点。在我的原则和假想之中，已经设定了恒星的天球是固定不动的，行星的游荡正好与其是相对的，这是因为运动要求有某种静止的东西。但是对我这样的顺序，不应该有人感到吃惊，尽管托勒密在《天文学大成》中坚持认为，如果没有关于太阳和月亮位置的知识，那么关于恒星的解释也是不可能的，所以他认为当时不适合讨论恒星的问题。但是我对这一观点是反对的。如果你认为它是为计算太阳和月亮的视运动而提出的，那么托勒密的观点是成立的。几何学家梅涅劳斯根据恒星合月进行计算，并记载很多恒星及其位置。但是我们还有一个更好的方法，就是借助于仪器，通过对太阳和月亮的位置的仔细测定，就可以确定恒星的位置。有些人认为，只需用分日和至日而不必管恒星就可以确定太阳年的长度。他们徒劳无功的努力也教训了我。在这种持续到当代的努力尝试中，他们一直没有取得一致的结果，因此任何其他地方也不会有这样大的分歧。托勒密把我们的注意力引向了这里。当他推算当时的太阳年时，他曾怀疑伴随时间的推移会出现某些误差。他还提醒后人研究这一课题时要取得更高的精度。因此，我认为在本书中要说明，用仪器和技巧怎样确定太阳和月亮的位置，那就是它们与春分点或宇宙中其他基点的距离。这些位置能把我们对其他天体的研究变得更方便。这些其他天体使布满星座的恒星天球呈现在我们的眼前，这也是一种表现方式。

但是，我们现在要运用仪器测定回归线之间的距离、黄赤交角以及天球的倾角，甚至是极点的高度。采用同样的方式，我们也可以求出太阳在正午的任何其他高度。根据这一高度与天球倾角的差，可使我们求得太阳赤纬的数值。然后根据这个赤纬的值，从分点或者至点算起的太阳在正午的位置就很清楚了。现在，太阳看起来在24小时之内，移动了大约1，因此每小时的分量是 $2\frac{1}{2}'$，这样它的位置就很容易界定了。

但是，为了观察月亮和恒星的位置，又制造出另外一个仪器，这就是托勒密所说的星盘。构建的时候，仪器上的两个环，或者说四边形环架的平边与其凹凸的表面是垂直的，这两个环一样大，各方面都一样，大小适中，因为太大就难以操作，但是又必须使它的大小足够分成度和分。此环的宽度和厚度大约是直径的 $\frac{1}{30}$。它们被连接起来，沿直径相互垂直，凹凸表面合在一起好似一个单独的球面。实际上，放置一环于黄道的位置，另一环通过赤道和黄道的极点。把黄道环的边平均分为360份，根据仪器的大小可以进一步细分。另一个环上测出从黄道量起的四分之一圆周，并把黄道的两极标注出来。从这两极出发，按照黄赤交角的比例各取一段距离，那么赤道的两极也可以标注出来。当这些完成之后，两外两个环也应该准备好，同样安置在黄道的两极上，并在两极上面移动，只不过一个在外，一个在里，其厚度与其他环相等，宽度也应该基本相似。这些环装在一起，让大环的凹面与黄道的凸面、小环的凸面与黄道的凹面充分接触在一起。但是，要确定它们的转动毫无障碍，并使黄道和子午圈可以在它们上面随意滑动，反之亦然。接着，我们可以在圆环上与黄道相对的两极打孔，把轴杆插进去让这些环能够固定下来。而且，内环应该被分成360，每90所对应的四分之一圆周都从黄道极点开始，与黄道相交，而且，在环的凹面上还装有第5个环，它也能够在同样的平面上转动，环的边缘装上支架，上面有孔径、反射镜和目镜。星星的光影通过它们照在角度测量仪上，并且可以由环的直径透射出来。为了对纬度进行测量，还可以在第5个环两端安装指针，作为套环上数字的指示器。最后，安装第6个环，用来盛放和支撑整个星盘。星盘悬挂在赤道两极的扣栓上面。最后一环被放在台面上，使它垂直于地平面。而且，赤道环的两极应该被调整到对应天球的倾角，这样星盘的子午圈与自然界的子午圈的位置才会吻合，不会偏离。

　　仪器准备出来之后，下面我们就要界定恒星的位置。在日落的时候，也就是可以看见月亮的时候，我们把外环调整到太阳应该在的黄道分度上，把两环的交点转向太阳，这样黄道和通过黄道两极的外环投射的影子就一样长了。然后，把内环调向月亮，眼睛放在内环的平面之上，在我们看来月亮正好在对面，它看起来有如被同一平面等分，我们把这一点标在仪器的黄道上。这就是在那个时刻所观测到的月亮的黄经位置。如果没有月亮，恒星的位置就无从谈起，因为在所有天体中月亮是无论在白天还是夜晚都能够出现的。夜幕来临之后，我们可以看到我们要测定其位置的恒星。把外环调整到月亮的位置。用这个环把星盘调到月亮的位置上，就像对待太阳那样。然后，把内环对准恒星，直到它与环的平面接触在一起，并用位于里侧的小环上的目镜可以看见。这样我们就可以求出恒星的黄经和黄纬。完成这些操作之后，中天的黄道分度就会浮现在我们眼前，因此，进行观测的时刻就清楚明了了。

　　例如，在安东尼·庇护皇帝在位的第二年，也是埃及日历的8月份的第9天，那时托勒密正在亚历山大城，希望观测到日落的时间和恒星的位置，这颗恒星位于狮子座胸部，被称为轩辕十四。在午后的 $5\frac{1}{2}$ 分点小时，把星盘对准沉落的太阳，他发现这时太阳位于双鱼宫的 $3\frac{1}{24}$。移动内环，他发现月亮位于太阳左面 $92\frac{1}{8}$，因此，当时看到的月亮是在双子宫的 $5\frac{1}{6}$。半个小时之后，即午后6个小时之后，恒星开始出现，双子宫的4正好居于中天的位置。他把外环转向月亮的位置，移动内环，他沿黄道各宫的次序测出恒星与月亮的距离是 $57\frac{1}{10}$。前文提到，月亮距落日为 $92\frac{1}{8}$，这使月亮固定在双子座内 $5\frac{1}{6}$。在半个小时之内，月亮已经移动了 $\frac{1}{4}$，而月亮每个小时运动的范围是在 $\frac{1}{2}$ 左右。但是由于月球视差（在那个时刻应当减掉这个量），其移动的范围应当略小于 $\frac{1}{4}$，他测出的差值约为 $\frac{1}{6}$。这也就是说，月亮应该在双子座内的 $5\frac{1}{3}$。但是在我讨论月球视差时将清楚地指出，差值并没有那么大。于是完全清楚，观测到的月亮位置在双子座内超过5的部分大于$\frac{1}{3}$，稍微小于$\frac{2}{5}$。对于这个位置来说，如果加上$57\frac{1}{10}$，那么恒星的位置就是位于狮子座的$2\frac{1}{2}$，距离太阳夏至点的距离大概是$32\frac{1}{2}$，纬度是北纬$\frac{1}{6}$。这就是轩辕十四在那个时刻的位置，通过它可以确定其他一切恒星的位置。托勒密的观测时间按照罗马历法是在公元139年2月24日，是第229届奥运会的第一年。

托勒密是非常杰出的天文学家，他就用上文提到的方法测定了每颗恒星与当时春分点的距离，他还提出了表示天穹区域的星座。他对我们的事业帮助很大，使我们得以不必进行某些特别艰难的工作。所以我们认为恒星的位置不应该随着时间的变化由二分点来界定，而应该正好相反，二分点应该以恒星来进行界定。这样我们就能够编写表2-8~表2-10，这是基于一个不变的起点来进行的。现在我们以白羊宫作为第一宫，它的头部第一颗星是第一点，通过这种方式，我们认定那些一起发光的星体形状不变，并且永远是固定的组合连接。正是由于古代人的热情和技巧，天体组合成了48种图形。例外的是通过罗德岛附近的第四地区的永久隐星圈所包含的恒星，因此这些古人所不知道的恒星不属于任何星座。按照小西翁的意见，他在评论阿拉塔斯的时候是这样说的，有些恒星之所以能够排列出图形，是因为它们的数量太多，所以必须划分，再逐一进行命名，它们也没有被归入到星座里面。古代人就是这样做的，约伯、赫西俄德、荷马都提到过，包括昴星团、毕星团、大角和猎户星座。正因为如此，在按黄经对恒星进行列表的时候，我打算运用简单而熟悉的度数，不准备使用二分点与二至点得出的黄道十二宫。当然，在其余的方面，除去对存在的个别错误进行纠正，我将采用和托勒密同样的方法。至于怎样算出恒星与那些基点的距离，我将在下一卷中教会你。

表2-8　北天区星座与恒星描述表

星座	黄经		黄纬			星等
	度	分		度	分	
小熊或狗尾						
在尾梢	53	30	北	66	0	3
在尾之东	55	50	北	70	0	4
在尾之起点	69	20	北	74	0	4
在四边形西边偏南	83	0	北	75	20	4
在同一边偏北	87	0	北	77	40	4
在四边形东边偏南	100	30	北	72	40	2
在同一边偏北	109	30	北	74	50	2
共7颗星：2颗为2等，1颗为3等，4颗为4等						
在星座外面离狗尾不远，在与四边形东边同一条直线上，在南方很远处	103	20	北	71	10	4
大熊						
大熊口	78	40	北	39	50	4
在两眼的两星中西面一颗	79	10	北	43	0	5
上述东面的一颗	79	40	北	43	0	5
在前额两星中西面一颗	79	30	北	47	10	5
在前额东面	81	0	北	47	0	5
在右耳西面	81	30	北	50	30	5
在颈部两星中西面一颗	85	50	北	43	50	4
东面一颗	92	50	北	44	20	4
在胸部两星中北面一颗	94	20	北	44	0	4
南面更远的一颗	93	20	北	42	0	4
在左前腿膝部	89	0	北	35	0	3
在左前爪两星中北面一颗	89	50	北	29	0	3
南面更远的一颗	88	40	北	28	30	3
在右前腿膝部	89	0	北	36	0	4
在膝部之下	101	10	北	33	30	4
在肩部	104	0	北	49	0	2
在侧腹	105	30	北	44	30	2
在尾部起点	116	30	北	51	0	3
在左后腿	117	20	北	46	30	2
在左后爪两星中西面一颗	106	0	北	29	38	3
上述东面的一颗	107	30	北	28	15	3
在左后腿关节处	115	0	北	35	15	4
在右后爪两星中北面一颗	123	10	北	25	50	3
南面更远的一颗	123	40	北	25	0	3
尾部三星中在尾部起点东面的第一颗星	125	30	北	53	30	2
这三星的中间一颗	131	20	北	55	40	2
在尾梢的最后一颗	143	10	北	54	0	2

122

续表

星座	黄经		黄纬		星等
	度	分		度	分	
共27颗星：6颗为2等，8颗为3等，8颗为4等，5颗为5等					
靠近大熊，在星座外面					
在尾部南面	141	10	北	39	45	3
在前面一星西面较暗的一颗	133	30	北	41	20	5
在熊的前爪与狮头之间	98	20	北	17	15	4
比前一星更偏北的一颗	96	40	北	19	10	4
三颗暗星中最后的一颗	99	30	北	20	0	暗
在前一星的西面	95	30	北	22	45	暗
更偏西	94	30	北	23	15	暗
在前爪与双子之间	100	20	北	22	15	暗
在星座外面共8颗星：1颗为3等，2颗为4等，1颗为5等，4颗为暗星					
天龙					
在舌部	200	0	北	76	30	4
在嘴部	215	10	北	78	30	亮于4
在眼睛上面	216	30	北	75	40	3
在脸颊	229	40	北	75	20	4
在头部上面	233	30	北	75	30	3
在颈部第一个扭曲处北面的一颗	258	40	北	82	20	4
这些星中南面的一颗	295	50	北	78	15	4
这些星的中间一颗	262	10	北	80	20	4
在颈部第二个扭曲处上述星的东面	282	50	北	81	10	4
在四边形西边朝南的星	331	20	北	81	40	4
在同一边朝北的星	343	50	北	83	0	4
在东边朝北的星	1	0	北	78	50	4
在同一边朝南的星	346	10	北	77	50	4
在颈部第三个扭曲处三角形朝南的星	4	0	北	80	30	4
在三角形其余两星中朝西的一颗	15	0	北	81	40	5
朝东的一颗	19	30	北	80	15	5
在西面三角形的三星中朝东一颗	66	20	北	83	30	4
在同一三角形其余两星中朝南一颗	43	40	北	83	30	4
在上述两星中朝北一颗	35	10	北	84	50	4
在三角形之西两小星中朝东的一颗	200	0	北	87	30	6
在这两星中朝西一颗	195	0	北	86	50	6
在形成一条直线的三星中朝南一颗	152	30	北	81	15	5
三星的中间一颗	152	50	北	83	0	5
偏北的一颗	151	0	北	84	50	3
在上述恒星西面两星中偏北一颗	153	20	北	78	0	3
偏南的一颗	156	30	北	74	40	亮于4
在上述恒星西面，在尾部卷圈处	156	0	北	70	0	3
在相距非常远的两星中西面一颗	120	40	北	64	40	4
在上述两星中东面一颗	124	30	北	65	30	3

星座	黄经		黄纬			星等
	度	分		度	分	
在尾部东面	102	30	北	61	15	3
在尾梢	96	30	北	56	15	3
共 31 颗星：8 颗为 3 等，17 颗为 4 等，4 颗为 5 等，2 颗为 6 等						
仙王						
在右脚	28	40	北	75	40	4
在左脚	26	20	北	64	15	4
在腰带之下的右面	0	40	北	71	10	4
在右肩之上并与之相接	340	0	北	69	0	3
与右肘关节相接	332	40	北	72	0	4
在同一肘部之东并与之相接	333	20	北	74	0	4
在胸部	352	0	北	65	30	5
在右臂	1	0	北	62	30	亮于 4
在王冕的三星中南面一颗	339	40	北	60	15	5
在三星的中间一颗	340	40	北	61	15	4
在这三星中北面一颗	342	20	北	61	30	5
共 11 颗星：1 颗为 3 等，7 颗为 4 等，3 颗为 5 等						
在星座外面的两星中位于王冕西面的一颗	337	0	北	64	0	5
王冕东面的一颗	344	40	北	59	30	4
牧夫或驯熊者						
在左手的三星中西面一颗	145	40	北	58	40	5
在三星中间偏南一颗	147	30	北	58	20	5
在三星中东面一颗	149	0	北	60	10	5
在左肘部关节	143	0	北	54	40	5
在左肩	163	0	北	49	0	3
在头部	170	0	北	53	50	亮于 4
在右肩	179	0	北	48	40	4
在棍子处的两星中偏南一颗	179	0	北	53	15	4
在棍梢偏北的一颗	178	20	北	57	30	4
在肩部之下长矛处的两星中北面一颗	181	0	北	46	10	亮于 4
在这两星中偏南一颗	181	50	北	45	30	5
在右手顶部	181	35	北	41	20	5
在手掌的两星中西面一颗	180	0	北	41	40	5
在上述两星中东面一颗	180	20	北	42	30	5
在棍柄顶端	181	0	北	40	20	5
在右腿	183	20	北	40	15	3
在腰带的两星中东面一颗	169	0	北	41	40	4
西面的一颗	168	20	北	42	10	亮于 4
在右脚后跟	178	40	北	28	0	3
在左腿的三星中北面一颗	164	40	北	28	0	3
在三星的中间一颗	163	50	北	26	30	4
偏南的一颗	164	50	北	25	0	4

续表

星座	黄经		黄纬			星等
	度	分		度	分	
共22颗星：4颗为3等，9颗为4等，9颗为5等						
在星座外面位于两腿之间，称为"大角"	170	20	北	31	30	1
北冕						
在冕内的亮星	188	0	北	44	30	亮于2
众星中最西面的一颗	185	0	北	46	10	亮于4
在上述恒星之东，北面	185	10	北	48	0	5
在上述恒星之东，更偏北	193	0	北	50	30	6
在亮星之东南面	191	30	北	44	45	4
紧靠上述恒星的东面	190	30	北	44	50	4
比上述恒星略偏东	194	40	北	46	10	4
在冕内众星中最东面的一颗	195	0	北	49	20	4
共8颗星：1颗为2等，5颗为4等，1颗为5等，1颗为6等						
跪拜者						
在头部	221	0	北	37	30	3
在右腋窝	207	0	北	43	0	3
在右臂	205	0	北	40	10	3
在腹部右面	201	20	北	37	10	4
在左肩	220	0	北	48	0	3
在左臂	225	20	北	49	30	亮于4
在腹部左面	231	0	北	42	0	4
在左手掌的三星中东面一颗	238	50	北	52	50	亮于4
在其余两星中北面一颗	235	0	北	54	0	亮于4
偏南的一颗	234	50	北	53	0	4
在右边	207	10	北	56	10	3
在左边	213	30	北	53	30	4
在左臀较低处	213	20	北	56	10	5
在左腿的顶部	214	30	北	58	30	5
在左腿的三星中西面一颗	217	20	北	59	50	3
在上述恒星之东	218	40	北	60	20	4
在上述恒星东面的第三颗星	219	40	北	61	15	4
在左膝	237	10	北	61	0	4
在左臀较高处	225	30	北	69	20	4
在左脚的三星中西面一颗	188	40	北	70	15	6
在三星的中间一颗	220	10	北	71	15	6
在三星的东面一颗	223	0	北	72	0	6
在右腿顶部	207	0	北	60	15	亮于4
在同一条腿偏北	198	50	北	63	0	4
在右膝	189	0	北	65	30	亮于4
在同一膝盖下面的两星中偏南一颗	186	40	北	63	40	4
偏北的一颗	183	30	北	64	15	4
在右胫	184	30	北	60	0	4

星座	黄经			黄纬		星等
	度	分		度	分	
在右脚尖，与牧夫棍梢的星相同	178	20	北	57	30	4
不包括上面这颗恒星，共28颗：6颗为3等，17颗为4等，2颗为5等，3颗为6等						
在星座外面，右臂之南	206	0	北	38	10	5
天琴						
称为"竖琴"或"织女"的亮星	250	40	北	62	0	1
在相邻两星中北面一颗	253	40	北	62	40	亮于4
偏南的一颗	253	40	北	61	0	亮于4
在喇叭起始处的中心	262	0	北	60	0	4
在东边两颗紧接恒星中北面一颗	265	20	北	61	20	4
偏南的一颗	265	0	北	60	20	4
在横档之西的两星中北面一颗	254	20	北	56	10	3
偏南的一颗	254	10	北	55	0	暗于4
在同一横档之东的两星中北面一颗	257	30	北	55	20	3
偏南的一颗	258	20	北	54	45	暗于4
共10颗星：1颗为1等，2颗为3等，7颗为4等						
天鹅或飞鸟						
在嘴部	267	50	北	41	20	3
在头部	272	20	北	50	30	5
在颈部中央	279	20	北	54	30	亮于4
在胸口	291	50	北	56	20	3
在尾部的亮星	302	30	北	60	0	2
在右翼弯曲处	282	40	北	64	40	3
在右翼伸展处的三星中偏南一颗	285	50	北	69	40	4
在中间的一颗	284	30	北	71	30	亮于4
三颗星的最后一颗，在翼尖	280	0	北	74	0	亮于4
在左翼弯曲处	294	10	北	49	30	3
在该翼中部	298	10	北	52	10	亮于4
在同翼尖端	300	0	北	74	0	3
在左脚	303	20	北	55	10	亮于4
在左膝	307	50	北	57	0	4
在右脚的两星中西面一颗	294	30	北	64	0	4
东面的一颗	296	0	北	64	30	4
在右膝的云雾状恒星	305	30	北	63	45	5
共17颗星：1颗为2等，5颗为3等，9颗为4等，2颗为5等						
在星座外面，天鹅附近，另外的两颗星						
在左翼下面两星中偏南一颗	306	0	北	49	40	4
偏北的一颗	307	10	北	51	40	4
仙后						
在头部	1	10	北	45	20	4
在胸口	4	10	北	46	45	亮于3
在腰带上	6	20	北	47	50	4

星座	黄经			黄纬		星等
	度	分		度	分	
在座位之上，在臀部	10	0	北	49	0	亮于3
在膝部	13	40	北	45	30	3
在腿部	20	20	北	47	45	4
在脚尖	355	0	北	48	20	4
在左臂	8	0	北	44	20	4
在左前臂	7	40	北	45	0	5
在右前臂	357	40	北	50	0	6
在椅脚处	8	20	北	52	40	6
在椅背中部	1	10	北	51	40	暗于3
在椅背边缘	27	10	北	51	40	6
共13颗星：4颗为3等，6颗为4等，1颗为5等，2颗为6等						
英仙						
在右手尖端，在云雾状包裹中	21	0	北	40	30	云雾状
在右前臂	24	30	北	37	30	4
在右肩	26	0	北	34	30	暗于4
在左肩	20	50	北	32	20	4
在头部或云雾中	24	0	北	34	30	4
在肩胛部	24	50	北	31	10	4
在右边的亮星	28	10	北	30	0	2
在同一边的三星中西面一颗	28	40	北	27	30	4
中间的一颗	30	20	北	27	40	4
三星中其余的一颗	31	0	北	27	30	3
在左前臂	24	0	北	27	0	4
在左手和在美杜莎头部的亮星	23	0	北	23	0	2
在同一头部中东面的一颗	22	30	北	21	0	4
在同一头部中西面的一颗	21	0	北	21	0	4
比上述星更偏西的一颗	20	10	北	22	15	4
在右膝	38	0	北	28	15	4
在膝部，在上一颗星西面	37	10	北	28	10	4
在腹部的两星中西面一颗	35	40	北	25	10	4
东面的一颗	37	20	北	26	15	4
在右臀	37	30	北	24	30	5
在右腓	39	40	北	28	45	5
在左臀	30	10	北	21	40	亮于4
在左膝	32	0	北	19	40	3
在左腓	31	40	北	14	45	亮于3
在左脚后跟	24	30	北	12	0	暗于3
在左脚顶部	29	40	北	11	0	亮于3
共26颗星：2颗为2等，5颗为3等，16颗为4等，2颗为5等，1颗为云雾状						
靠近英仙，在星座外面						
在左膝的东面	34	10	北	31	0	5

星座	黄经			黄纬		星等
	度	分		度	分	
在右膝的北面	38	20	北	31	0	5
在美杜莎头部的西面	18	0	北	20	40	暗弱
共 3 颗星：2 颗为 5 等，1 颗暗弱						
御夫						
在头部的两星中偏南一颗	55	50	北	30	0	4
偏北的一颗	55	40	北	30	50	4
左肩的亮星称为"五车二"	48	20	北	22	30	1
在右肩上	56	10	北	20	0	2
在右前臂	54	30	北	15	15	4
在右手掌	56	10	北	13	30	亮于4
在左前臂	45	20	北	20	40	亮于4
在西边的一只山羊中	45	30	北	18	0	暗于4
在左手掌中，山羊的东边	46	0	北	18	0	亮于4
在左腓	53	10	北	10	10	暗于3
在右腓并在金牛的北角尖端	49	0	北	5	0	亮于3
在脚踝	49	20	北	8	30	5
在臀部	49	40	北	12	20	5
在左脚的一颗小星	24	0	北	10	20	6
共 14 颗星：1 颗为 1 等，1 颗为 2 等，2 颗为 3 等，7 颗为 4 等，2 颗为 5 等，1 颗为 6 等						
蛇夫						
在头部	228	10	北	36	0	3
在右肩的两星中西面一颗	231	20	北	27	15	亮于4
东面的一颗	232	20	北	26	45	4
在左肩的两星中西面一颗	216	40	北	33	0	4
东面的一颗	218	0	北	31	50	4
在左肘	211	40	北	34	30	4
在左手的两星中西面一颗	208	20	北	17	0	4
东面的一颗	209	20	北	12	30	3
在右肘	220	0	北	15	0	4
在右手，西面的一颗	205	40	北	18	40	暗于4
东面的一颗	207	40	北	14	20	4
在右膝	224	30	北	4	30	3
在右胫	227	0	北	2	15	亮于3
在右脚的四星中西面一颗	226	20	南	2	15	亮于4
东面的一颗	227	40	南	1	30	亮于4
东面第二颗	228	20	南	0	20	亮于4
东面余下的一颗	229	10	南	1	45	亮于5
与脚后跟接触	229	30	南	1	0	5
在左膝	215	30	北	11	50	3
在左腿呈一条直线的三星中北面一颗	215	0	北	5	20	亮于5
这三星的中间一颗	214	0	北	3	10	5

星座	黄经		黄纬			星等
	度	分		度	分	
三星中偏南一颗	213	10	北	1	40	亮于5
在左脚后跟	215	40	北	0	40	5
与左脚背接触	214	0	南	0	45	4
共24颗星：5颗为3等，13颗为4等，6颗为5等						
靠近蛇夫，在星座外面						
在右肩东面的三星中最偏北一颗	235	20	北	28	10	4
三星的中间一颗	236	0	北	26	20	4
三星的南面一颗	233	40	北	25	0	4
距三星较远，其东面的一颗	237	0	北	27	0	4
距这四颗星较远，在北面	238	0	北	33	0	4
在星座外面共5颗星，都是4等						
蛇夫之蛇						
在面颊的四边形里	192	10	北	38	0	4
与鼻孔相接	201	0	北	40	0	4
在太阳穴	197	40	北	35	0	3
在颈部开端	195	20	北	34	15	3
在四边形中央和在嘴部	194	40	北	37	15	4
在头的北面	201	30	北	42	30	4
在颈部第一条弯	195	0	北	29	15	3
在东边三星中北面的一颗	198	10	北	26	30	4
这些星的中间一颗	197	40	北	25	20	3
在三星中最南一颗	199	40	北	24	0	3
在蛇夫左手的两星中西面一颗	202	0	北	16	30	4
在上述一只手中东面的一颗	211	30	北	16	15	5
在右臂的东面	227	0	北	10	30	4
在上述恒星东面的两星中南面一颗	230	20	北	8	30	亮于4
北面的一颗	231	10	北	10	30	4
在右手东面，在尾圈中	237	0	北	20	0	4
在尾部上述恒星之东	242	0	北	21	10	4
在尾梢	251	40	北	27	0	亮于4
共18颗星：5颗为3等，12颗为4等，1颗为5等						
天箭						
在箭头	273	30	北	39	20	4
在箭杆三星中东面一颗	270	0	北	39	10	6
这三星的中间一颗	269	10	北	39	50	5
三星的西面一颗	268	0	北	39	0	5
在箭缺口处	266	40	北	38	45	5
共5颗星：1颗为4等，3颗为5等，1颗为6等						
天鹰						
在头部中央	270	30	北	26	50	4
在颈部	268	10	北	27	10	3

星座	黄经		黄纬			星等
	度	分	北	度	分	
在肩胛处称为"牛郎"的亮星	267	10	北	29	10	亮于 2
很靠近上面这颗星，偏北	268	0	北	30	0	暗于 3
在左肩，朝西的一颗	266	30	北	31	30	3
朝东的一颗	269	20	北	31	30	5
在右肩，朝西的一颗	263	0	北	28	40	5
朝东的一颗	264	30	北	26	40	亮于 5
在尾部，与银河相接	255	30	北	26	30	3
共 9 颗星：1 颗为 2 等，4 颗为 3 等，1 颗为 4 等，3 颗为 5 等						
在天鹰座附近						
在头部南面，朝西的一颗星	272	0	北	21	40	3
朝东的一颗星	272	20	北	29	10	3
在右肩西南面	259	20	北	25	0	亮于 4
在上面这颗星的南面	261	30	北	20	0	3
再往南	263	0	北	15	30	5
在星座外六星中最西面的一颗	254	30	北	18	10	3
星座外面的 6 颗星：4 颗为 3 等，1 颗为 4 等，1 颗为 5 等						
海豚						
在尾部三星中西面一颗	281	0	北	29	10	暗于 3
另外两星中偏北的一颗	282	0	北	29	0	暗于 4
偏南的一颗	282	0	北	26	40	4
在长菱形西边偏南的一颗	281	50	北	32	0	暗于 3
在同一边，北面的一颗	283	30	北	33	50	暗于 3
在东边，南面的一颗	284	40	北	32	0	暗于 3
在同一边，北面的一颗	286	50	北	33	10	暗于 3
在位于尾部与长菱形之间三星偏南一颗	280	50	北	34	15	6
在偏南的两星中西面的一颗	280	50	北	31	50	6
东面的一颗	282	20	北	31	30	6
共 10 颗星：5 颗为 3 等，2 颗为 4 等，3 颗为 6 等						
马的局部						
在头部两星的西面一颗	289	40	北	20	30	暗弱
东面一颗	292	20	北	20	40	暗弱
在嘴部两星西面一颗	289	40	北	25	30	暗弱
东面一颗	291	21	北	25	0	暗弱
共 4 颗星均暗弱						
飞马						
在张嘴处	298	40	北	21	30	亮于 3
在头部紧密相邻的两星中北面一颗	302	40	北	16	50	3
偏南的一颗	301	20	北	16	0	4
在鬃毛处两星中偏南一颗	314	40	北	15	0	5
偏北的一颗	313	50	北	16	0	5
在颈部两星中西面一颗	312	10	北	18	0	3

星座	黄经			黄纬		星等
	度	分		度	分	
东面的一颗	313	50	北	19	0	4
在左后踝关节	305	40	北	36	30	亮于4
在左膝	311	0	北	34	15	亮于4
在右后踝关节	317	0	北	41	10	亮于4
在胸部两颗紧密相邻的恒星中西面一颗	319	30	北	29	0	4
东面的一颗	320	20	北	29	30	4
在右膝两星中北面一颗	322	20	北	35	0	3
偏南的一颗	321	50	北	24	30	5
在翼下身体中两星北面一颗	327	50	北	25	40	4
偏南的一颗	328	20	北	25	0	4
在肩胛和翼侧	350	0	北	19	40	暗于2
在右肩和腿的上端	325	30	北	31	0	暗于2
在翼梢	335	30	北	12	30	暗于2
在下腹部，也是在仙女的头部	341	10	北	26	0	暗于2
共20颗星：4颗为2等，4颗为3等，9颗为4等，3颗为5等						
仙女						
在肩胛	348	40	北	24	30	3
在右肩	349	40	北	27	0	4
在左肩	347	40	北	23	0	4
在右臂三星中偏南一颗	347	0	北	32	0	4
偏北的一颗	348	0	北	33	30	4
三星中间一颗	348	20	北	32	20	5
在右手尖三星中偏南一颗	343	0	北	41	0	4
这三星的中间一颗	344	0	北	42	0	4
三星中偏北一颗	345	30	北	44	0	4
在左臂	347	30	北	17	30	4
在左肘	349	0	北	15	50	3
在腰带的三星中南面一颗	357	10	北	25	20	3
中间的一颗	355	10	北	30	0	3
三星北面一颗	355	20	北	32	30	3
在左脚	10	10	北	23	0	3
在右脚	10	30	北	37	10	亮于4
在这些星的南面	8	30	北	35	20	亮于4
在膝盖下两星中北面一颗	5	40	北	29	0	4
南面的一颗	5	20	北	28	0	4
在右膝	5	30	北	35	30	5
在长袍或其后曳部分两星中北面一颗	6	0	北	34	30	5
南面的一颗	7	30	北	32	30	5
在离右手甚远处和在星座外面	5	0	北	44	0	3
共23颗星：7颗为3等，12颗为4等，4颗为5等						
三角						

星座	黄经			黄纬		星等
	度	分		度	分	
在三角形顶点	4	20	北	16	30	3
在底边的三星中西面一颗	9	20	北	20	40	3
中间的一颗	9	30	北	20	20	4
三星中东面的一颗	10	10	北	19	0	3
共4颗星：3颗为3等，1颗为4等						
在北天区共计有360颗星：3颗为1等，18颗为2等，81颗为3等，177颗为4等，58颗为5等，13颗为6等，1颗为云雾状，9颗为暗弱星						

表2-9　中部和近黄道区星座与恒星描述表

星座	黄经			黄纬		星等
	度	分		度	分	
白羊						
在羊角的两星中西面的一颗，也是一切恒星的第一颗	0	0	北	7	20	暗于3
在羊角中东面的一颗	1	0	北	8	20	3
在张嘴中两星的北面一颗	4	20	北	7	40	5
偏南的一颗	4	50	北	6	0	5
在颈部	9	50	北	5	30	5
在腰部	10	50	北	6	0	6
在尾部开端处	14	40	北	4	50	5
在尾部三星中西面一颗	17	10	北	1	40	4
中间的一颗	18	40	北	2	30	4
三星中东面一颗	20	20	北	1	50	4
在臀部	13	0	北	1	10	5
在膝部后面	11	20	南	1	30	5
在后脚尖	8	10	南	5	15	亮于4
共13颗星：2颗为3等，4颗为4等，6颗为5等，1颗为6等						
在白羊座附近						
头上的亮星	3	50	北	10	0	亮于3
在背部之上最偏北的一颗	15	0	北	10	10	4
在其余三颗暗星中北面一颗	14	40	北	12	40	5
中间的一颗	13	0	北	10	40	5
在这三星中南面一颗	12	30	北	10	40	5
共5颗星：1颗为3等，1颗为4等，3颗为5等						
金牛						
在切口的四星中最偏北一颗	19	40	南	6	0	4
在前面一星之后的第二颗	19	20	南	7	15	4
第三颗	18	0	南	8	30	4
第四颗，即最偏南的一颗	17	50	南	9	15	4
在右肩	23	0	南	9	30	5

续表

星座	黄经		黄纬			星等
	度	分		度	分	
在胸部	27	0	南	8	0	3
在右膝	30	0	南	12	40	4
在右后踝关节	26	20	南	14	50	4
在左膝	35	30	南	10	0	4
在左后踝关节	36	20	南	13	30	4
在毕星团中，在面部的五星中位于鼻孔的一颗	32	0	南	5	45	暗于3
在上面恒星与北面眼睛之间	33	40	南	4	15	暗于3
在同一颗星与南面眼睛之间	34	10	南	8	50	暗于3
在同一眼中称为"毕宿五"的一颗亮星	36	0	南	5	10	1
在北面眼睛中	35	10	南	3	0	暗于3
在南面牛角端点与耳朵之间	40	30	南	4	0	4
在同一牛角两星中偏南的一颗	43	40	南	5	0	4
偏北的一颗	43	20	南	3	30	5
在同一牛角尖点	50	30	南	2	30	3
在北面牛角端点	49	0	南	4	0	4
在同一牛角尖点也是在御夫的右脚	49	0	北	5	0	3
在北面耳朵两星中偏北一颗	35	20	北	4	30	5
这两星的偏南一颗	35	0	北	4	0	5
在颈部两小星中西面一颗	30	20	北	0	40	5
东面的一颗	32	20	北	1	0	6
在颈部四边形西边两星中偏南一颗	31	20	北	5	0	5
在同一边偏北的一颗	32	10	北	7	10	5
在东边偏南的一颗	35	20	北	3	0	5
在该边偏北的一颗	35	0	北	5	0	5
在昴星团西边北端一颗	25	30	北	4	30	5
在同一边南端	25	50	北	4	40	5
昴星团东边很狭窄的顶端	27	0	北	5	20	5
昴星团离最外边甚远的一颗小星	26	0	北	3	0	5
不包括在北牛角尖的一颗，共32颗星： 1颗为1等，6颗为3等，11颗为4等，13颗为5等，1颗为6等						
在金牛座附近						
在下面，在脚与肩之间	18	20	南	17	30	4
在靠近南牛角三星中偏西一颗	43	20	南	2	0	5
三星的中间一颗	47	20	南	1	45	5
三星的东面一颗	49	20	南	2	0	5
在同一牛角尖下面两星中北面一颗	52	20	南	6	20	5
南面的一颗	52	20	南	7	40	5
在北牛角下面五星中西面一颗	50	20	北	2	40	5

星的远
点 在
0'

星座	黄经			黄纬		星等
	度	分		度	分	
东面第二颗	52	20	北	1	0	5
东面第三颗	54	20	北	1	20	5
在其余两星中偏北一颗	55	40	北	3	20	5
偏南的一颗	56	40	北	1	15	5
星座外面共 11 颗星：1 颗为 4 等，10 颗为 5 等						
双子						
在西面孩子的头部，北河二	76	40	北	9	30	2
在东面孩子头部的红星，北河三	79	50	北	6	15	2
在西面孩子的左肘部	70	0	北	10	0	4
在左臂	72	0	北	7	20	4
在同一孩子的肩胛	75	20	北	5	30	4
在同一孩子的右肩	77	20	北	4	50	4
在东面孩子的左肩	80	0	北	2	40	4
在西面孩子的右边	75	0	北	2	40	5
在东面孩子的左边	76	30	北	3	0	5
在西面孩子的左膝	66	30	北	1	30	3
在东面孩子的左膝	71	35	南	2	30	3
在同一孩子的左腹股沟	75	0	南	0	30	3
在同一孩子的右膝关节	74	40	南	0	40	3
在西面孩子脚上西面的星	60	0	南	1	30	亮于 4
在同一脚上东面的星	61	30	南	1	15	4
在西面孩子的脚底	63	30	南	3	30	4
在东面孩子的脚背	65	20	南	7	30	3
在同一只脚的底部	68	0	南	10	30	4
共 18 颗星：2 颗为 2 等，5 颗为 3 等，9 颗为 4 等，2 颗为 5 等						
在双子座附近						
在西面孩子脚背西边的星	57	30	南	0	40	4
在同一孩子膝部西面的亮星	59	50	北	5	50	亮于 4
东面孩子左膝的西面	68	30	南	2	15	5
在东面孩子右手东面三星中偏北一颗	81	40	南	1	20	5
中间一颗	79	40	南	3	20	5
在右臂附近三星中偏南一颗	79	20	南	4	30	5
三星东面的亮星	84	0	南	2	40	4
星座外面的 7 颗星：3 颗为 4 等，4 颗为 5 等						
巨蟹						
在胸部云雾状的星称为"鬼星团"	93	40	北	0	40	云雾状
在四边形西面两星中偏北一颗	91	0	北	1	15	暗于 4
偏南的一颗	91	20	南	1	10	暗于 4
在东面的两星中偏北一颗，称为鬼宿三	93	40	北	2	40	亮于 4

续表

星座	黄经		黄纬			星等
	度	分		度	分	
南面一颗，称为鬼宿四	94	40	南	0	10	亮于4
在南面的螯或臂中	99	50	南	5	30	4
在北臂	91	40	北	11	50	4
在北面脚尖	86	0	北	1	0	5
在南面脚尖	90	30	南	7	30	亮于4
共9颗星：7颗为4等，1颗为5等，1颗为云雾状						
在巨蟹附近						
在南螯肘部上面	103	0	南	2	40	暗于4
同一螯尖端的东面	105	0	南	5	40	暗于4
在小云雾上面两星中朝西一颗	97	20	北	4	50	5
在上面一颗星东面	100	20	北	7	15	5
星座外面共4颗星：2颗为4等，2颗为5等						
狮子						
在鼻孔	101	40	北	10	0	4
在张开的嘴中	104	30	北	7	30	4
在头部两星中偏北一颗	107	40	北	12	0	3
偏南的一颗	107	30	北	9	30	亮于3
在颈部三星中偏北一颗	113	30	北	11	0	3
中间的一颗	115	30	北	8	30	2
三星中偏南一颗	114	0	北	4	30	3
在心脏，称为"王子"或轩辕十四	115	50	北	0	10	1
在胸部两星中偏南一颗	116	50	南	1	50	4
离心脏的星稍偏西	113	20	南	0	15	5
在右前腿膝部	110	40	南	0	0	5
在右脚爪	117	30	南	3	40	6
在左前腿膝部	122	30	南	4	10	4
在左脚爪	115	50	南	4	15	4
在左腋窝	122	30	南	0	10	4
在腹部三星中偏西一颗	120	20	北	4	0	6
偏东两星中北面一颗	126	20	北	5	20	6
南面一颗	125	40	北	2	20	6
在腰部两星中西面一颗	124	40	北	12	15	5
东面一颗	127	30	北	13	40	2
在臀部两星中北面一颗	127	40	北	11	30	5
南面一颗	129	40	北	9	40	3
在后臀	133	40	北	5	50	3
在腿弯处	135	0	北	1	15	4
在后腿关节	135	0	南	0	50	4
在后脚	134	0	南	3	0	5
在尾梢	137	50	北	11	50	暗于1

星座	黄经		黄纬			星等
	度	分		度	分	
共27颗星：2颗为1等，2颗为2等，6颗为3等，8颗为4等，5颗为5等，4颗为6等						
在狮子座附近						
在背部之上两星中西面一颗	119	20	北	13	20	5
东面一颗	121	30	北	15	30	5
在腹部之下三星中北面一颗	129	50	北	1	10	暗于4
中间一颗	130	30	南	0	30	5
三星的南面一颗	132	20	南	2	40	5
在狮子座和称为"贝勒尼基之发"的云状物（今称之为后发座）之间最偏北的星	138	10	北	30	0	明亮
在南面两星中偏西一颗	133	50	北	25	0	暗弱
偏东一颗，形成常春藤叶	141	50	北	25	30	暗弱
星座外面共8颗星：1颗为4等，4颗为5等，1颗星明亮，2颗星暗弱						
室女						
在头顶二星中偏西南的一颗	139	40	北	4	15	5
偏东北的一颗	140	20	北	5	40	5
在脸部二星中北面的一颗	144	0	北	8	0	5
南面的一颗	143	30	北	5	30	5
在左、南翼尖端	142	20	北	6	0	3
在左翼四星中西面的一颗	151	35	北	1	10	5
东面第二颗	156	30	北	2	50	5
第三颗	160	30	北	2	50	5
四颗星的最后一颗，在东面	164	20	北	1	40	4
在腰带之下右边	157	40	北	8	30	3
在右、北翼三星中西面一颗	151	30	北	13	50	5
其余两星中南面一颗	153	30	北	11	40	6
这两星中北面的一颗，称为"葡萄采摘者"	155	30	北	15	10	亮于3
在左手称为"角宿一"的星	170	0	南	2	0	1
在腰带下面和在右臀	168	10	北	8	40	3
在左臀四边形西面二星中偏北一颗	169	40	北	2	20	5
偏南一颗	170	20	北	0	10	6
在东面二星中偏北一颗	173	20	北	1	30	4
偏南一颗	171	20	北	0	20	5
在左膝	175	0	北	1	30	5
在右臀东边	171	20	北	8	30	5
在长袍上的中间一颗星	180	0	北	7	30	4
南面一颗	180	40	北	2	40	4
北面一颗	181	40	北	11	40	4
在左、南脚	183	20	北	0	30	4
在右、北脚	186	0	北	9	50	3

续表

星座	黄经		黄纬			星等
	度	分		度	分	
共 26 颗星：1 颗为 1 等，7 颗为 3 等，6 颗为 4 等，10 颗为 5 等，2 颗为 6 等						
在室女座附近						
在左臂下面成一直线的三星中西面一颗	158	0	南	3	30	5
中间一颗	162	20	南	3	30	5
东面一颗	165	35	南	3	20	5
在角宿一下面成一直线的三星中西面一颗	170	30	南	7	20	6
中间一颗，为双星	171	30	南	8	20	5
三星中东面一颗	173	20	南	7	50	6
星座外面共 6 颗星：4 颗为 5 等，2 颗为 6 等						
脚爪（今天称）						
在南爪尖端两星中的亮星	191	20	北	0	40	亮于 2
北面较暗的星	190	20	北	2	30	5
在北爪尖端两星中的亮星	195	30	北	8	30	2
上面一星西面较暗的星	191	0	北	8	30	5
在南爪中间	197	20	北	1	40	4
在同一爪中西面的一颗	194	40	北	1	15	4
在北爪中间	200	50	北	3	45	4
在同一爪中东面的一颗	206	20	北	4	30	4
共 8 颗星：2 颗为 2 等，4 颗为 4 等，2 颗为 5 等						
在脚爪座附近						
在北爪北面三星中偏西的一颗	199	30	北	9	0	5
在东面两星中偏南的一颗	207	0	北	6	40	4
这两星中偏北的一颗	207	40	北	9	15	4
在两星之间三星中东面的一颗	205	50	北	5	30	6
在西面其他两星中偏北的一颗	203	40	北	2	0	4
偏南的一颗	204	30	北	1	30	5
在南爪之下三星中偏西的一颗	196	20	南	7	30	3
在东面其他两星中偏北的一颗	204	30	南	8	10	4
偏南的一颗	205	20	南	9	40	4
星座外面共 9 颗星：1 颗为 3 等，5 颗为 4 等，2 颗为 5 等，1 颗为 6 等						
天蝎						
在前额三颗亮星中北面的一颗	209	40	北	1	20	亮于 3
中间的一颗	209	0	南	1	40	3
三星中南面的一颗	209	0	南	5	0	3
更偏南在脚上	209	20	南	7	50	3
在两颗紧邻的星中北面的亮星	210	20	北	1	40	4
南面的一颗	210	40	北	0	30	4
在蝎身上三颗亮星中西面的一颗	214	0	南	3	45	3
居中的红星，称为心宿二	216	0	南	4	0	亮于 2

星座	黄经		黄纬			星等
	度	分		度	分	
三星中东面的一颗	217	50	南	5	30	3
在最后脚爪的两星中西面的一颗	212	40	南	6	10	5
东面的一颗	213	50	南	6	40	5
在蝎身第一段中	221	50	南	11	0	3
在第二段中	222	10	南	15	0	4
在第三段的双星中北面的一颗	223	20	南	18	40	4
双星中南面的一颗	223	30	南	18	0	3
在第四段中	226	30	南	19	30	3
在第五段中	231	30	南	18	50	3
在第六段中	233	50	南	16	40	3
在第七段中靠近蝎螯的星	232	20	南	15	10	3
在螯内两星中东面的一颗	230	50	南	13	20	3
西面的一颗	230	20	南	13	30	4
共21颗星：1颗为2等，13颗为3等，5颗为4等，2颗为5等						
在天蝎座附近						
在蝎螯东面的云雾状恒星	234	30	南	12	15	云雾状
在螯子北面两星中偏西一颗	228	50	南	6	10	5
偏东一颗	232	50	南	4	10	5
星座外面共3颗星：2颗为5等，1颗为云雾状						
人马						
在箭头	237	50	南	6	30	3
在左手紧握处	241	0	南	6	30	3
在弓的南面	241	20	南	10	50	3
在弓的北面两星中偏南一颗	242	20	南	1	30	3
往北在弓梢处	240	0	北	2	50	4
在左肩	248	40	南	3	10	3
在上面一颗星之西，在箭上	246	20	南	3	50	4
在眼中云雾状双星	248	30	北	0	45	云雾状
在头部三星中偏西一颗	249	0	北	2	10	4
中间一颗	251	0	北	1	30	亮于4
偏东一颗	252	30	北	2	0	4
在外衣北部三星中偏南一颗	254	40	北	2	50	4
中间一颗	255	40	北	4	30	4
三星中偏北一颗	256	10	北	6	30	4
上述三星之东的暗星	259	0	北	5	30	6
在外衣南部两星中偏北一颗	262	50	北	5	50	5
偏南一颗	261	0	北	2	0	6
在右肩	255	40	南	1	50	5
在右肘	258	10	南	2	50	5
在肩胛	253	20	南	2	30	5
在前肩	251	0	南	4	30	亮于4

土星的远地点在 226 30′

续表

星座	黄经		黄纬			星等
	度	分		度	分	
在腋窝下面	249	40	南	6	45	3
在左前腿跗关节	251	0	南	23	0	2
在同一条腿的膝部	250	20	南	18	0	2
在右前腿跗关节	240	0	南	13	0	3
在左肩胛	260	40	南	13	30	3
在右前腿的膝部	260	0	南	20	10	3
在尾部起点四边形的北边偏西一颗	261	0	南	4	50	5
在同一边偏东一颗	261	10	南	4	50	5
在南边偏西一颗	261	50	南	5	50	5
在同一边偏东一颗	263	0	南	6	50	5
共31颗：2颗为2等，9颗为3等，9颗为4等，8颗为5等，2颗为6等，1颗为云雾状						
摩羯						
在西角三星中北面一颗	270	40	北	7	30	3
中间一颗	271	0	北	6	40	6
三星中南面一颗	270	40	北	5	0	3
在东角尖	272	20	北	8	0	6
在张嘴三星中南面一颗	272	20	北	0	45	6
其他两星中西面一颗	272	0	北	1	45	6
东面一颗	272	10	北	1	30	6
在右眼下面	270	30	北	0	40	5
在颈部两星中北面一颗	275	0	北	4	50	6
南面一颗	275	10	南	0	50	5
在右膝	274	10	南	6	30	4
在弯曲的左膝	275	0	南	8	40	4
在左肩	280	0	南	7	40	4
在腹部下面两颗紧邻的星中偏西一颗	283	30	南	6	50	4
偏东一颗	283	40	南	6	0	5
在兽身中部三星中偏东一颗	282	0	南	4	15	5
在偏西的其他两星中南面一颗	280	0	南	7	0	5
这两星中北面一颗	280	0	南	2	50	5
在背部两星中西面一颗	280	0	南	0	0	4
东面一颗	284	20	南	0	50	4
在脊椎南部两星中偏西一颗	286	40	南	4	45	4
偏东一颗	288	20	南	4	30	4
在尾部起点两星中偏西一颗	288	40	南	2	10	3
偏东一颗	289	40	南	2	0	3
在尾巴北部四星中偏西一颗	290	10	南	2	20	4
其他三星中偏南一颗	292	0	南	5	0	5
中间一颗	291	0	南	2	50	5

星座	黄经		黄纬			星等
	度	分		度	分	
偏北一颗，在尾梢	292	0	北	4	20	5
共28颗星：4颗为3等，9颗为4等，9颗为5等，6颗为6等						
宝瓶						
在头部	293	40	北	15	45	5
在右肩两星中较亮一颗	299	44	北	11	0	3
较暗一颗	298	30	北	9	40	5
在左肩	290	0	北	8	50	3
在腋窝下面	290	40	北	6	15	5
在左手下面外衣上三星中偏东一颗	280	0	北	5	30	3
中间一颗	279	30	北	8	0	4
三星中偏西一颗	278	0	北	8	30	3
在右肘	302	50	北	8	45	3
在右手，偏北一颗	303	0	北	10	45	3
在偏南其他两星中西面一颗	305	20	北	9	0	3
东面一颗	306	40	北	8	30	3
在右臂两颗紧邻的星中偏西一颗	299	30	北	3	0	4
偏东一颗	300	20	北	0	10	5
在右臀	302	0	南	0	50	4
在左臂两星中偏南一颗	295	0	南	1	40	4
偏北一颗	295	30	北	4	0	6
在右胫两星中偏南一颗	305	0	南	6	30	3
偏北一颗	304	40	南	5	0	4
在左臀	301	0	南	5	40	5
在左胫两星中偏南一颗	300	40	南	10	0	5
在膝下偏北的一颗星	302	10	南	9	0	5
在用手倾出水中的第一颗星	303	20	北	2	0	4
向东，偏南	308	10	北	0	10	4
向东，在水流第一弯	311	0	南	1	10	4
在上一颗星东面	313	20	南	0	30	4
在第二弯	313	50	南	1	40	4
在东面两星中偏北一颗	312	30	南	3	30	4
偏南一颗	312	50	南	4	10	4
往南甚远处	314	10	南	8	15	5
在上述星之东两颗紧接恒星中偏西一颗	316	0	南	11	0	5
偏东一颗	316	30	南	10	50	5
在水流第三弯三颗星中偏北一颗	315	0	南	14	0	5
中间一颗	316	0	南	14	45	5
三星中偏东一颗	316	30	南	15	40	5
在东面形状相似三星中偏北一颗	310	20	南	14	10	4

续表

星座	黄经		黄纬			星等
	度	分		度	分	
中间一颗	310	50	南	15	0	4
三星中偏南一颗	311	40	南	15	45	4
在最后一弯三星中偏西一颗	305	10	南	14	50	4
在偏东两星中南面一颗	306	0	南	15	20	4
北面一颗	306	30	南	14	0	4
在水中最后一星，也是在南鱼口中之星	300	20	南	23	0	1
共 42 颗星：1 颗为 1 等，9 颗为 3 等，18 颗为 4 等，13 颗为 5 等，1 颗为 6 等						
在宝瓶座附近						
在水弯东面三星中偏西的一颗	320	0	南	15	30	4
其他两星中偏北一颗	323	0	南	14	20	4
这两星中偏南一颗	322	20	南	18	15	4
共 3 颗星：都亮于 4 等						
双鱼						
西鱼						
在嘴部	315	0	北	9	15	4
在后脑两星中偏南一颗	317	30	北	7	30	亮于 4
偏北一颗	321	30	北	9	30	4
在背部两星中偏西一颗	319	20	北	9	20	4
偏东一颗	324	0	北	7	30	4
在腹部西面一颗	319	20	北	4	30	4
东面一颗	323	0	北	2	30	4
在这条鱼的尾部	329	20	北	6	20	4
沿鱼身从尾部开始第一星	334	20	北	5	45	6
东面一颗	336	20	北	2	45	6
在上述两星之东三颗亮星中偏西一颗	340	30	北	2	15	4
中间一颗	343	50	北	1	10	4
偏东一颗	346	20	南	1	20	4
在弯曲处两小星北面一颗	345	40	南	2	0	6
南面一颗	346	20	南	5	0	6
在弯曲处东面三星中偏西一颗	350	20	南	2	20	4
中间一颗	352	0	南	4	40	4
偏东一颗	354	0	南	7	45	4
在两线交点	356	0	南	8	30	3
在北线上，在交点西面	354	0	南	4	20	4
在上面一星东面三星中偏南一颗	353	30	北	1	30	5
中间一颗	353	40	北	5	20	3
三星中偏北，即为线上最后一颗	353	50	北	9	0	4
东鱼						
嘴部两星中北面一颗	355	20	北	21	45	5

星座	黄经			黄纬		星等
	度	分		度	分	
南面一颗	355	0	北	21	30	5
在头部三小星中东面一颗	352	0	北	20	0	6
中间一颗	351	0	北	19	50	6
三星中西面一颗	350	20	北	23	0	6
在南鳍三星中西面一颗，靠近仙女左肘	349	0	北	14	20	4
中间一颗	349	40	北	13	0	4
三星中东面一颗	351	0	北	12	0	4
在腹部两星中北面一颗	355	30	北	17	0	4
更南一颗	352	40	北	15	20	4
在东鳍，靠近尾部	353	20	北	11	45	4
共34颗星：2颗为3等，22颗为4等，3颗为5等，7颗为6等						
在双鱼座附近						
在西鱼下面四边形北边两星中偏西一颗	324	30	南	2	40	4
偏东一颗	325	35	南	2	30	4
在南边两星中偏西一颗	324	0	南	5	50	4
偏东一颗	325	40	南	5	30	4
星座外面共4颗星：都为4等						
在黄道区共计有348颗星：5颗为1等，9颗为2等，65颗为3等，132颗为4等，105颗为5等，27颗为6等，3颗为云雾状，2颗为暗弱星。除此而外还有发星。我在前面谈到过，天文学家科农称之为"贝勒尼基之发"						

表2-10 南天区星座与恒星描述表

星座	黄经			黄纬		星等
	度	分		度	分	
鲸鱼						
在鼻孔尖端	11	0	南	7	45	4
在颚部三星中东面一颗	11	0	南	11	20	3
中间一颗，在嘴正中	6	0	南	11	30	3
三星西面一颗，在面颊上	3	50	南	14	0	3
在眼中	4	0	南	8	10	4
在头发中，偏北	5	30	南	6	20	4
在鬃毛中，偏西	1	0	南	4	10	4
在胸部四星中偏西两星的北面一颗	355	20	南	24	30	4
南面一颗	356	40	南	28	0	4
偏东两星的北面一颗	0	0	南	25	10	4
南面一颗	0	0	南	27	30	3
在鱼身三星的中间一颗	345	20	南	25	20	3
南面一颗	346	20	南	30	30	4

续表

星座	黄经			黄纬		星等
	度	分		度	分	
三星中北面一颗	348	20	南	20	0	3
靠近尾部两星中东面一颗	343	0	南	15	20	3
西面一颗	338	20	南	15	40	3
在尾部四边形中东面两星偏北一颗	335	0	南	11	40	5
偏南一颗	334	0	南	13	40	5
西面其余两星中偏北一颗	332	40	南	13	0	5
偏南一颗	332	20	南	14	0	5
在尾巴北梢	327	40	南	9	30	3
在尾巴南梢	329	0	南	20	20	3
共22颗星：10颗为3等，8颗为4等,4颗为5等						
猎户						
在头部的云雾状星	50	20	南	16	30	云雾状
在右肩的亮红星	55	20	南	17	0	1
在左肩	43	40	南	17	30	亮于2
在前面一星之东	48	20	南	18	0	暗于4
在右肘	57	40	南	14	30	4
在右前臂	59	40	南	11	50	6
在右手四星的南边两星中偏东一颗	59	50	南	10	40	4
偏西一颗	59	20	南	9	45	4
北边两星中偏东一颗	60	40	南	8	15	6
同一边西一颗	59	0	南	8	15	6
在棍子上两星中偏西一颗	55	0	南	3	45	5
偏东一颗	57	40	南	3	15	5
在背部成一条直线的四星中东面一颗	50	50	南	19	40	4
向西，第二颗	49	40	南	20	0	6
向西，第三颗	48	40	南	20	20	6
向西，第四颗	47	30	南	20	30	5
在盾牌上九星中最偏北一颗	43	50	南	8	0	4
第二颗	42	40	南	8	10	4
第三颗	41	20	南	10	15	4
第四颗	39	40	南	12	50	4
第五颗	38	30	南	14	15	4
第六颗	37	50	南	15	50	3
第七颗	38	10	南	17	10	3
第八颗	38	40	南	20	20	3
这些星余下的最偏南一颗	39	40	南	21	30	3
在腰带上三颗亮星中偏西一颗	48	40	南	24	10	2
中间一颗	50	40	南	24	50	2
在成一直线的三星中偏东一颗	52	40	南	25	30	2
在剑柄	47	10	南	25	50	3
在剑上三星中北面一颗	50	10	南	28	40	4

星座	黄经		黄纬			星等
	度	分		度	分	
中间一颗	50	0	南	29	30	3
南面一颗	50	20	南	29	50	暗于3
在剑梢两星中东面一颗	51	0	南	30	30	4
西面一颗	49	30	南	30	50	4
在左脚的亮星，也在波江座	42	30	南	31	30	1
在左胫	44	20	南	30	15	亮于4
在右脚后跟	46	40	南	31	10	4
在右膝	53	30	南	33	30	3
共38颗星：2颗为1等，4颗为2等，8颗为3等，15颗为4等，3颗为5等，5颗为6等，1颗为云雾状						
波江						
在猎户左脚外面，在波江的起点	41	40	南	31	50	4
在猎户腿弯处，最偏北的一颗星	42	10	南	28	15	4
在上面一颗星东面两星中偏东一颗	41	20	南	29	50	4
偏西一颗	38	0	南	28	15	4
在其次两星中偏东一颗	36	30	南	25	15	4
偏西一颗	33	30	南	25	20	4
在上面一颗星之后三星中偏东一颗	29	40	南	26	0	4
中间一颗	29	0	南	27	0	4
三星中偏西一颗	26	18	南	27	50	4
在甚远处四星中东面一颗	20	20	南	32	50	3
在上面一星之西	18	0	南	31	0	4
向西，第三颗星	17	30	南	28	50	3
四星中最偏西一颗	15	30	南	28	0	3
在其他四星中，同样在东面的一颗	10	30	南	25	30	3
在上面一星之西	8	10	南	23	50	4
在上面一星更偏西	5	30	南	23	10	3
四星中最偏西一颗	3	50	南	23	15	4
在波江弯曲处，与鲸鱼胸部相接	358	30	南	32	10	4
在上面一星之东	359	10	南	34	50	4
在东面三星中偏西一颗	2	10	南	38	30	4
中间一颗	7	10	南	38	10	4
三星中偏东一颗	10	50	南	39	0	5
在四边形西面两星中偏北一颗	14	40	南	41	30	4
偏南一颗	14	50	南	42	30	4
在东边的偏西一颗	15	30	南	43	20	4
这四星中东面一颗	18	0	南	43	20	4
朝东两紧邻恒星中北面一颗	27	30	南	50	20	4
偏南一颗	28	20	南	51	45	4
在弯曲处两星东面一颗	21	30	南	53	50	4
西面一颗	19	10	南	53	10	4

续表

星座	黄经		黄纬			星等
	度	分		度	分	
在剩余范围内三星中东面一颗	11	10	南	53	0	4
中间一颗	8	10	南	53	30	4
三星中西面一颗	5	10	南	52	0	4
在波江终了处的亮星	353	30	南	53	30	1
共34颗星：1颗为1等，5颗为3等，27颗为4等，1颗为5等						
天兔						
在两耳四边形西边两星中偏北一颗	43	0	南	35	0	5
偏南一颗	43	10	南	36	30	5
东边两星中偏北一颗	44	40	南	35	30	5
偏南一颗	44	40	南	36	40	5
在下巴	42	30	南	39	40	亮于4
在左前脚末端	39	30	南	45	15	亮于4
在兔身中央	48	50	南	41	30	3
在腹部下面	48	10	南	44	20	3
在后脚两星中北面一颗	54	20	南	44	0	4
偏南一颗	52	20	南	45	50	4
在腰部	53	20	南	38	20	4
在尾梢	56	0	南	38	10	4
共12颗星：2颗为3等，6颗为4等，4颗为5等						
大犬						
在嘴部最亮的恒星称为"天狼星"	71	0	南	39	10	最亮的1等星
在耳朵处	73	0	南	35	0	4
在头部	74	40	南	36	30	5
在颈部两星中北面一颗	76	40	南	37	45	4
南面一颗	78	40	南	40	0	4
在胸部	73	50	南	42	30	5
在右膝两星中北面一颗	69	30	南	41	15	5
南面一颗	69	20	南	42	30	5
在前脚尖	64	20	南	41	20	3
在左膝两星中西面一颗	68	0	南	46	30	5
东面一颗	69	30	南	45	50	5
在左肩两星中偏东一颗	78	0	南	46	0	4
偏西一颗	75	0	南	47	0	5
在左臀	80	0	南	48	45	暗于3
在腹部下面大腿之间	77	0	南	51	30	3
在右脚背	76	20	南	55	10	4
在右脚尖	77	0	南	55	40	3
在尾梢	85	30	南	50	30	暗于3
共18颗星：1颗为1等，5颗为3等，5颗为4等，7颗为5等						
在大犬座附近						

星座	黄经		黄纬			星等
	度	分		度	分	
大犬头部北面	72	50	南	25	15	4
在后脚下面一条直线上南面的星	63	20	南	60	30	4
偏北一星	64	40	南	58	45	4
比上面一星更偏北	66	20	南	57	0	4
这四星中最后的、最偏北的一颗	67	30	南	56	0	4
在西面几乎成一条直线三星中偏西一颗	50	20	南	55	30	4
中间一颗	53	40	南	57	40	4
三星中偏东一颗	55	40	南	59	30	4
在上面一星之下两亮星中东面一颗	52	20	南	59	40	2
西面一颗	49	20	南	57	40	2
最后一颗,比上述各星都偏南	45	30	南	59	30	4
共 11 颗星:2 颗为 2 等,9 颗为 4 等						
小犬						
在颈部	78	20	南	14	0	4
在大腿处的亮星:南河三	82	30	南	16	10	1
共 2 颗星:1 颗为 1 等,1 颗为 4 等						
南船						
在船尾两星中西面一颗	93	40	南	42	40	5
东面一颗	97	40	南	43	20	3
在船尾两星中北面一颗	92	10	南	45	0	4
南面一颗	92	10	南	46	0	4
在上面两星之西	88	40	南	45	30	4
盾牌中央的亮星	89	40	南	47	15	4
在盾牌下面三星中偏西一颗	88	40	南	49	45	4
偏东一颗	92	40	南	49	50	4
三星的中间一颗	91	40	南	49	15	4
在船舵	97	20	南	49	50	4
在船尾龙骨两星中北面一颗	87	20	南	53	0	4
南面一颗	87	20	南	58	30	3
在船尾甲板上偏北一星	93	30	南	55	30	5
在同一甲板上三星中西面一颗	95	30	南	58	30	5
中间一颗	96	40	南	57	15	4
东面一颗	99	50	南	57	45	4
甲板东面的亮星	104	30	南	58	20	2
在上面一星之下两颗暗星中偏西一颗	101	30	南	60	0	5
偏东一颗	104	20	南	59	20	5
在前述亮星之上两星中西面一颗	106	30	南	56	40	5
东面一颗	107	40	南	57	0	5
在小盾牌和樯脚三星中北面一颗	119	0	南	51	30	亮于 4
中间一颗	119	30	南	55	30	亮于 4
三星中南面一颗	117	20	南	57	10	4

续表

星座	黄经		黄纬			星等
	度	分		度	分	
在上面一星之下紧邻两星中偏北一颗	122	30	南	60	0	4
偏南一颗	122	20	南	61	15	4
在桅杆中部两星中偏南一颗	113	30	南	51	30	4
偏北一颗	112	40	南	49	0	4
在帆顶两星中西面一颗	111	20	南	43	20	4
东面一颗	112	20	南	43	30	4
在第三星下面,盾牌东面	98	30	南	54	30	暗于2
在甲板接合处	100	50	南	51	15	2
在位于龙骨上的桨之间	95	0	南	63	0	4
在上面一星之东的暗星	102	20	南	64	30	6
在上面一星之东,在甲板之下的亮星	113	20	南	63	50	2
偏南,在龙骨下面的亮星	121	50	南	69	40	2
在上面一星之东三星中偏西一颗	128	30	南	65	40	3
中间一颗	134	40	南	65	50	3
偏东一颗	139	20	南	65	50	2
在东面接合处两星中偏西一颗	144	20	南	62	50	3
偏东一颗	151	20	南	62	15	3
在西北桨上偏西一颗	57	20	南	65	50	亮于4
偏东一星	73	30	南	65	40	亮于3
在其余一桨上西面一星,称为老人星	70	30	南	75	0	1
其余一星,在上面一星东面	82	20	南	71	50	亮于3

共45颗星:
1颗为1等,6颗为2等,8颗为3等,22颗为4等,7颗为5等,1颗为6等

长蛇

星座	黄经		黄纬			星等
在头部五星的西面两星中,在鼻孔中的偏南一星	97	20	南	15	0	4
两星中在眼部偏北一星	98	40	南	13	40	4
东面两星中偏北,在后脑的一颗	99	0	南	11	30	4
两星中在张嘴中偏南一星	98	50	南	14	45	4
在上述各星之东,在面颊上	100	50	南	12	15	4
在颈部开端处两星的偏西一颗	103	40	南	11	50	5
偏东一颗	106	40	南	13	30	4
在颈部弯曲处三星的中间一颗	111	40	南	15	20	4
在上面一星之东	114	0	南	14	50	4
最偏南一星	111	40	南	17	10	4
在南面两颗紧邻恒星中偏北的暗星	112	30	南	19	45	6
这两星中在东南面的亮星	113	20	南	20	30	2
在颈部弯曲处之东三星中偏西一颗	119	20	南	26	30	4
偏东一颗	124	30	南	23	15	4
这三星的中间一颗	122	0	南	24	0	4
在一条直线上三星中西面一颗	131	20	南	24	30	3

星座	黄经		黄纬			星等
	度	分		度	分	
中间一颗	133	20	南	23	0	4
东面一颗	136	20	南	23	10	3
在巨爵底部下面两星中偏北一颗	144	50	南	25	45	4
偏南一颗	145	40	南	30	10	4
在上面一星东面三角形中偏西一颗	155	30	南	31	20	4
这些星中偏南一颗	157	50	南	34	10	4
在同样三星中偏东一颗	159	30	南	31	40	3
在乌鸦东面，靠近尾部	173	20	南	13	30	4
在尾梢	186	50	南	17	30	4
共25颗星：1颗为2等，3颗为3等，19颗为4等，1颗为5等，1颗为6等						
在长蛇座附近						
在头部南面	96	0	南	23	15	3
在颈部各星之东	124	20	南	26	0	3
星座外面共2颗星：均为3等						
巨爵						
在杯底，也在长蛇	139	40	南	23	0	4
在杯中两星的南面一颗	146	0	南	19	30	4
这两星中北面一颗	143	30	南	18	0	4
在杯嘴南边缘	150	20	南	18	30	亮于4
在北边缘	142	40	南	13	40	4
在南柄	152	30	南	16	30	暗于4
在北柄	145	0	南	11	50	4
共7颗星：均为4等						
乌鸦						
在嘴部，也在长蛇	158	40	南	21	30	3
在颈部	157	40	南	19	40	3
在胸部	160	0	南	18	10	5
在右、西翼	160	50	南	14	50	3
在东翼两星中西面一颗	160	0	南	12	30	3
东面一颗	161	20	南	11	45	4
在脚尖，也在长蛇	163	50	南	18	10	3
共7颗星：5颗为3等，1颗为4等，1颗为5等						
半人马						
在头部四星中最偏南一颗	183	50	南	21	20	5
偏北一星	183	20	南	13	50	5
在中间两星中偏西一颗	182	30	南	20	30	5
偏东一颗，即四星中最后一颗	182	20	南	20	0	5
在左、西肩	179	30	南	25	30	3
在右肩	189	0	南	22	30	3
在左前臂	182	30	南	17	30	4
在盾牌四星的西面两星中偏北一颗	191	30	南	22	30	4

续表

星座	黄经		黄纬			星等
	度	分		度	分	
偏南一颗	192	30	南	23	45	4
在其余两星中在盾牌顶部一颗	195	20	南	18	15	4
偏南一颗	196	50	南	20	50	4
在右边三星中偏西一颗	186	40	南	28	20	4
中间一颗	187	20	南	29	20	4
偏东一颗	188	30	南	28	0	4
在右臂	189	40	南	26	30	4
在右肘	196	10	南	25	15	3
在右手尖端	200	50	南	24	0	4
在人体开始处的亮星	191	20	南	33	30	3
两颗暗星中东面一颗	191	0	南	31	0	5
西面一颗	189	50	南	30	20	5
在背部起始处	185	30	南	33	50	5
在上面一星之西，在马背上	182	20	南	37	30	5
在腹股沟三星中东面一颗	179	10	南	40	0	3
中间一颗	178	20	南	40	20	4
三星中西面一颗	176	0	南	41	0	5
在右臀两颗紧邻恒星中西面一颗	176	0	南	46	10	2
东面一颗	176	40	南	46	45	4
在马翼下面胸部	191	40	南	40	45	4
在腹部两星中偏西一颗	179	50	南	43	0	2
偏东一颗	181	0	南	43	45	3
在右后脚背	183	20	南	51	10	2
在同脚小腿	188	40	南	51	40	2
在左后脚背	188	40	南	55	10	4
在同脚肌肉下面	184	30	南	55	40	4
在右前脚顶部	181	40	南	41	10	1
在左膝	197	30	南	45	20	2
在右大腿之下星座外面	188	0	南	49	10	3
共37颗星：1颗为1等，5颗为2等，7颗为3等，15颗为4等，9颗为5等						
半人马所捕之兽						
在后脚顶部，靠近半人马之手	201	20	南	24	50	3
在同脚之背	199	10	南	20	10	3
肩部两星中西面一颗	204	20	南	21	15	4
东面一颗	207	30	南	21	0	4
在兽身中部	206	20	南	25	10	4
在腹部	203	30	南	27	0	5
在臀部	204	10	南	29	0	5
在臀部起始处两星中北面一颗	208	0	南	28	30	5
南面一颗	207	0	南	30	0	5
在腰部上端	208	40	南	33	10	5

星座	黄经		黄纬			星等
	度	分		度	分	
在尾梢三星中偏南一颗	195	20	南	31	20	5
中间一颗	195	10	南	30	0	4
三星中偏北一颗	196	20	南	29	20	4
在咽喉处两星中偏南一颗	212	10	南	17	0	4
偏北一颗	212	40	南	15	20	4
在张嘴处两星中西面一颗	209	0	南	13	30	4
东面一颗	210	0	南	12	50	4
在前脚两星中南面一颗	240	40	南	11	30	4
偏北一颗	239	50	南	10	0	4
共19颗星：2颗为3等，11颗为4等，6颗为5等						
天坛						
在底部两星中偏北一颗	231	0	南	22	40	5
偏南一颗	233	40	南	25	45	4
在小祭坛中央	229	30	南	26	30	4
在火盆中三星的偏北一颗	224	0	南	30	20	5
在其余相邻两星中南面一颗	228	30	南	34	10	4
北面一颗	228	20	南	33	20	4
在炉火中央	224	10	南	34	10	4
共7颗星：5颗为4等，2颗为5等						
南冕						
在南边缘外面，向西	242	30	南	21	30	4
在上一颗星之东，在冕内	245	0	南	21	0	5
在上一颗星之东	246	30	南	20	20	5
更偏东	248	10	南	20	0	4
在上一颗星之东，在人马膝部之西	249	30	南	18	30	5
向北，在膝部的亮星	250	40	南	17	10	4
偏北	250	10	南	16	0	4
更偏北	249	50	南	15	20	4
在北边缘两星中东面一颗	248	30	南	15	50	6
西面一颗	248	0	南	14	50	6
在上面两星之西甚远处	245	10	南	14	40	5
更偏西	243	0	南	15	50	5
偏南，剩余一星	242	30	南	18	30	5
共13颗星：5颗为4等，6颗为5等，2颗为6等						
南鱼						
在嘴部，即在宝瓶边缘	300	20	南	23	0	1
在头部三星中西面一颗	294	0	南	21	20	4
中间一颗	297	30	南	22	15	4
东面一颗	299	0	南	22	30	4
在鳃部	297	40	南	16	15	4
在南鳍和背部	288	30	南	19	30	5

续表

星座	黄经		黄纬			星等
	度	分		度	分	
腹部两星偏东一颗	294	30	南	15	10	5
偏西一颗	292	10	南	14	30	4
在北鳍三星中东面一颗	288	30	南	15	15	4
中间一颗	285	10	南	16	30	4
三星中西面一颗	284	20	南	18	10	4
在尾梢	289	20	南	22	15	4
不包括第一颗，共11颗星：9颗为4等，2颗为5等						
在南鱼座附近						
在鱼身西面的亮星中偏西一颗	271	20	南	22	20	3
中间一颗	274	30	南	22	10	3
三星中偏东一颗	277	20	南	21	0	3
在上面一星西面的暗星	275	20	南	20	50	5
在北面其余星中偏南一颗	277	10	南	16	0	4
偏北一颗	277	10	南	14	50	4
共6颗星：3颗为3等，2颗为4等，1颗为5等						

在南天区共有316颗星：7颗为1等，18颗为2等，60颗为3等，167颗为4等，54颗为5等，9颗为6等，1颗为云雾状。因此，总共为1024颗星：15颗为1等，45颗为2等，206颗为3等，476颗为4等，217颗为5等，49颗为6等，11颗暗弱，5颗为云雾状

第三卷

第一章　二分点与二至点的岁差

我们已经讨论了恒星的现象与周年运转之间的关系，现在接着往下进行。我们首先应该讨论分点的变化，因为正是这种变化导致了恒星也被认为有可能是在运动。我发现，古代的天文学家没有对自然年的变化和以恒星为基点测定的年之间进行区分。所以他们认为奥林匹克年——也就是从天狼星升起开始算起的年份——等同于从夏至点算起的年份，因为他们并不清楚两者之间的差别。

但是居住在罗德岛的喜帕恰斯是一位非常敏锐的人，他是第一个注意到这两种年存在差异的人。他对年份的长度进行了仔细的观测，发现如果从恒星进行测量，比从分点和至点测量要长一些。于是他坚信，恒星也在沿黄道运动，但是因为速度缓慢所以无法察觉。但是现在随着时间的流逝，这一运动已经是非常清晰了。正是由于这个原因，恒星以及黄道各宫的出没显然与古代的记录截然不同，而且，黄道十二宫已经从开始的位置移动了相当长的距离。

而且，这种不均匀的运动已经被发现了。关于这种运动的解释，天文学家们众说纷纭。一些人认为宇宙处于悬浮状态，必然存在某种振动——就像我们发现的行星在黄纬上运动一样——在固定的范围之内前进后退，但是一般不会偏离中心位置8。但是这一过时的理论无法坚持下去了，因为白羊宫的第一点与春分点之间的距离已经超过了8的3倍，这也已经是很清楚的事情了，其他恒星的状况也是如此，而且经历了这么长的时间也没有回归的迹象。其他一些人坚持认为，恒星一直在向前运动，但是速度是不规律的，可是他们也没有建立起运动的模型。

但是，自然界创造了另外一个奇迹，那就是目前的黄赤交角不如托勒密以前那么大了。关于这一点，我在前面已经谈过了。

为了解释这些观测事实，有人设想出了第9层天球，还有人想到第10层，他们认为可以通过这些天球解释这种现象，但是结果令其失望。即使利用11层天球来解释也不如利用地球的运动来解释更加容易。

我在第一卷曾经说明了两种运转，包括倾角的周年运转和地心的周年运转，它们并不相等，前者要比后者短一些。于是，分点和至点都在向前运动。而且恒星天球也不是向东移动，而是赤道在向西移动。赤道面与黄道面相交的倾角，与地球轴线的倾角是成比例的。为了更确切一些，不应该认为赤道倾斜于黄道，而是黄道倾斜于赤道，因为大的与小的相比的确如此。对于黄道来说，它就是太阳和地球在周年运转时的距离所扫出的圆，确实比赤道要大很多。通过这种方式，可以看出，黄赤交线（即二分点）似乎一直走在前面，而星星们则落在后面。但是关于这种运动的测量，以及不规则的比率，我们的前辈似乎不太了解。这主要是因为他们没有想到运转如此缓慢，只是经历很长时期以后人们才注意到这一点。在如此漫长的周期里，它的运转还没有达到一个圆周的$\frac{1}{15}$。但是，我要运用我的一切知识以及自古以来的观测历史达到这一目标。

第二章　证明二分点与二至点岁差不均匀的观测史

根据卡利普斯的76年周期之中的第一周期的第36年，也就是亚历山大大帝去世后第30年，居住于亚历山大城的提摩恰里斯是第一个仔细观测恒星位置的人，他记录说，室女座中的角宿一与夏至点的角距离为$82\frac{1}{3}$，黄纬为南纬2。天蝎前额中三颗星最偏北的一颗，同时也是天蝎宫的第一颗，居于北黄纬$1\frac{1}{3}$，距离秋分点的经度为32。

在同样的周期之中，在第48年，室女座中的角宿一与夏至点的经度距离为$82\frac{1}{2}$，纬度不变。

在第三个周期的第50年，也就是亚历山大去世后第196年，喜帕恰斯测出了恒星轩辕十四（也就是位于狮子座胸部的恒星）在夏至点之东29 50′。

紧接着是罗马的几何学家梅涅劳斯，在图拉真皇帝执政的第一年，也是基督诞生之后的第99年，亚历山大去世之后的第422年，记载说室女座中的角宿一与夏至点的经度距离为$86\frac{1}{4}$，当时天蝎前额的那颗星星距离秋分点的经度距离为$35\frac{11}{12}$。

随后，在安东尼·庇护统治第二年，也就是亚历山大去世后第462年，托勒密发现狮子座的轩辕十四距离夏至点的经度为$32\frac{1}{2}$，角宿一与夏至点的距离为$86\frac{1}{2}$，天蝎前额的星与秋分点的距离为$36\frac{1}{3}$，纬度没有变化。这在表2-9中已经提到过了，我们只是对前辈的记载进行了回顾。

随着时间的推移，一直到亚历山大去世之后第1 202年，哈兰的巴塔尼进行了再一次的观测，这次的数据特别值得信任。那一年，轩辕十四距离夏至点的经度为44 5′，而天蝎前额上的星距秋分点47 50′，纬度仍然不变，这一点毋庸置疑。

公元1525年，根据罗马日历，这也是闰年之后的第一年，也是亚历山大去世后的第1 849个埃及年，我观测了多次提到过的角宿一，观测点是普鲁士的弗龙堡，看起来它在子午圈上的最大高度约为27，而弗龙堡的纬度为54 19$\frac{1}{2}$′，于是我们可以算出来角宿一的赤纬是8 40′，因此它的位置如下：

如图3-1所示，我们已经通过黄道和赤道的极点画出了子午圈$ABCD$，AEC为直径，也是与赤道面的交线，BED也是直径，是与黄道面的交线。F是黄道的北极点，黄道的轴线为FEG。令B为摩羯宫的第一点，D为巨蟹宫第一点。现在，我们令

$$弧BH=2$$

这也是恒星的南黄纬，从点H开始，作HL平行于BD，让HL于点I与黄道的轴相交，与赤道交于K。而且，令

$$弧MA=8\ 40'$$

即恒星的南赤纬。从点M画MN平行于AC。

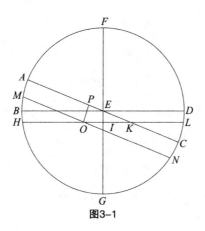

图3-1

MN与平行于黄道的HIL相交，因此令MN在点O与HIL相交，如果直线OP与MN和AC垂直，那么OP就等于2倍的AM所对应的弦长的一半。但是以FG、HL和MN为直径的圆都垂直于平面ABCD。根据《几何原本》的第11卷，第19命题，它们的交线都在点O和I处与平面垂直。根据该书第11卷，第6命题，这些交线彼此是平行的。而且，因为I是以HL为直径的圆的圆心，因此OI应等于在以HL为直径的圆中一段弧的2倍所对应的半弦，该弧即恒星与天秤座第一点的经度距离，这也就是我们正在寻找的弧，它可以通过以下方式求出来。

由于同位角相等，有

$$角AEB＝角OKP$$

而且，

$$角OPK＝90$$

因此，OP与OK之比，等于两倍的AB所对应的半弦与BE的比值，也等于两倍的AH所对应的半弦与HIK的比值。因为有关的三角形与OPK相似。但是，

$$弧AB＝23\ 28\frac{1}{2}'$$

而且，BE＝100 000单位时，2倍的AB所对半弦是39 832单位，同时，

$$弧ABH＝25\ 28\frac{1}{2}'$$

$$2倍的ABH所对应的半弦＝43\ 010单位$$

两倍赤纬MA所对半弦为15 069单位，由此可知：

$$HIK＝107\ 978单位$$

$$OK＝37\ 831单位$$

通过减法，得

$$HO = 70\ 147单位$$

但是两倍HOI所对圆弧HGL为176 。令

$$BE = 100\ 000单位$$

然后

$$HOI = 99\ 939单位$$

因此，通过减法

$$OI = HOI - HO = 29\ 792单位$$

当HOI＝半径＝100 000单位时，

$$OI = 29\ 810单位$$

与之相应的圆弧为17 21′。

这就是天秤座第一点与角宿一之间的距离，此即恒星的位置。

在1515年，我测出其赤纬是8 36′，位置距离天秤座第一点为17 14′。

根据托勒密的记载，其赤纬仅仅是$\frac{1}{2}$ 。因此，它的位置是在室女座26 40′，相比于早期的观测，这实际上更准确一些。

现在，非常清楚的是，在从提摩恰里斯到托勒密的432年间，二分点和二至点每100年移动1 ，它们的移动量与时间的比值一直是固定不变的。在整个时长里面，一共移动了$4\frac{1}{3}$ 。在从喜帕恰斯到托勒密的266年间，夏至点与狮子座轩辕十四的距离也移动了$2\frac{2}{3}$ 。在这里，如果纳入时间进行比较，还是100年移动1 。

而且，在梅涅劳斯到巴塔尼的782年间，天蝎座前额上的那颗星移动了11 55′。所以，移动1 的时间可能不是100年，而是66年。但是，在托勒密到巴塔尼的741年间，只需65年就移动1 。

最后，如果把其余的645年与我观测到的9 11′差值考虑进去，那么移

动1 的时间是71年。因此在托勒密之前的400年间，二分点的岁差显然小于从托勒密到巴塔尼的时期，而这段时期的岁差也比从巴塔尼到现在的要大。

另外，黄赤交角的运动也是有差异的。萨摩斯的阿里斯塔克斯认为黄赤交角为23 51′ 20″，这个数值也是托勒密曾经求证出来的；巴塔尼的数据是23 35′；在他之后190年，西班牙人阿尔扎切尔的数值是23 34′；230年后，犹太人普罗法提阿斯求出来的数值约小2′。但是我们现在发现它不大于 $23 \ 28\frac{1}{2}$′。因此我们会了解到，从阿里斯塔克斯到托勒密的时代，变化很小，从托勒密到巴塔尼的时代，变化极大。

第三章　可以说明二分点和黄赤交角移动的假想

因此，通过上文我们非常清楚地知道，二分点和二至点都以不均匀的速率移动，这主要是因为地轴和赤道两极的某种飘移，也许没有人能够做出更好的解释。从地球在运动的假设中似乎应得出这样的结果：恒星的黄纬是固定不变的，黄道也是如此，但是赤道在移动。如果地轴的运动与地心的运动简单而精确地相符，就不会出现二分点和二至点的岁差。正是由于这两种运动的不同，并且它们的差异是可变的，因此二至点和二分点的运动就是不均匀的，并且领先于恒星的位置。

倾角的运动也是如此。这种运动会引起黄道倾角的变化，而黄道倾角的变化也是不均匀的——这个倾角应当称为赤道倾角。

因为在一个球上的两极和圆周的运动是相互影响并保持一致的，所以两种相互影响的运动可看作极点的运动，这就像是不断摇荡的摆动。一种运动是让极点上下起伏，从而改变圆周的倾角。另一种是导致二分点和二至点的岁差增加和减少的运动，是一种在两个方向产生的交叉运动。现在，我们称这些运动为"天平动"，因为它们看起来就是沿同一路线在两个端点之间来回振荡的物体，中间部分运动很快，两边较慢。我们在后面会介绍到行星的黄纬一般会出现这种运动。

在周期上，这两种运动也存在很大的差异，因为二分点不均匀运动的两次周期相当于黄赤交角的一个周期。但是对于每一次明显的不均匀运动，我们都需要假定有一个平均量，用这个量才能界定不均匀运动的频率。因此就需要考虑平均的极点和平均的赤道，以及平均的二分点和平均的二至点。地球的两极和赤道圈偏离平均位置到相反的方向但仍在固定的极限之内，那些匀速运动也显得不那么均匀了。于是，两种天平动的结合将导致地球的两极扫描出与扭曲的花环类似的线条，当然这是随着时间的推移才可能发生的现象。

只通过文字很难说明这些问题。我担心抽象的解释无法让人领会其中的道理，所以借助形象的绘图来说明这个现象。如图3-2所示，画出黄道 $ABCD$，令 E 为它的北极，A 为摩羯宫的第一点，C 为巨蟹宫的第一点，B 为白羊宫的第一点，D 为天秤宫的第一点。通过点 A、C 和极点 E，画出圆周 AEC。EF 为黄道北极与赤道北极的最远距离，EG 为最短距离。同样地，I 为极点的平均位置，围绕点 I，画出赤道 BHD，也可以叫作平均赤道，B 和 D 为平均二分点。

令赤道的极点、二分点和赤道都围绕极点 E 不断地做自东向西的均匀运动，这与恒星天球上黄道各宫的顺序是相反的，正如我前面说过的。假定地球两极有两种相互作用的运动，就像摇摆的物体一样，其中一种会出现在极限F和G之间，也就是倾角的不均匀运动。另一种是从向西运动变为向东运动，又从向东运动变为向西运动的交替运动，我们称之为"二分点的不均匀运动"，第二种运动是第一种运动速度的两倍，但两者都是地球极点的运动，它们用一种神奇的方式促使极点偏转。

首先，令F为地球的北极，围绕这一极点画出的赤道经过交点B和D，即通过圆周AFEC的极点。但是它将会导致黄赤交角变大，并且增大量会与弧长FI成正比。当地极从这个假定的起点向位于I处的平均倾角转移时，第二个运动开始了，极点并不直接沿FI移动，而是沿圆周运动，并在东面经过最远点K。下面，我们设极点在K，围绕这一点的视赤道是OQP，它不是在点B，而是在东部的点O与黄道相交。二分点的岁差以与弧长BO成正比的量减少。之后其运动方向变为向西运动，由于两种运动同时进行，极点最后会到达平均位置I。视赤道与平均赤道完全重合。穿过这一位置后，地球的极点继续向西运动，视赤道与平均赤道分离开来，二分点的岁差增大，直到另外一个极点L。当地极在这里转向时，它减去刚才给二分点加上的数值，直到抵达点G。在这里，点B处的黄赤交角最小，在此二分点和二至点运动的速度再次变慢，同点F的情形是一样的。到这一时刻，二分点的不均匀运转正好是一个周期，因为其从平均位置开始，到达两个极限位置后，又回到了平均位置。然而，黄赤交角只是经历了半个周期，即从最大倾角变成最小倾角。接着地极向东运动，到达最远点M。掉转方向之后，它与平均位置I重合。然后再一次向西运动，抵达点N，最终完成了我们称为扭曲曲线的FKILGMINF。可以看出，在黄赤交角变化的一个周期之内，极点两次向西运动到达最远点，两次向东运动到达最远点。

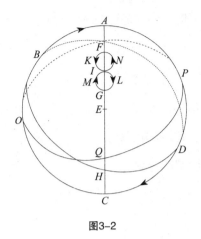

图3-2

第四章　振动或天平动如何由圆周运动形成

下面我所要阐释的运动与现象是相符的。同时一定有人会提出这样的问题，即怎样把天平动理解为均匀的运动。因为，在开始之际，我就已经指出天体的运动是均匀的，或者是由均匀的圆周运动构成的。但是在这里，这两个运动非常明显是在两个端点之内的简单运动，因此会出现停顿的现象。虽然我们承认它们是成对出现的，但是也必须运用以下方式证明振荡运动是由均匀运动合成的。

如图3-3所示，画直线AB，它被C、D、E三个点分成相等的四份，围绕点D，画同心圆ADB和CDE于同一平面内。取内圆圆周上的任意点F，以F为圆心，FD的长度为半径，画出圆周GHD。令其在点H与直线AB相交，画出直径DFG。我们需要证明由于GHD和CFE两圆共同作用引起成对运动之时，可移动的点H沿着直线AB的两个方向上来回滑动。

如果点F开始运动，H就会沿着相反的方向运动，并且距离是原来的两倍。因为角CDF既是圆CFE的圆心角，同时也是圆GHD的圆周角，并且在相等的圆周上截出了两段弧FC和GH，后者是前者的两倍。

现在需要设定在某个时刻，直线ACD和DFG重合，动点H在G处与A重合，而F则是与C重合。但

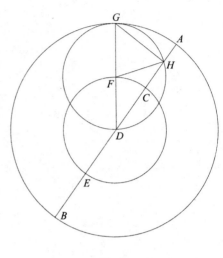

图3-3

是，圆心F已经沿着FC向右边移动了，H则沿弧GH向左移动，大约移动了CF距离的两倍，反之亦然。于是点H沿AB向与原来相反的方向运动，否则将会出现的状况就是局部大于整体，这是很容易了解的事实。但是，H离开了原来的位置A，由折线DFH牵引，移动了一段距离AH，折线DFH等于AD，H移动的距离AH为直径DFG减去DH的长度。按此方式，H抵达圆心D，此时圆DHG与AB相切，GD垂直于AB，之后H抵达另一端点B，但是由于同样的理由再度返回。

由此可知，两个像这样一起作用的圆周运动可以合成一个直线运动，还可以从均匀运动合成振动及不均匀运动。证明完毕。

因此，直线GH与AB一直是垂直的，因为直线DH和HG构成了半圆上的圆周角，所以这个角总是直角。因此，GH就等于两倍的弧AG所对应的半弦，DH等于一个四分之一圆周减去AG之后，余弧的两倍所对应的半弦，

而圆*AGB*的直径是圆*HGD*的两倍。

第五章　二分点岁差和黄赤交角不均匀运动的证明

因为第四章的原因，有人把这一运动称为"沿圆周宽度的运动"，也就是沿着直径的运动。但他们是通过圆周来确定其周期和均匀性，通过弦长来表示其大小的。看起来它的运动很不均匀，靠近圆心的地方快一些，但是在圆周附近就慢一些，这点是很容易证明的。

如图3-4所示，首先设定半圆*ABC*，圆心为*D*，直径为*ADC*，点*B*等分半圆。截取相等的弧*AE*和*BF*，从点*F*和点*E*出发，画*EG*和*FK*垂直于*ADC*，因此，因为

$$2DK=2倍的BF所对的弦$$

$$2EG=2倍的AE所对的弦$$

于是

$$DK=EG$$

根据《几何原本》的第3卷，第7命题，有

$$AG<GE$$

所以，

$$AG<DK$$

但是，因为*AE*与*BF*两弧相等，扫过*GA*与*KD*的时间一致，因此，在靠近圆周的*A*处，视运动比在圆心*D*周边要慢一些。

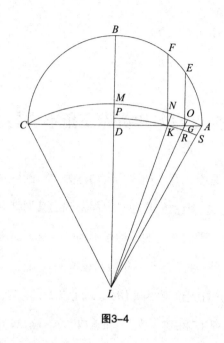

图3-4

我们已经证明过，把地球中心放在L，直线DL垂直于半圆ABC所在平面。通过点A和点C，以L为圆心画圆弧AMC。延长直线LD与圆弧AMC交于点M，因此半圆ABC的极点将在点M，ADC为圆的交线。连接LA与LC，LK和LG，并且延长LK和LG，让它们在点N和点O与弧AMC相交。因此，因为角LDK是直角，角LKD是锐角，因此直线LK长于LD。在两个钝角三角形之中，LG大于LK，LA大于LG。因此，以L为圆心、LK为半径的圆将超出LD，会与其余两条线LG和LA相交，设这个圆为$PKRS$，而且，因为

三角形LDK<扇形LPK

而

三角形LGA>扇形LRS

由于

166

三角形LDK：扇形LPK＜三角形LGA：扇形LRS

因此，同样有

三角形LDK：三角形LGA＜扇形LPK：扇形LRS

根据《几何原本》的第6卷，第1命题，有

三角形LDK：三角形LGA＝底边DK：底边AG

但是，

扇形LPK：扇形LRS＝角DLK：角RLS＝弧MN：弧OA

因此，

底边DK：底边GA＜弧MN：弧OA

但是我们已经证明了

DK＞GA

因此，

MN＞OA

当地球的极点沿着与相等弧AE和BF相对应的弧移动的时候，即MN和OA是在相等的时间之内被扫描出来的，这是我们已经证明过的。但是黄赤交角的最大值和最小值之间的差异太小了，没有超出$\frac{2}{5}$，所以我们也感受不到曲线AMC与直线ADC之间的差异。而且，如果我们仅仅用直线ADC和半圆ABC进行运算的话，那么就不会有误差的出现。

对于影响二分点的地极的另一种运动，情况与此相同，因为它不到$\frac{1}{2}$，我们稍后会在下面说明。

如图3–5所示，我们再次设定ABCD为穿过黄道和平均赤道极点的圆，也可以称其为"巨蟹宫的平均分至圈"。黄道的半圆为DEB，平均赤道为AEC，它们两个相交于点E，也是平均的分点所在。现在令赤道的极点在F

处，通过它画大圆FET，这也就是平均的二分经圈所在。

为了方便证明，我们需要把二分点的天平动与黄赤交角的天平动分开来看。在二分经圈EF上截出弧FG，让赤道的视极点G从平均极点F出发，移动FG这么长的距离。以G为极点，作视赤道的半圆ALKC，与黄道交于L，于是L就成为视分点。它距离平均分点的距离是弧LE的长度，而弧LE的长度由等于弧FG的弧EK所决定。

下面我们以K为极点，画圆AGC。

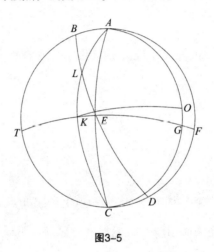

图3-5

假定在天平动FG出现的时候，赤道的极点并没有在G这一"真"极点之上，而是受制于另一种天平动，通过弧GO转向了黄道倾角。那么，虽然黄道BED保持原来的位置，但是由于极点的位置变为O，"真"赤道的位置又将改变。同样，视分点L在平均的分点E附近运动得非常迅速，但是在两端点附近运动得非常慢。这或多或少与极点的天平动成正比，这是我们在前面证明过的，也是值得花大力气去研究的。

第六章　二分点岁差与黄道倾角的均匀行度

现在，每一个看来是非均匀的圆周运动都经历了4个区域，有的区域运行速度很慢，有的区域则很快，这都是处于端点的区域。而在它们之间，运动为中速。随着减速的结束和加速的开始，运动达到一个平均速度，然后从平均值增加到最高速率，又从最高速率转向平均值，然后在余下的部分又由平均速率回到以前的低速率。

通过这些叙述，我们知道在特定的时刻，在圆周的哪些部分会出现非规律性或反常的现象。从这些性质还可以了解什么是非均匀运动的循环。

如图3-6所示，在一个分为4等份的圆周中，设定A为运转最慢的地方，B是达到加速时的平均速度的位置，C为加速结束并开始减速的位置，D是达到减速时的平均速度的位置。因此，正如前面已经说明过的，在从提摩恰里斯到托勒密的时代，二分点岁差的视行度比其他一切时候都慢。而在那段时期的中间部分，阿里斯泰拉斯、喜帕恰斯、阿格里帕和梅涅劳斯的观测结论是相同的，他们都认为二分点岁差的视行度非常有规律并且是匀速的。这证明那时二分点视行度确实是最慢的。在那一时期的中段，二分点视行度开始加速。那时减速结束，并开始加速，二者相互抵消，使当时的行度看起来是比较匀速的。因此，提摩恰里斯所能观测到的必然是圆周的最后那部分，也就是DA的范围，而托勒密的观测则在AB这第一个四分之一圆周中。而从托勒密到巴塔尼这个第二时期，其速度快于第三时期，这意味着最高速度点C出现于第二时期，而非均匀行度已经进入到第三个四分之一圆周CD。到目前为止的第三时期，非均匀行度的循环接近完成，并返回其在提摩恰里斯时期开始时的位置。在通常的360 系统中，我们可以把提摩恰里斯到现在的1819年视为一个周期。按比例来说，432年对应圆弧为85$\frac{1}{2}$，742年对应146 51′，剩下的645年对应127 39′。

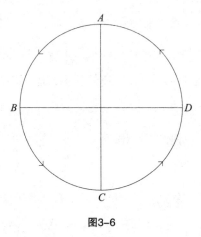

图3-6

我们的结论仅仅通过直接的、简单的推论就可以得出来，但是可以通过更精确的计算对它们进行再度论证，或者计算它们与观测的结果究竟有多么接近。结果，在1 819个埃及年之中，非均匀行度已经完成一周，并超过了21 24′，而一个周期通常是1 717个埃及年。经过计算，圆周的第一段是90 35′，第二段是155 34′，在543年中的第三段必然是113 51′。既然这些结果已经求出，二分点岁差的平均行度也就被揭示出来了。在同样的1 717年中是23 57′，而在这段时期中非均匀行度恢复到最初的状态。在1 819年中，视行度约为25 1′。1 717年与1 819年相差102年，在提摩恰里斯之后的102年期间，视行度约是1 4′，比100年完成1 稍微大一点，因为现在的行度的确是在减速，但是并没有到减速停止之时。用25 1′减去1$\frac{1}{15}$，所得的差值就是1 717个埃及年之中的平均和均匀行度，也就是23 57′。由非均匀的视行度得到的结论是，二分点的岁差均匀运转一周一

170

共需要25 816年，而此段时期之内，非均匀行度一共旋转了大概$15\frac{1}{28}$周。

这个计算结果与黄赤交角的行度也是一致的。黄赤交角的行度与二分点岁差的行度相比，大概慢了一倍。这与托勒密的报告基本是一致的，他的报告显示，自萨摩斯的阿里斯塔克斯到他之间的400年间，黄赤交角一直是23 51′20″。这也说明，当时黄赤交角几乎稳定在最大值那里，当时二分点岁差的运行速度相当缓慢，到现在又接近最慢的行度，但是轴线的倾角并不是转变为最大值，而是成为最小值。在中间时期，巴塔尼求得的倾角为23 35′；190年后，西班牙的阿尔扎切尔求出的是23 34′；230年后，犹太人普罗法提阿斯求出的数值约小2′。而现在经过30年的观测，我求出它的值约为$23\ 28\frac{2}{5}′$。我的前辈乔治·皮尔巴赫和约翰尼斯·雷格蒙塔努斯得出的结论与我的结果基本一致。

在此完全清楚，在托勒密之后900年间黄赤交角的变化比其他任何时候都大。因此，我们既然已经知道岁差变化的周期是1 717年，也就知道了黄赤交角变化周期的一半是多少，则整个周期是3 434年。用3 434年除360，或者用1 717年除180，那么非均匀的年行度是6′17″24‴9⁗，再用365日来除这个数，每日的运行速度就是1″2‴2⁗。

同样地，用1 717年来除二分点岁差的平均行度，即23 57′，年行度是50″12‴5⁗，用365天来除这一数值，应得日行度为8‴15⁗。

但是，为了使这些行度更为清楚，并且在必要的时候容易找到，我将绘制表3-1~表3-4来表示它们。对年行度进行连续的、等量的相加。如果分或秒加和超过60，那么相应的度或分就需要加1。为了运算方便，我把这些表格括充到60年。这60年间的数字是一套的，只需更换度或分的名称，例如原来的秒变成分，等等。通过这样的方法，虽然我们呈现出来的是两个项目的简单表格，但我们可以对3 600年间所需年份求得和推算出均匀行度。对于日数来说，情形也是一样的。

但是，在进行天体运动的计算之时，我们采用的是埃及年。相比于其他历法，埃及年比较均匀。因为测量所使用的单位应该与被测量物体相协调，但是罗马年、希腊年和波斯年中，都没有达到这种协调的程度。这些历法都有置闰，但方式不一，且由各民族自行确定。埃及年有明确的天数，即365天，并且分成12个月份，埃及人依次称其为Thoth, Phaophi, Athyr, Chiach, Tybi, Mechyr, Phamenoth, Pharmuthi, Pachon, Pauni, Epiphi和Mesori。这些月份分成6组，各有60天，剩下的5天称为闰日。因此，埃及年非常方便计算均匀行度，如果进行适当的日期转化，其他的纪年很容易与埃及年对应起来。

表 3-1　按年份和 60 年周期计算的二分点岁差的均匀行度

年	行度					年	行度				
	60		′	″	‴		60		′	″	‴
1	0	0	0	50	12	31	0	0	25	56	14
2	0	0	1	40	24	32	0	0	26	46	26
3	0	0	2	30	36	33	0	0	27	36	38
4	0	0	3	20	48	34	0	0	28	26	50
5	0	0	4	11	0	35	0	0	29	17	2
6	0	0	5	1	12	36	0	0	30	7	15
7	0	0	5	51	24	37	0	0	30	57	27
8	0	0	6	41	36	38	0	0	31	47	39
9	0	0	7	31	48	39	0	0	32	37	51
10	0	0	8	22	0	40	0	0	33	28	3
11	0	0	9	12	12	41	0	0	34	18	15
12	0	0	10	2	25	42	0	0	35	8	27
13	0	0	10	52	37	43	0	0	35	58	39
14	0	0	11	42	49	44	0	0	36	48	51
15	0	0	12	33	1	45	0	0	37	39	3
16	0	0	13	23	13	46	0	0	38	29	15
17	0	0	14	13	25	47	0	0	39	19	27
18	0	0	15	3	37	48	0	0	40	9	40
19	0	0	15	53	49	49	0	0	40	59	52
20	0	0	16	44	1	50	0	0	41	50	4
21	0	0	17	34	13	51	0	0	42	40	16
22	0	0	18	24	25	52	0	0	43	30	28
23	0	0	19	14	37	53	0	0	44	20	40
24	0	0	20	4	50	54	0	0	45	10	52
25	0	0	20	55	2	55	0	0	46	1	4
26	0	0	21	45	14	56	0	0	46	51	16
27	0	0	22	35	26	57	0	0	47	41	28
28	0	0	23	25	38	58	0	0	48	31	40
29	0	0	24	15	50	59	0	0	49	21	52
30	0	0	25	6	2	60	0	0	50	12	5

基督诞生时为 5 32′

表3-2　按日和60日周期计算的二分点岁差的均匀行度

日	行度				日	行度			
	60	′	″	‴		60	′	″	‴
1	0	0	0	0	8	31	0	0	0	4	15
2	0	0	0	0	16	32	0	0	0	4	24
3	0	0	0	0	24	33	0	0	0	4	32
4	0	0	0	0	33	34	0	0	0	4	40
5	0	0	0	0	41	35	0	0	0	4	48
6	0	0	0	0	49	36	0	0	0	4	57
7	0	0	0	0	57	37	0	0	0	5	5
8	0	0	0	1	6	38	0	0	0	5	13
9	0	0	0	1	14	39	0	0	0	5	21
10	0	0	0	1	22	40	0	0	0	5	30
11	0	0	0	1	30	41	0	0	0	5	38
12	0	0	0	1	39	42	0	0	0	5	46
13	0	0	0	1	47	43	0	0	0	5	54
14	0	0	0	1	55	44	0	0	0	6	3
15	0	0	0	2	3	45	0	0	0	6	11
16	0	0	0	2	12	46	0	0	0	6	19
17	0	0	0	2	20	47	0	0	0	6	27
18	0	0	0	2	28	48	0	0	0	6	36
19	0	0	0	2	36	49	0	0	0	6	44
20	0	0	0	2	45	50	0	0	0	6	52
21	0	0	0	2	53	51	0	0	0	7	0
22	0	0	0	3	1	52	0	0	0	7	9
23	0	0	0	3	9	53	0	0	0	7	17
24	0	0	0	3	18	54	0	0	0	7	25
25	0	0	0	3	26	55	0	0	0	7	33
26	0	0	0	3	34	56	0	0	0	7	42
27	0	0	0	3	42	57	0	0	0	7	50
28	0	0	0	3	51	58	0	0	0	7	58
29	0	0	0	3	59	59	0	0	0	8	6
30	0	0	0	4	7	60	0	0	0	8	15

基督诞生时为 5 32′

表 3-3　按年份和 60 年周期计算的二分点非均匀行度

年	行度					年	行度				
	60		′	″	‴		60		′	″	‴
1	0	0	6	17	24	31	0	3	14	59	28
2	0	0	12	34	48	32	0	3	21	16	52
3	0	0	18	52	12	33	0	3	27	34	16
4	0	0	25	9	36	34	0	3	33	51	41
5	0	0	31	27	0	35	0	3	40	9	5
6	0	0	37	44	24	36	0	3	46	26	29
7	0	0	44	1	49	37	0	3	52	43	53
8	0	0	50	19	13	38	0	3	59	1	17
9	0	0	56	36	37	39	0	4	5	18	42
10	0	1	2	54	1	40	0	4	11	36	6
11	0	1	9	11	25	41	0	4	17	53	30
12	0	1	15	28	49	42	0	4	24	10	54
13	0	1	21	46	13	43	0	4	30	28	18
14	0	1	28	3	38	44	0	4	36	45	42
15	0	1	34	21	2	45	0	4	43	3	6
16	0	1	40	38	26	46	0	4	49	20	31
17	0	1	46	55	50	47	0	4	55	37	55
18	0	1	53	13	14	48	0	5	1	55	19
19	0	1	59	30	38	49	0	5	8	12	43
20	0	2	5	48	3	50	0	5	14	30	7
21	0	2	12	5	27	51	0	5	20	47	31
22	0	2	18	22	51	52	0	5	27	4	55
23	0	2	24	40	15	53	0	5	33	22	20
24	0	2	30	57	39	54	0	5	39	39	44
25	0	2	37	15	3	55	0	5	45	57	8
26	0	2	43	32	27	56	0	5	52	14	32
27	0	2	49	49	52	57	0	5	58	31	56
28	0	2	56	7	16	58	0	6	4	49	20
29	0	3	2	24	40	59	0	6	11	6	45
30	0	3	8	42	4	60	0	6	17	24	9

基督诞生时为 6 45′

表 3-4 按日和 60 日周期计算的二分点非均匀行度

日	行度					日	行度				
	60		′	″	‴		60		′	″	‴
1	0	0	0	1	2	31	0	0	0	32	3
2	0	0	0	2	4	32	0	0	0	33	5
3	0	0	0	3	6	33	0	0	0	34	7
4	0	0	0	4	8	34	0	0	0	35	9
5	0	0	0	5	10	35	0	0	0	36	11
6	0	0	0	6	12	36	0	0	0	37	13
7	0	0	0	7	14	37	0	0	0	38	15
8	0	0	0	8	16	38	0	0	0	39	17
9	0	0	0	9	18	39	0	0	0	40	19
10	0	0	0	10	20	40	0	0	0	41	21
11	0	0	0	11	22	41	0	0	0	42	23
12	0	0	0	12	24	42	0	0	0	43	25
13	0	0	0	13	26	43	0	0	0	44	27
14	0	0	0	14	28	44	0	0	0	45	29
15	0	0	0	15	30	45	0	0	0	46	31
16	0	0	0	16	32	46	0	0	0	47	33
17	0	0	0	17	34	47	0	0	0	48	35
18	0	0	0	18	36	48	0	0	0	49	37
19	0	0	0	19	38	49	0	0	0	50	39
20	0	0	0	20	40	50	0	0	0	51	41
21	0	0	0	21	42	51	0	0	0	52	43
22	0	0	0	22	44	52	0	0	0	53	45
23	0	0	0	23	46	53	0	0	0	54	47
24	0	0	0	24	48	54	0	0	0	55	49
25	0	0	0	25	50	55	0	0	0	56	51
26	0	0	0	26	52	56	0	0	0	57	53
27	0	0	0	27	54	57	0	0	0	58	55
28	0	0	0	28	56	58	0	0	0	59	57
29	0	0	0	29	58	59	0	0	1	0	59
30	0	0	0	31	1	60	0	0	1	2	2

基督诞生时为 6 45′

第七章　二分点的平均岁差与视岁差的最大差值有多大

既然我们已经推断出平均行度，现在需要计算的就是二分点的均匀行度与视行度之间的最大差值有多大，或者说非均匀行度运转的小圆的直径是多少。如果这些都是已知的，那么关于这些行度的其他差值也就可以求得了。正如我们在前面谈到的，从提摩恰里斯第一次观测开始，到托勒密在安东尼·庇护执政第二年进行的观测，一共历时432年。其间平均行度是6，视行度为4 20′，差值是1 40′。并且，二倍非均匀行度是90 35′。同时，由前述可知，这一时期的中期前后视行度运行最慢，接近平均行度，真二分点和平均二分点在大圆的相同交点之上。如果把行度和时间都等分为两半，则在每一半中，视行度与均匀行度的差值应为$\frac{5}{6}$。每一半的非均匀行度为45 17$\frac{1}{2}$′。但是因为所有这些差值都非常小，没有达到1$\frac{1}{2}$，直线几乎等于它们所对的圆弧，差值不过一秒的六十分之几，因此用直线代替圆弧不会有差错。

如图3-7所示，我们设ABC为黄道的一部分，B为平均分点，以B为极点，画半圆ADC，并且在点A和点C与黄道相交，从黄道的极点画DB，点D把半圆等分，点D也是减速的结束和加速的开始。在四分之一圆周AD之中，

$$弧DE=45\ 17\frac{1}{2}′$$

通过点E，穿过黄道的极点，作EF，令

$$BF=50′$$

我们要通过这些条件计算整个BFA。

因此，非常清楚的是，

$$2BF=2倍的弧DE对应的弦$$

但是，BF的7 107单位与AFB的10 000单位之比，等于BF的50′与AFB的70′之比。于是，

$$AB=1\ 10′$$

这也就是我们所要计算的二分点的平均行度与视行度的最大差值，还可得到极点的最大偏离为28′。

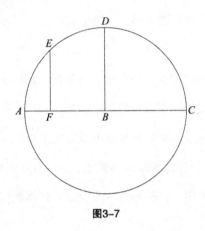

图3-7

　　既然这些事情都已按上面的方法确定下来，现在，如图3-8所示，设ABC为黄道上的一段弧，DBE是平均赤道，B是视二分点（无论是白羊宫还是天秤宫）的平均交点，通过DBE的极点，画BF。在ABC的两边各取一段等于1 10′的弧BI和BK，整个IBK为2 20′。此外，作与FB的延长线FBH相交成直角的两段视赤道弧IG与HK。虽然它们的极点一般都在圆BF之外，我还是称它为"直角"，因为倾角的行度本身会混淆，这在假设中已经谈到了。由于距离很短，最多不超过一个直角的$\frac{1}{450}$。我感觉把这些角当作直角来处理，不会产生误差。在三角形IBG中，

$$角IBG=66\ 20′$$

因为它的余角是平均黄赤交角，即

$$角DBA = 23\ 40'$$

而且，角BGI是直角。此外，角BIG几乎等于它的内错角IBD。边IB为
1 10′。因此，平均赤道和视赤道的极点之间的距离BG等于28′。同理，在
三角形BHK中，角BHK和HBK分别等于角IGB和IBG，而边BK等于边BI。所
以，BH也应等于BG的28′。因为GB和BH正比于IB和BK，所以无论对两极
还是两个交点处的行度来说，同样的比值都适用。

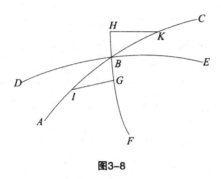

图3-8

第八章　这些行度之间的个别差值和表示这些差值的表

如图3-7所示，既然弧$AB = 70'$，并且与其对应的弦的长度没有差异，
因此要计算出平均行度与视行度之间的差别并不是非常困难。这些差值
相减或相加可以确定出现的次序。希腊人称其为"行差"，后人称之为
"差"。我将采用希腊人的用法，觉得它更适合一些。

如果弧$ED = 3$，则按AB与弦BF之比可得行差BF为4′；对于6，则为

179

7′；对于9，则为11′等。

我认为，对于黄赤交角的变化，我们也可以使用同样的比率。正如我们说过的，黄赤交角的最大值和最小值之间差别是24′。在简单的半圆之中，完成这24′需要1 717年。在四分之一圆周之中，差值的一半是12′。取黄赤交角为23 40′时，这个非均匀行度的小圆的极点将在这里。

通过这种方式，就像我们前面说过的一样，得到的差值剩余部分正好与前面所得到的结论成正比，这些可从表3-5中看出。通过这些论证，视行度可以通过不同的方式进行结合，但是更好的方法则是单独考虑每个行差。这样，行度的计算更加容易，也更符合前面的解释。

因此，我们绘制了表3-5，共60行，每3 一行，这样它占的空间不大，也不会显得太简略。表格共4栏，前面2栏为半圆度数，也就是"公共数"，因为这就是黄赤交角的度数，而其2倍可得到二分点的行差，其起点可认为是加速的开始。第三栏就是每隔3 的二分点行差。应当把这些行差与平均行度相加，或从平均行度中减掉这些行差，我们从居于春分点的白羊宫头部的第一颗星星开始运算平均行度。相减的行差与第一栏相关，而相加的行差与第二栏相关。最后一栏包括分数，称为"黄赤交角比例之间的差值"，最大达到60′，并且用它代替黄赤交角的极大和极小值之差的24′。对于黄赤交角的其他差异，可以用相同的比值进行调整，但是关于非均匀行度，起点和终点都是60′，但如果差值为22′，也就是非均匀行度为33 时，我们采用55′来代替22′。因此，在非均匀行度为48 时，我们用50′取代20′。在表3-5中的其余部分，也采用这样的方法。

表3-5 二分点行差与黄赤交角

公共数		二分点行差		黄赤交角比例	公共数		二分点行差		黄赤交角比例
度	度	度	分	分数	度	度	度	分	分数
3	357	0	4	60	93	267	1	10	28
6	354	0	7	60	96	264	1	10	27
9	351	0	11	60	99	261	1	9	25
12	348	0	14	59	102	258	1	9	24
15	345	0	18	59	105	255	1	8	22
18	342	0	21	59	108	252	1	7	21
21	339	0	25	58	111	249	1	5	19
24	336	0	28	57	114	246	1	4	18
27	333	0	32	56	117	243	1	2	16
30	330	0	35	56	120	240	1	1	15
33	327	0	38	55	123	237	0	59	14
36	324	0	41	54	126	234	0	56	12
39	321	0	44	53	129	231	0	54	11
42	318	0	47	52	132	228	0	52	10
45	315	0	49	51	135	225	0	49	9
48	312	0	52	50	138	222	0	47	8
51	309	0	54	49	141	219	0	44	7
54	306	0	56	48	144	216	0	41	6
57	303	0	59	46	147	213	0	38	5
60	300	1	1	45	150	210	0	35	4
63	297	1	2	44	153	207	0	32	3
66	294	1	4	42	156	204	0	28	3
69	291	1	5	41	159	201	0	25	2
72	288	1	7	39	162	198	0	21	1
75	285	1	8	38	165	195	0	18	1
78	282	1	9	36	168	192	0	14	1
81	279	1	9	35	171	189	0	11	0
84	276	1	10	33	174	186	0	7	0
87	273	1	10	32	177	183	0	4	0
90	270	1	10	30	180	180	0	0	0

第九章　二分点岁差讨论的回顾与改进

按照推论，从卡利普斯的第一周期第36年到安东尼·庇护执政第二年，当中开始出现非均匀行度的加速。按我的说法这是非均匀行度的开始。但是我们需要对其正确性，以及与观测结果是否相符做出检测。

在这里，我们需要再度回顾前文提到的三颗星星，就是提摩恰里斯、托勒密以及哈兰的巴塔尼所观测到的那三颗星星。现在非常清楚的是，从提摩恰里斯到托勒密时期，可以看作第一段，是432个埃及年；从托勒密到巴塔尼是第二个时期，为742年。在第一个时期，均匀行度是6，视行度为均匀行度减去1 40′，得到4 20′，非均匀行度的2倍是90 35′。在第二个时期中，均匀行度是10 21′，视行度是均匀行度加上1 9′等于$11\frac{1}{2}$，而2倍非均匀行度为155 34′。

现在，如图3-9所示，设ABC为黄道上的一段弧，平均春分点为B，以B为极点，画小圆ADCE，其中

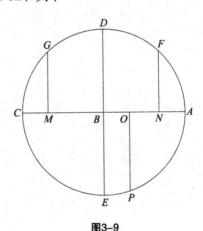

图3-9

$$弧AB = 1\ 10'$$

令B朝A方向做均匀运动，A为向西运动的极限，并令C为向东运动的极限。而且，从黄道极通过B画直线DBE，它连同黄道把小圆ADCE分成相等的四份。因为这两个圆通过对方的极点相互垂直，但是在半圆ADC上为向东运动，而在半圆CEA上为向西运动。因此，视分点运行最慢的点为D处。在另一方面，因为在相同方向上的运动互相增强，最大的速率出现在E处。

而且，在点D的两边，令

$$弧FD = 弧DG = 45\ 17\frac{1}{2}'$$

令F为非均匀运动的第一终点，也就是提摩恰里斯所观测到的那一点；G为第二终点，也就是托勒密所观测到的那一点；P为第三终点，即巴塔尼所观测到的那一点。通过这三点与黄道的极点，画大圆FN、GM与OP，它们在小圆ADCE里面看起来都很像直线。因为圆ADCE = 360，所以

$$弧FDG = 90\ 35'$$

其对应的MN为1 40'，ABC为2 20'，而且，

$$弧GCEP = 155\ 34'$$

其对应的MO为1 9'。由此可知，剩余部分

$$弧PAF = 113\ 51'$$

其对应的ON为31'，而AB为70'。

整个弧DGCEP应为200 51$\frac{1}{2}$'，超出半圆的部分EP为20 51$\frac{1}{2}$'。因此，根据表1-1，在AB = 1 000单位的情况下，

$$BO = 356单位$$

但是，如果AB = 70'，BO = 24'，MB = 50'，则

$$MBO = 74'$$

$$NO = 26'$$

在前面，我们说过，

$$MBO = 1\ 9'$$

$$NO = 31'$$

因此，NO有$5'$的缺额；MO有$5'$的超额。因此应当旋转小圆$ADCE$来调节这两种情况。

但是，如果

$$弧DG = 42\frac{1}{2}$$

通过减法，

$$弧DF = 48\ 5'$$

这时就会出现上述情况。下面会谈到，用这样的方法可以改正这两种误差；其他各种数据也是如此。

自点D（减速过程的极限点）开始，就是弧$DGCEPAF = 311\ 55'$，这也是非均匀运动的第一个时段；在第二个时段，

$$弧DG = 42\frac{1}{2}$$

在第三个时段，

$$弧DGCEP = 198\ 4'$$

现在，既然第一时段中，

$$AB = 70'$$

$$BN = 52'的正行差$$

在第二个时段中，

$$MB = 47\frac{1}{2}'的负行差$$

在第三个时段，

184

$$BO = 21'的正行差$$

因此，在第一个时段，

$$弧MN = 1\ 40'$$

第二个时段，

$$弧MBO = 1\ 9'$$

这些数值都符合观测的结果。而且通过这些方法得到非均匀行度为
155 57$\frac{1}{2}$'，这在第一时段中已经非常明显了，在第二个时段中，是
21 15'，在第三个时段中，是99 2'。这就是我们所要证明的。

第十章　黄赤交角的最大变化有多大

采用同样的方法，我们可以证明黄道与赤道交角的变化，并且会是非
常确切的。按照托勒密的著作，安东尼·庇护执政的第二年，经过改正的
非均匀行度是21$\frac{1}{4}$，黄赤交角最大是23 51'20″。那时距如今我观测的时候
约有1 387年，整个这一时期非均匀行度是144 4'，黄赤交角为23 28$\frac{2}{5}$'。

如图3-10所示，作黄道弧ABC，鉴于它很短，可认定它为直线。和前
文一样，以B为极点，在ABC上画非均匀行度的小半圆。设A、C为最大倾
角和最小倾角的极限，然后求这两个角之间的差。在小圆圈上，

$$弧AE = 21\ 15'$$

而且，

$$弧ED = AD - AE = 68\ 45'$$

通过运算，

$$弧EDF = 144\ 4'$$

而且，

$$弧DF = EDF - ED = 75\ 19'$$

作EG和FK垂直于直径ABC，鉴于托勒密时期以来黄赤交角的变化，可以把GK认作22′56″的大圆弧。由于其可看作一条直线，所以

GB＝两倍的ED所对应的弦长的一半＝932单位

此时AC作为直径，是2 000单位，并且

KB＝两倍的DF所对应的弦长的一半＝967单位

以上两线段之和GK＝1 899单位（取AC为2 000单位），但是，如果GK＝22′56″，则AC＝24′，这也就是最大与最小倾角之间的差值。这也就是我们要求的差值。

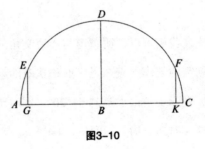

图3-10

可以看出来，从提摩恰里斯到托勒密的时代，黄赤交角出现最大值为23 52′，目前是23 28′，它正在接近最小值。运用前述的方法，那么这一时段其他时期的交角值也可以求出来。

第十一章　二分点均匀行度的历元与非均匀行度的测定

前面的论证已经充分展开，下面我们要测定在任一时刻相对于春分点行度的位置，也就是某些人所说的"历元"。这种计算的绝对起点是托勒密确立的，开始于迦勒底的纳波纳萨尔登基执政的时候，由于姓氏过于接近，一些人把他混淆为涅布恰聂萨尔，但是如果仔细查阅年表，并按托勒密的计算，后者的年代要晚很多。根据历史学家考证，后者的年代处于迦勒底国王萨尔玛那萨尔执政时期。但是最好选用人们所熟悉的时间。我曾经以为从第一届奥林匹克运动会开始，也就是从夏至开始的那次算起最合适，这比纳波纳萨尔要早28年。按照塞索里努斯等人的记载，那届运动会从夏至日开始举行，那一天对希腊人来说，也是天狼星升起的日子，这大概就是对运动会的祝贺吧。根据推算天体行度所必需的更精确的年代计算，从第一届奥运会开始的第一天正午到纳波纳萨尔执政那年，即埃及历1月1日的正午，共计27年247天。

从那时开始，到亚历山大去世，一共是424个埃及年。

但是，从亚历山大去世到尤利乌斯·恺撒执政开始，也就是到他开创的1月1日之前的午夜，共计埃及年278年零$118\frac{1}{2}$日。他在第三次担任执政官的时候，以大祭司的名义创立了这一纪年，这时另一位执政官是马尔库斯·埃米利乌斯·雷必达。恺撒创立这一纪年后不久，这一历法被称为儒略历。恺撒第四次担任执政官之后，一直到屋大维·奥古斯都，按照罗马人的计算，到1月1日一共存在18个这样的年份。1月17日，在穆那提乌斯·普兰库斯的建议下，元老院及其他公民授予恺撒的儿子奥古斯都以皇帝的神圣称号，此时的执政官为玛尔库斯·维普撒尼乌斯·阿格里帕和屋大维自己。在这之前的两年，安东尼和克利奥帕特拉去世后，罗马已经统治了埃及。在埃及人看来，到1月1日的正午，一共是15年又$246\frac{1}{2}$天，而罗马人认为这一数字是从8月30日开始算起的。

于是，从奥古斯都到基督纪年，后者也是开始于1月份，按罗马历法是27年，埃及历法是29年零$130\frac{1}{2}$日。

从这时开始，到安东尼·庇护执政的第2年，即托勒密所说的，他把观测到的恒星位置编列成表的一年，一共是138个罗马年加上55天，按埃及历法，而是这些年加上34天。

从第一届奥林匹克运动会算起到现在已经有913年101天了。在这段时期中，两分点的均匀岁差是12 44′，非均匀行度为95 44′。

但是，在安东尼·庇护执政的第二年，春分点比白羊座头部的第一颗星星向西偏离6 40′，因为那时2倍的非均匀行度是$42\frac{1}{2}$。均匀行度与视行度相减的差值是48′。当按这个差值使视行度是6 40′时，春分点的平均位置是7 28′。如果再加上圆周的360，再从和中减去12 44′，那么第一届奥运会的开幕，也就是雅典祭月第一天的正午，春分点的平均位置在354 44′。也就是说，从白羊座的第一颗星向东移动了5 16′。

同样，用非均匀行度的21 15′减去95 45′，那么余量就是285 30′，这还是奥林匹克运动会开始时的非均匀行度的位置。

于是，通过一系列的加法，把每一时期的行度加进来，如果超出360，则要减去这个数量，那么就能够得到下列位置或历元：亚历山大去世时，均匀行度为1 2′，非均匀行度为332 52′；恺撒大帝时期，均匀行度为4 55′，非均匀行度为2 2′；基督时期，均匀行度的位置在5 32′，非均匀行度为6 45′；其他时期也都可以这样推算出来。

第十二章 春分点岁差和黄赤交角的计算

因此，当我们需要界定春分点的位置之时，从假定的起点到已知的时段，如果各个年份是不等长的，例如罗马年，为了运算方便，需要把它们换成等长的年份或者是埃及历的年份。基于前面的理由，我采用埃及年的纪年方式。

如果年数超过60年，那么就可以将其划分为60年的周期进行计算。在对这样的60年周期查阅二分点的行度表（见表3–1）的时候，行度项下的第一栏可以忽略不计，也就是从第二栏的度数开始查阅，如果栏内载有数值，便可取用该栏的数值、剩余的度数以及分数的60倍。再次查阅该表格，对于去掉60年整周后剩余的年数，可取从第一栏起所载的度数和分数。关于日期（见表3–2），以及为期60天的周期，如果想按日子及其分数对它们加上均匀行度，也可以采用同样的方法。然而在进行这一运算时，日子的分数甚至某些整天都是可以忽略的，因为逐日行度只是几秒或者六十分之几秒，行度太慢了。如果把这些数值分别加起来，并且去掉6组60的每一组，那么表格中的数值和历元就可以结合在一起。如果最后的和大于360，那么依据已知的时间，可以得知春分点的平均位置以及它位于白羊宫的第一星西面的距离，也就是这颗星位于春分点东面的距离。

用同样的方法可以求出非均匀行度。

用非均匀行度可求得行差表（见表3–5）最后一栏中所记载的比例分

数，虽然暂时我们会把这些数字搁置一边。随后，我们可以依据表格的第三栏和2倍的非均匀行度求得行差，也就是真行度与平均行度之间相差的度数和分数。如果2倍的非均匀行度的确小于半圆，那么可用平均行度减去行差；如果大于半圆，那么应用行差与平均行度相加。所得到的差或和即是含有春分点的真岁差或视岁差，也是在该时刻白羊座第一星与春分点的距角。但是你要计算的如果是其他恒星的位置，那么就加上星表中记载的黄经的数字。

通过同样的例证，计算会变得更加清晰，那么下面我们就去计算1 525年4月16日春分点的真位置、其与室女星座中角宿一的角距离、黄赤交角。从基督纪元开始一直到现在，共计1 524个罗马年加上106天。这段时间共有381个闰日，相当于1年16天，如果按照相等年度来计算，这一整段时间是1 525年再加上122天，也就是25个60年周期加上25年，还有两个60日周期再加2天。在表3-1、表3-2中，25个60年周期对应于20 55′2″；25年相应于20′55″；2个60日周期对应的则是16″，其余的2天是六十分之几秒。这些数值加上5 32′的历元等于26 48′，这也就是春分点的平岁差。与此类似的是，要想求出25个60年周期中非均匀行度，就用两个60加上37 15′3″；在25年中为2 37′15″；在2个60天周期中为2′4″；2天为2″。这些数值加上6 45′的历元，结果是两个60加上46 40′，这就是我们要计算的非均匀行度。表3-5的最后一栏中，可以查出与上列数值对应的比例分数，然后用来确定黄赤交角，我们所举的例子中，数值为1′。对于2倍的非均匀行度，是5个60加上33 20′，求得行差为32′。在这里，2倍非均匀行度大于半圆，所以行差为正行差。再加上平均行度，那么春分点的真岁差和视岁差的差值是27 21′。最后，把这个数值加上170（也就是室女宫的角宿一与白羊宫第一星的角距离），则得角宿一相对于春分点的位置（197 21′）为在东面天秤宫内17 21′，这就是我观测时的位置。

黄赤交角和赤纬也是遵循以下的规则进行运动的。比例分数为60的时候，应把表2-1所记载的增加量与各个赤纬度数相加。但是在这个例证之中，有一个比例分数只使黄赤交角增加24″。因此这时表中所载黄道分度的赤纬没有变化，因为目前最小黄赤交角正在出现，但在其他时候赤纬可以有较易察觉的变化。

举例说明，如果非均匀行度是99，就像在基督纪元后的1380个埃及年那样，其比例分数是25。但是24′是最大与最小的黄赤交角之差，有

$$60′：24′＝25′：10′$$

把这个10′加上28′，得到23 38′，即那一时段的黄赤交角。如果我还希望求得黄道上任何分度的赤纬，例如，对金牛座内3 的一颗星距离春分点33，我在表2-1中可以查到12 32′，差是12′。但是

$$60′：25′＝12′：5′$$

将5′加到赤纬度数中去，就对黄道的33 求得总和为12 37′。这种方法同样可用来求得赤经（除非采用球面三角形之比）。计算的时候应该用赤经减去黄赤交角相加的值，以便取得更准确的结果。

第十三章　太阳年的长度和非均匀性

按照这样的方式，二分点和二至点的岁差是由于地轴的倾斜，于是我们可以用地心所进行的周年运动来解决这个问题，由于其影响太阳的出

没，现在必须讨论这个问题。我想要说明的是，无论是从二分点，还是从二至点来推算，一年的长度都是在变化的，这主要是由于这些基点的移动是非常不均匀的，而这些现象是相互影响的。

因此，我们必须清晰地界定季节年和恒星年。我把有季节变化的年份称为"自然年"或"季节年"，而把相对于某一个恒星旋转一周的年称为"恒星年"。现在，很多的观测已经证明，自然年是不均匀的。这是卡利普斯、萨摩斯的阿里斯塔克斯、锡拉库萨的阿基米德等人得出的结论，这种年度除了整日的365天，还包括额外的 $\frac{1}{4}$ 天。他们还根据雅典人的方式，把夏至作为一年的开端。

但是托勒密意识到，一个至点是很难精密确定的，因此并不完全相信前人的观测，唯独信赖喜帕恰斯，因为他在罗德岛留下了二分点和二至点的记载。喜帕恰斯认为四分之一天缺了一小部分，但是随后托勒密认定这一差值是一天的三百分之一，托勒密还采用了喜帕恰斯在亚历山大去世后第177年的第3个闰日的半夜在亚历山大城测得的非常精确的秋分数值，第二天按照埃及的历法就是第4个闰日。之后，托勒密自己在亚历山大城又观测到了另一个秋分点，即亚历山大去世后的第463年，安东尼·庇护执政的第3年，也是埃及历法3月9日太阳出来后的一个小时。这距离喜帕恰斯的观测间隔285个埃及年70天7$\frac{1}{5}$小时。同时，如果一个回归年比365整日多出$\frac{1}{4}$天，那么结果应该是71天6小时。这样，285年就等于减少了$\frac{19}{20}$天，300年就正好少一天。托勒密依据春分点得出的结论是相同的。他回想起喜帕恰斯于亚历山大去世后的第178年，也是埃及历法的6月27日日出时测到的那一春分点，而托勒密本人测得了亚历山大去世后第463年的春分点是在埃及历法9月7日午后一小时多一点。在285年中，缺少的也是$\frac{19}{20}$天。通过这些数据，托勒密的结论是，一个回归年是365天14日分48日秒。[①]

后来，巴塔尼在叙利亚的拉喀认真地观测了亚历山大去世后第1 206年的秋分点，报告说秋分是发生在埃及历9月7日夜间约$7\frac{2}{5}$小时，也就是8日黎明之前的$4\frac{3}{5}$小时。然后，他把自己的观测与托勒密的观测进行了比较，当时托勒密的观测是在安东尼·庇护执政的第三年日出后一小时进行的，地点是亚历山大城。亚历山大城位于拉喀西面的10，他把托勒密的观测推算到自己在拉喀的经度，认为在这个位置，秋分应该是在日出后$1\frac{2}{3}$小时。因此，在743个等长年份，又多出了178天$17\frac{3}{5}$小时，而非$\frac{1}{4}$天逐渐累计出来的$185\frac{3}{4}$日。同时，鉴于有7天又$\frac{2}{5}$小时的差额，所以应让$\frac{1}{4}$天减去$\frac{1}{106}$天。这样，他又用7天$\frac{2}{5}$小时除以743，商为13分36秒。用$\frac{1}{4}$天减去这个数值，一个自然年包括365天5小时46分24秒。

我们也在弗龙堡做了同样的观测，时间是公元1515年9月14日，这是亚历山大去世后第1 840个埃及年的2月6日日出之后的$\frac{1}{2}$个小时，但是拉喀的位置是这一位置东部的25处，也就是存在$1\frac{2}{3}$小时的差额。这样，从巴塔尼所观测的秋分点到我的观测时间，超过633个埃及年的时间为153天$6\frac{3}{4}$小时，并非158天6小时。亚历山大城和弗龙堡的时差约为1小时。托勒密在亚历山大城进行的观测距离我的观测，如果换算到同一地点，共有1 376个埃及年332天$\frac{1}{2}$小时。这样，从巴塔尼到现在，一共633年，但是缺少了4天$23\frac{3}{4}$小时，这就意味着每128年少一天。自托勒密以来共1 376年中，少了12天，即每115年少一天。通过这两个例子可以看出，年份都不是等长的。

我还观测了1516年的春分点，这出现在3月11日前的午夜之后$4\frac{1}{3}$小

[①] 日分与日秒均为时间单位，1日分＝$\frac{1}{60}$天，1日秒＝$\frac{1}{60}$日分。——译者注

时。从托勒密的春分点以来，共有1 376个埃及年加上332天和16$\frac{1}{3}$小时。于是可以看出春分点和秋分点之间的距离并不相等，这样太阳年当然也不会相等。

因为这一事实的存在，就秋分点来说，通过与均匀分布的年度的比较可以知道，从托勒密到现在$\frac{1}{4}$天会缺少$\frac{1}{115}$天。这种短缺与巴塔尼的秋分点相比，相差半天。同时，对于从巴塔尼到现在，$\frac{1}{4}$天应该减少$\frac{1}{128}$天，这对托勒密却不适宜，因为这个结果比他观测到的分点超前1天多，比喜帕恰斯的结论超前两天多。

同样地，从托勒密到巴塔尼这段时期的观测所做的计算，结果会比喜帕恰斯的分点超前两天。于是，我们可以根据恒星天球更精确地推算出太阳年的均匀长度。这个结果的首次出现要归功于撒彼特·伊恩·克拉。他的结果是365天加上15日分23日秒，也就是大体为6小时9分12秒。他的依据在于：在二分点和二至点都重复出现比较慢的时候，那么一个年度看起来比它们重现较快时要更长一些，并且它们遵循一定的比值发生变化。只有恒星天球的长度是均匀的时候，这种情况才可能发生。因此，在这里，我们可以暂时把托勒密的观点放在一边，因为托勒密的观点是用太阳返回到任意一颗恒星来进行测量太阳的年度均匀行度，这根本是不可能的。在托勒密看来，这并不比用木星或土星来进行此项测量更为适宜。这就容易解释，为什么在托勒密之前回归年长一些，而在他之后缩短了一些，而且减少的程度还在变化。

恒星年也是存在变化的，但是这种变化比较小，原因在于地心绕太阳的运动是不均匀的，并且存在另一种双重的变化。这些变化中的第一个是简单的，它与周年运动有关。第二个变化则需要耐心地长期观察，它的改

194

变会引起第一个变化的偏差。因此这导致了等长年的计算困难并难以让人理解。如果有人想依据已知恒星的距离去推算等长的年份，那么用星盘，并且以月亮作为中介是可以达到目标的。我在谈到狮子座的轩辕十四时已经解释了这个方法。变化是不能完全避免的，除非当时由于地球的运动，太阳没有行差，或者两个基点之间行差相等或相似，否则必然会出现变化。如果基点的不均匀性有某种变化或不出现上述情况，那么在相等的时间内肯定不会出现均匀的运转。在另一方面，如果在两个基点把整个变化都成比例地相减或相加，这个过程就是无可挑剔的。

但是，为了求得不均匀性，我们需要知道平均行度究竟是多少，这就类似于阿基米德把圆形转变成方形是一样的。最终，我们的结论是，造成这种不均匀状况的原因共有4个，其一，二分点岁差是不均匀的，正如我们前面论证过的；其二，在黄道弧上，太阳的运行也是不均匀的，而且整年如此；其三，第二种差的影响；其四，地心的高拱点和低拱点的移动，这个我们将在后面说明。这4个原因中，托勒密只知道第二个。这个原因本身不会导致周年的不均匀性，只有在与其他原因结合在一起时才可以做到这一点。

但是，我们为了证明太阳的均匀运动与视运动之间的差异究竟在哪里，我们没有必要对一年的长度做非常准确的观测。仅仅取365天加上$\frac{1}{4}$天就足够了。在这一周期之内，可以完成第一种偏差的运动，而所缺的那一点实在太小了，后来在并入的时候就已经消失了。为了推理的方便完整，我认为地心的周年运动是均匀的，随后我将对此进行区分，并充分展开对均匀运动的论述。

第十四章　地心运转的均匀性和平均行度

我们观测发现，一个均匀年的长度比撒彼特·伊恩·克拉的记载仅仅多出 $1\frac{10}{60}$ 日秒，所以它包括365天15日分24 $\frac{10}{60}$ 日秒（相当于6小时9分40秒）。一年的准确的均匀性显然与恒星天球有关。

因此，一个圆周的360 乘以365天，再除以365天15日分24 $\frac{10}{60}$ 日秒，我们的结果就是一个埃及年中的行度为359 44′49″7‴4⁗，经过60个这样的年度，在消除整圆周后，行度为344 49′7″4‴。此外，如果用365天来除年行度，则得日行度为59′8″11‴22⁗。对这个数值加上二分点的平均和均匀岁差，也能得出在一个回归年中的均匀年行度为359 45′39″19‴9⁗，但日行度为59′8″19‴37⁗。由于这个原因，我们可以用熟悉的说法把前者称为"简单均匀的"太阳行度，把后者称为"复合均匀的"行度。就像我对二分点岁差所做的那样，我把这些名称也列入了表3-6~表3-9中。之后的表3-10、表3-11是太阳近点角[①]的均匀行度，这是我在后面要讨论的问题。

---

① 本书中"近点角"一词的含义与现代天文学中"近点角"的含义不同。本卷中的"近点角"是指星体轨道中心与轨道中心远日点的角距离。可参见本卷第二十一章。——译者注

表 3-6　逐年和 60 年周期的太阳简单均匀行度

埃及年	行度					埃及年	行度				
	60		′	″	‴		60		′	″	‴
1	5	59	44	49	7	31	5	52	9	22	39
2	5	59	29	38	14	32	5	51	54	11	46
3	5	59	14	27	21	33	5	51	39	0	53
4	5	58	59	16	28	34	5	51	23	50	0
5	5	58	44	5	35	35	5	51	8	39	7
6	5	58	28	54	42	36	5	50	53	28	14
7	5	58	13	43	49	37	5	50	38	17	21
8	5	57	58	32	56	38	5	50	23	6	28
9	5	57	43	22	3	39	5	50	7	55	35
10	5	57	28	11	10	40	5	49	52	44	42
11	5	57	13	0	17	41	5	49	37	33	49
12	5	56	57	49	24	42	5	49	22	22	56
13	5	56	42	38	31	43	5	49	7	12	3
14	5	56	27	27	38	44	5	48	52	1	10
15	5	56	12	16	46	45	5	48	36	50	18
16	5	55	57	5	53	46	5	48	21	39	25
17	5	55	41	55	0	47	5	48	6	28	32
18	5	55	26	44	7	48	5	47	51	17	39
19	5	55	11	33	14	49	5	47	36	6	46
20	5	54	56	22	21	50	5	47	20	55	53
21	5	54	41	11	28	51	5	47	5	45	0
22	5	54	26	0	35	52	5	46	50	34	7
23	5	54	10	49	42	53	5	46	35	23	14
24	5	53	55	38	49	54	5	46	20	12	21
25	5	53	40	27	56	55	5	46	5	1	28
26	5	53	25	17	3	56	5	45	49	50	35
27	5	53	10	6	10	57	5	45	34	39	42
28	5	52	54	55	17	58	5	45	19	28	49
29	5	52	39	44	24	59	5	45	4	17	56
30	5	52	24	33	32	60	5	44	49	7	4
基督历元为 272 31′											

表 3-7　逐日和 60 日周期的太阳简单均匀行度

日	行度					日	行度				
	60		′	″	‴		60		′	″	‴
1	0	0	59	8	11	31	0	30	33	13	52
2	0	1	58	16	22	32	0	31	32	22	3
3	0	2	57	24	34	33	0	32	31	30	15
4	0	3	56	32	45	34	0	33	30	38	26
5	0	4	55	40	56	35	0	34	29	46	37
6	0	5	54	49	8	36	0	35	28	54	49
7	0	6	53	57	19	37	0	36	28	3	0
8	0	7	53	5	30	38	0	37	27	11	11
9	0	8	52	13	42	39	0	38	26	19	23
10	0	9	51	21	53	40	0	39	25	27	34
11	0	10	50	30	5	41	0	40	24	35	45
12	0	11	49	38	16	42	0	41	23	43	57
13	0	12	48	46	27	43	0	42	22	52	8
14	0	13	47	54	39	44	0	43	22	0	20
15	0	14	47	2	50	45	0	44	21	8	31
16	0	15	46	11	1	46	0	45	20	16	42
17	0	16	45	19	13	47	0	46	19	24	54
18	0	17	44	27	24	48	0	47	18	33	5
19	0	18	43	35	35	49	0	48	17	41	16
20	0	19	42	43	47	50	0	49	16	49	28
21	0	20	41	51	58	51	0	50	15	57	39
22	0	21	41	0	9	52	0	51	15	5	50
23	0	22	40	8	21	53	0	52	14	14	2
24	0	23	39	16	32	54	0	53	13	22	13
25	0	24	38	24	44	55	0	54	12	30	25
26	0	25	37	32	55	56	0	55	11	38	36
27	0	26	36	41	6	57	0	56	10	46	47
28	0	27	35	49	18	58	0	57	9	54	59
29	0	28	34	57	29	59	0	58	9	3	10
30	0	29	34	5	41	60	0	59	8	11	22
基督纪元为 272 31′											

表3-8 逐年和60年周期的太阳复合均匀行度

埃及年	行度					埃及年	行度				
	60		′	″	‴		60		′	″	‴
1	5	59	45	39	19	31	5	52	35	18	53
2	5	59	31	18	38	32	5	52	20	58	12
3	5	59	16	57	57	33	5	52	6	37	31
4	5	59	2	37	16	34	5	51	52	16	51
5	5	58	48	16	35	35	5	51	37	56	10
6	5	58	33	55	54	36	5	51	23	35	29
7	5	58	19	35	14	37	5	51	9	14	48
8	5	58	5	14	33	38	5	50	54	54	7
9	5	57	50	53	52	39	5	50	40	33	26
10	5	57	36	33	11	40	5	50	26	12	46
11	5	57	22	12	30	41	5	50	11	52	5
12	5	57	7	51	49	42	5	49	57	31	24
13	5	56	53	31	8	43	5	49	43	10	43
14	5	56	39	10	28	44	5	49	28	50	2
15	5	56	24	49	47	45	5	49	14	29	21
16	5	56	10	29	6	46	5	49	0	8	40
17	5	55	56	8	25	47	5	48	45	48	0
18	5	55	41	47	44	48	5	48	31	27	19
19	5	55	27	27	3	49	5	48	17	6	38
20	5	55	13	6	23	50	5	48	2	45	57
21	5	54	58	45	42	51	5	47	48	25	16
22	5	54	44	25	1	52	5	47	34	4	35
23	5	54	30	4	20	53	5	47	19	43	54
24	5	54	15	43	39	54	5	47	5	23	14
25	5	54	1	22	58	55	5	46	51	2	33
26	5	53	47	2	17	56	5	46	36	41	52
27	5	53	32	41	37	57	5	46	22	21	11
28	5	53	18	20	56	58	5	46	8	0	30
29	5	53	4	0	15	59	5	45	53	39	49
30	5	52	49	39	34	60	5	45	39	19	9
基督纪元为278 2′											

表3-9 逐日和60日周期的太阳复合均匀行度

日	行度					日	行度				
	60		′	″	‴		60		′	″	‴
1	0	0	59	8	19	31	0	30	33	18	8
2	0	1	58	16	39	32	0	31	32	26	27
3	0	2	57	24	58	33	0	32	31	34	47
4	0	3	56	33	18	34	0	33	30	43	6
5	0	4	55	41	38	35	0	34	29	51	26
6	0	5	54	49	57	36	0	35	28	59	46
7	0	6	53	58	17	37	0	36	28	8	5
8	0	7	53	6	36	38	0	37	27	16	25
9	0	8	52	14	56	39	0	38	26	24	45
10	0	9	51	23	16	40	0	39	25	33	4
11	0	10	50	31	35	41	0	40	24	41	24
12	0	11	49	39	55	42	0	41	23	49	43
13	0	12	48	48	15	43	0	42	22	58	3
14	0	13	47	56	34	44	0	43	22	6	23
15	0	14	47	4	54	45	0	44	21	14	42
16	0	15	46	13	13	46	0	45	20	23	2
17	0	16	45	21	33	47	0	46	19	31	21
18	0	17	44	29	53	48	0	47	18	39	41
19	0	18	43	38	12	49	0	48	17	48	1
20	0	19	42	46	32	50	0	49	16	56	20
21	0	20	41	54	51	51	0	50	16	4	40
22	0	21	41	3	11	52	0	51	15	13	0
23	0	22	40	11	31	53	0	52	14	21	19
24	0	23	39	19	50	54	0	53	13	29	39
25	0	24	38	28	10	55	0	54	12	37	58
26	0	25	37	36	30	56	0	55	11	46	18
27	0	26	36	44	49	57	0	56	10	54	38
28	0	27	35	53	9	58	0	57	10	2	57
29	0	28	35	1	28	59	0	58	9	11	17
30	0	29	34	9	48	60	0	59	8	19	37

基督纪元为278 2′

200

表 3-10 逐年和 60 年周期的太阳近点角的均匀行度

埃及年	行度					埃及年	行度				
	60		′	″	‴		60		′	″	‴
1	5	59	44	24	46	31	5	51	56	48	11
2	5	59	28	49	33	32	5	51	41	12	58
3	5	59	13	14	20	33	5	51	25	37	45
4	5	58	57	39	7	34	5	51	10	2	32
5	5	58	42	3	54	35	5	50	54	27	19
6	5	58	26	28	41	36	5	50	38	52	6
7	5	58	10	53	27	37	5	50	23	16	52
8	5	57	55	18	14	38	5	50	7	41	39
9	5	57	39	43	1	39	5	49	52	6	26
10	5	57	24	7	48	40	5	49	36	31	13
11	5	57	8	32	35	41	5	49	20	56	0
12	5	56	52	57	22	42	5	49	5	20	47
13	5	56	37	22	8	43	5	48	49	45	33
14	5	56	21	46	55	44	5	48	34	10	20
15	5	56	6	11	42	45	5	48	18	35	7
16	5	55	50	36	29	46	5	48	2	59	54
17	5	55	35	1	16	47	5	47	47	24	41
18	5	55	19	26	3	48	5	47	31	49	28
19	5	55	3	50	49	49	5	47	16	14	14
20	5	54	48	15	36	50	5	47	0	39	1
21	5	54	32	40	23	51	5	46	45	3	48
22	5	54	17	5	10	52	5	46	29	28	35
23	5	54	1	29	57	53	5	46	13	53	22
24	5	53	45	54	44	54	5	45	58	18	9
25	5	53	30	19	30	55	5	45	42	42	55
26	5	53	14	44	17	56	5	45	27	7	42
27	5	52	59	9	4	57	5	45	11	32	29
28	5	52	43	33	51	58	5	44	55	57	16
29	5	52	27	58	38	59	5	44	40	22	3
30	5	52	12	23	25	60	5	44	24	46	50

基督纪元为 211 19′

表 3-11 逐日和 60 日周期的太阳近点角的均匀行度

日	行度					日	行度				
	60		′	″	‴		60		′	″	‴
1	0	0	59	8	7	31	0	30	33	11	48
2	0	1	58	16	14	32	0	31	32	19	55
3	0	2	57	24	22	33	0	32	31	28	3
4	0	3	56	32	29	34	0	33	30	36	10
5	0	4	55	40	36	35	0	34	29	44	17
6	0	5	54	48	44	36	0	35	28	52	25
7	0	6	53	56	51	37	0	36	28	0	32
8	0	7	53	4	58	38	0	37	27	8	39
9	0	8	52	13	6	39	0	38	26	16	47
10	0	9	51	21	13	40	0	39	25	24	54
11	0	10	50	29	21	41	0	40	24	33	2
12	0	11	49	37	28	42	0	41	23	41	9
13	0	12	48	45	35	43	0	42	22	49	16
14	0	13	47	53	43	44	0	43	21	57	24
15	0	14	47	1	50	45	0	44	21	5	31
16	0	15	46	9	57	46	0	45	20	13	38
17	0	16	45	18	5	47	0	46	19	21	46
18	0	17	44	26	12	48	0	47	18	29	53
19	0	18	43	34	19	49	0	48	17	38	0
20	0	19	42	42	27	50	0	49	16	46	8
21	0	20	41	50	34	51	0	50	15	54	15
22	0	21	40	58	42	52	0	51	15	2	23
23	0	22	40	6	49	53	0	52	14	10	30
24	0	23	39	14	56	54	0	53	13	18	37
25	0	24	38	23	4	55	0	54	12	26	45
26	0	25	37	31	11	56	0	55	11	34	52
27	0	26	36	39	18	57	0	56	10	42	59
28	0	27	35	47	26	58	0	57	9	51	7
29	0	28	34	55	33	59	0	58	8	59	14
30	0	29	34	3	41	60	0	59	8	7	22
基督纪元为 211 19′											

第十五章　证明太阳视运动不均匀性的初步定理

为了更好地理解太阳的不均匀的视运动，我还要非常清楚地证明这样一点，如果太阳居于宇宙的中心，地球以太阳为中心进行运转，那么太阳与地球之间的距离与浩瀚的恒星天球比较起来，是不值一提的。而且，对该球上任一点或恒星来说太阳的运行看来是均匀的。

如图3-11所示，设AB为在黄道平面上宇宙的一段大圆，C为圆心，也是太阳所在点，与太阳和地球之间的距离CD相比，宇宙的高度非常大。以CD为半径，在黄道的同一平面内画圆DE，这是地心周年运转的圆圈。可证对于圆AB上的任一已知点或恒星来说，太阳看来是在做均匀的运动。

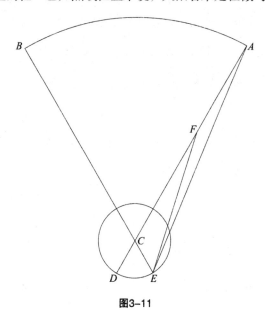

图3-11

下面我们取一些点，首先取A，地球为D，A为从地球上看到的太阳的位置，即在延长线DCA上。现在令地球通过弧DE运转。从地球运动的终点

*E*画*AE*和*BE*。因此，从点*E*来看，太阳在*B*处。因为*AC*大于*CD*或者相等的量*CE*，*AE*也必然大于*CE*。在*AC*上任取一点*F*，连接*EF*，那么从底边的两个端点*C*或者*E*指向*A*所画出来的两条直线，一定在三角形*EFC*的外面。根据《几何原本》的第1卷，第21命题，有

$$角FAE < 角EFC$$

无限延长两条直线，最终形成的角*CAE*一定是锐角，以致无法察觉。并且

$$角CAE = 角BCA - 角AEC$$

考虑到结果太小了，角*BCA*和角*AEC*似乎是相等的，*AC*似乎平行于*AE*，于是对于恒星天球上任何一点来说太阳的运动都是均匀的，就如同我们前面展示的一样，恒星天球在围绕*E*旋转。

但是，太阳的运动已经被证明是不均匀的运动，因为地心的周年运转并不是完全围绕着太阳中心进行的。我们可以通过两种方法理解这一点，一种是通过偏心圆，也就是中心与太阳的中心不一致的圆，另一种是通过同心圆上的本轮。

利用偏心圆的解释如下。如图3-12所示，令*ABCD*为黄道面上的偏心圆，圆心*E*与太阳或者宇宙的中心*F*有一段不可忽略的距离。偏心圆的直径是*AEFD*，它必然通过这两个中心。远心点为*A*——罗马人称之为高拱点，它是距离宇宙中心最远的一点，*D*为近心点，也是低拱点，它是距离宇宙中心最近的一点。

因此，当地球在圆周*ABCD*上围绕中心*E*做均匀运动的时候，如我们前面所说，从点*F*看去，这一运动是不均匀的。

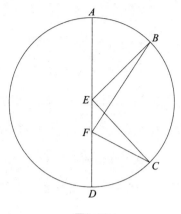

图3-12

现在，令

弧AB＝弧CD

画直线BE、CE、BF和CF。而

角AEB＝角CED

因为它们围绕中心E截出的圆弧是相等的。但是，观测到的角CFD是外

角，而且

外角CFD＞内角CED

因为

角AEB＝角CED

因此，

角CFD＞角AEB

但是，同样，

外角AEB＞内角AFB

因此，

$$\text{角}CFD>\text{角}AFB$$

这两个角是在相同的时间形成的，原因在于

$$\text{弧}AB=\text{弧}CD$$

因此，围绕点E的运动是均匀的，而围绕点F的运动则是非均匀的。

而且，我们还可以采用更简单的方法得出同样的结果。相比于弧CD，弧AB距离点F更远一些，根据《几何原本》的第3卷，第7命题，与这些弧相截的直线AF和BF大于CF和DF，根据光学原理，如果物体同样大小，距离近的看起来更大一些，所以偏心圆的证明是成立的。

利用同心圆上的本轮也可以得出一样的结果。如图3-13所示，令宇宙中心E与$ABCD$这一同心圆的中心（即太阳所在点）重合，A为同一平面上本轮FG的中心。通过E和A，画直线$CEAF$，F为本轮的远心点，I为近心点，可知均匀运动出现在A，非均匀运动出现在FG。如果点A向点B做运动，也就是向东运动，而地心从远心点开始做相反的运动，那么站在I处来看，由于A和I的运动方向一致，点E的运动看起来更快一些。而在远心点F之处看来，由于它是两个相反方向运动的较快部分形成的，E的运动就慢一些。如果地球处于点G，它会相对于均匀运动向西运动，当它位于点K时，它会相对于均匀运动向东运动。在这两种情况下，差额就在于弧AG或者弧AK。由于这样的差额，太阳的运动就是不均匀的。

但是，本轮的一切功能都可以通过偏心圆来完成。行星在本轮上运行的时候，在同一个平面上扫出的偏心圆与同心圆是相等的，而这两个圆中心的距离就是本轮半径的长度。所有这些可以运用三种方式得以实现。如果同心圆上的本轮运转等同于本轮上行星的运转，但方向相反，那么行星的运动扫描出来的偏心圆就是固定的，即远心点和近心点的位置是固定不变的。

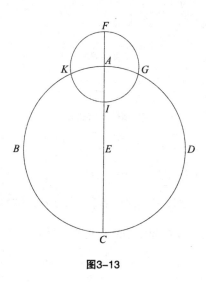

图3-13

下面，如图3-14所示，令ABC是同心圆，宇宙中心为D，ADC为直径。当本轮在点A的时候，行星在本轮的远心点G，本轮的半径位于直线DAG上面。AB为同心圆上的弧，以B为圆心，半径等于AG，画本轮EF，画直线DB和EB。令EF与AB相似但方向相反。把行星或地球放在F处，并连接BF。

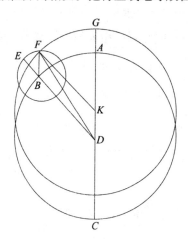

图3-14

在线段AD上，令

$$DK=BF$$

因此，

$$角EBF=角BDA$$

由以上原因，可得

$$BF=DK$$

而且，BF平行于DK，根据《几何原本》的第1卷，第33命题，如果直线相等并且平行，那么它们连接起来的直线也平行并相等。并因为，

$$DK=AG$$

AK为共同的线段，所以

$$GAK=AKD$$

因此，

$$GAK=KF$$

因此，以K为圆心，以KAG为半径的圆将通过F。通过AB与EF的合成运动，F扫描出的偏心圆与同心圆是相等的，也是固定的。当本轮做的运转与同心圆相等的时候，那么偏心圆的拱点也是固定不变的。

但是如果本轮的圆心与其圆周的运转并不相等，那么行星就不会扫描出一个位置非常固定的偏心圆，而且偏心圆的圆心及其拱点究竟是向西移动还是向东移动，需要视行星运动比其本轮中心快或慢而定。如图3-15所示，如果

$$角EBF>角BDA$$

令

$$角BDM=角EBF$$

208

同样，在直线DM上，取与BF相等的DL，并且以L为圆心，以LMN为半径，LMN等于AD，那么画出来的圆必然会通过点F。因此，行星的合成运动定会在偏心圆上扫描出NF，而与此同时，偏心圆的远心点则从点G出发，沿弧GN向西运动。

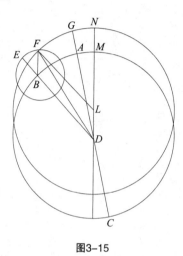

图3-15

与此相反，如果行星在本轮上的运动比本轮中心的运动慢，于是在本轮中心运动时，偏心圆中心应向东移动。如图3-16所示，如果

$$角EBF=角BDM<角BDA$$

那么我们谈到的情况必然会发生。

以上的分析表明，无论是采用同心圆的本轮，还是采用与同心圆相等的偏心圆，都可得出同样的视不均匀运动。只要它们中心之间的距离和本轮的半径相等，上述两种情况没有差别。所以很难区分天球上到底是什么状况。托勒密更倾向于偏心圆的模型，按他的想法，这种模型有简单的不均匀运动，拱点的位置不变。他认为太阳绕地球旋转的偏心圆就是一个典型的模型。但是对于月亮以及其他的5颗行星（它们以双重或多重不均匀

209

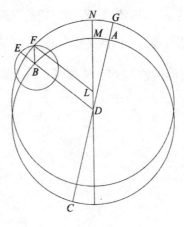

图3-16

性运行），他采用的是偏心本轮。

通过这些方式，也非常容易证明均匀行度和视行度的最大差值出现的时间。如果采用偏心圆模型，那么最大差值出现的时间就是行星在高低拱点之间；如果采用本轮模型，就是行星接触均轮之际，这是托勒密的观点。

偏心圆的情况证明如下：如图3-17所示，设偏心圆ABCD，圆心是E，AEC为穿过点F（即不在圆心的太阳）的直径。现在画BFD垂直于直径AEC，连接BE和ED。令A为远日点，C为近日点，B和D在二者之间，是视中点。显然可知，三角形BEF的外角AEB代表均匀运动，而内角EFB代表视运动。它们之差为角EBF。

可证以圆周上的任何一点为顶点，EF为底边，所形成的角不可能大于角B或角D。

在B的前后各取点G和H，连接GD、GE、GF、HE、HF和HD，因为FG相对于DF更接近圆心，所以

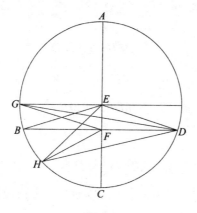

图3-17

$$FG > DF$$

因此，

$$角GDF > 角DGF$$

但是，

$$角EDG = 角EGD$$

因为EG和ED是相等的。因此，

$$角EDF > 角EGF$$

但是，

$$角EDF = 角EBF$$

同样，

$$直线DF > 直线FH$$

$$角FHD > 角FDH$$

但是，

$$角EHD = 角EDH$$

因为

$$直线EH = 直线ED$$

因此，通过减法，

$$角EDF > 角EHF$$

但是，

$$角EDF = 角EBF$$

因此，以圆周上任何一点为顶点，EF 为底边，所形成的角不可能大于角 B 或角 D，所以可以证明，均匀运动与视运动之间的最大差值一定会出现在远日点与近日点之间，也就是视中点那里。

第十六章　太阳的视不均匀性

　　这些论证是普遍适用的，不仅适用于太阳的视运动，也适用于其他星体的不均匀运动。现在我们所要研究的是日地之间的问题，首先要关注托勒密等古人的观点，然后再涉及我们在近代学到的东西。托勒密已经发现，春分到夏至是 $94\frac{1}{2}$ 天，夏至到秋分是 $92\frac{1}{2}$ 天，因此，在第一时段，平均和均匀行度为93 9′，第二时段为91 11′。

　　如图3-18所示，令周年运动的圆周为 $ABCD$，对其进行划分，E 为圆心，令

$$弧AB = 93\ 9'$$

这是第一时段，令

$$弧BC = 91\ 11'$$

这是第二时段。现在，从点A观测春分点，从点B观测夏至点，从点C观测秋分点，从点D观测冬至点。连接AC和BD。

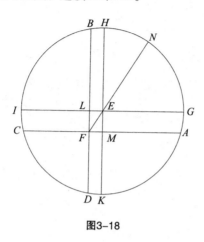

图3-18

AC和BD垂直于点F，即太阳所在点，于是弧ABC大于半圆，弧AB也大于弧BC，通过这点，托勒密认为，圆心E位于直线BF和FA之间，远日点位于春分点与夏至点之间。通过点E，画IEG平行于AFC，在点L与BFD相交。作HEK平行于BFD，与AF相交于M，形成矩形LEMF，延长其对角线FE成为直线FEN，这也就是地球和太阳之间的最大距离，同时也标明了远日点N的位置。

因为

$$弧ABC = 184°20'$$

$$弧AH = \frac{1}{2}弧ABC = 92°10'$$

$$弧HB = 弧AGB - 弧AH = 59'$$

又，

$$弧AG = 弧AH - 四分之一圆周HG = 2°10'$$

现在，设半径＝10 000单位，

$$LF＝2倍的弧AG所对应的弦长的一半＝378单位$$

但是，

$$LE＝2倍的BH所对应的弦长的一半＝172单位$$

同时，因为三角形ELF的两边已知，设半径NE＝10 000单位，则

$$边EF＝414单位＝\frac{1}{24}半径NE$$

但是，

$$EF：EL＝NE：2倍的NH所对应的半弦$$

因此，

$$弧NH＝24\frac{1}{2}$$

这即是角NEH。而且，

$$角NEH＝角LFE$$

这是视行度角，同时也是高拱点与夏至点的距离，符合托勒密时代之前的状况。

但是，弧IK是四分之一圆周。从它减去等于AG的IC以及等于HB的DK，余量CD为86 51′。把这个量从CDA中减掉，剩下的DA为88 49′。但是$88\frac{1}{8}$天对应于86 51′，而与88 49′对应的是90天加上3小时，也就是一天的$\frac{1}{8}$。在这两段时间里面，考虑到太阳的均匀行度，在我们看来，太阳从秋分点抵达冬至点，而在一年中其余的时间就是从冬至点到春分点。事实上，托勒密求出来的数值与喜帕恰斯的结果几乎没有什么区别。于是，他认为高拱点的位置仍然是在夏至点之前的$24\frac{1}{2}$处，但偏心率是半径的$\frac{1}{24}$是持久不变的。

但是，现在看来，托勒密测出的这两个数值都变了，而且非常明显。

巴塔尼注意到，从春分点到夏至点，这一数值是93天35日分，到秋分则是186天37日分。根据托勒密的规则，他用这些数值推导出偏心率不会超过346单位，这是在半径为10 000单位的情况下。西班牙的阿尔扎切尔算出的偏心率与巴塔尼的结论一致。但是在远日点上，双方的结论并不一样，阿尔扎切尔认为在至点西面12 10′，巴塔尼则认为是在同一至点西面7 43′。通过这些，可以认为地心的运动并非都是均匀的，这也是我们时代的结论。

在我们致力于这些课题研究的十多年之间，特别是公元1515年，我们发现从春分点到秋分点共有186天$5\frac{1}{2}$日分。有的学者认为前辈们在二至点的运算时出现了错误，为此我特意补充了太阳的其他位置，包括金牛、室女、狮子、天蝎、宝瓶等宫的中点和二分点测定，这样我的结果是，从秋分点到天蝎宫中点，距离是45天16日分，距离春分点是178天$53\frac{1}{2}$日分。目前，第一时段的均匀行度是44 37′，第二段是176 19′。

既然已经做了这些准备，那么如图3-19所示，画圆周*BCAD*。

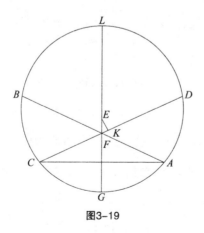

图3-19

*A*是春分时看到太阳的点，*B*是秋分时的那一点，*C*是天蝎宫的中点，

令 AB 和 CD 相交于 F 这一太阳的中心，延长弧 AC，于是，因为

$$弧 CB = 44\ 37'$$

在此设两直角等于360，（一个直角等于90是人为规定的，哥白尼在此规定两直角等于360是为了运算方便。——译者注）则

$$角 BAC = 44\ 37'$$

取4个直角等于360，可得

$$角 BFC = 45$$

这也是视行度角。取两直角等于360，则

$$角 BFC = 90$$

于是角 ACD 为45 23′，所以弧 AD 为45 23′。但是，

$$弧 ACB = 176\ 19'$$

而且

$$弧 AC = 弧 ACB - 弧 BC = 131\ 42'$$

同时，

$$弧 CAD = 弧 AC + 弧 AD = 177\ 5\frac{1}{2}'$$

于是，因为

$$弧 ACB < 180$$

$$弧 CAD < 180$$

可见，圆心在剩余部分 BD 的范围之内，令圆心为 E，通过 F 画直径 $LEFG$，L 为远日点，G 为近日点，EK 垂直于 CFD。设直径 $=200\ 000$ 单位，由表1-1可知弧所对应的弦长：

$$AC = 182\ 494 单位$$

$$CFD = 199\ 934 单位$$

216

因此，因为三角形ACF的角已知，根据第一卷第十三章第一部分内容，各边的比值已知。

$$CF = 97\ 967单位$$

所以，

$$FK = \frac{1}{2}CD - CF = 2\ 000单位$$

因为弧CAD比半圆少2 55′，这个弧所对弦的一半等于EK，是2 534单位。随后，在三角形EFK中，FK和KE作为形成直角的两边已知。在已知的边与角中，设EL=10 000单位，则EF=323单位，设4个直角=360，则

$$角EFK = 51\frac{2}{3}$$

因此，通过加法，

$$角AFL = 96\frac{2}{3}$$

$$角BFL = 83\frac{1}{3}$$

角BFL为角AFL的补角。但是，取EL=60单位，则EF约为1单位56′。在过去这也就是太阳到圆心之间的距离，现在变为还不到$\frac{1}{31}$，在托勒密看来它似乎是$\frac{1}{24}$。远日点那时是在夏至点之西$24\frac{1}{2}$，但现在在它东面$6\frac{2}{3}$。

第十七章　太阳的第一种差（周年差）及其特定差值的解释

因为太阳的偏差中已经发现了诸多变化，我认为应该首先阐述大家了解最多的周年变化。

如图3-20所示，绘制圆周ABC，令E为圆心，AEC为直径，A为远日

点，C为近日点，太阳在点D。

我们已经证明了均匀行度与视行度的最大差值是位于高低拱点之间的视中点，因此，画BD垂直于AEC，与圆周交于点B，连接BE。于是，直角三角形BDE之中，两边已知，分别是BE（圆的半径）和DE（太阳与圆心的距离），于是三角形的各角已知，角DBE已知，这也是均匀行度角BEA和视行度角EDB（直角）之间的差值。

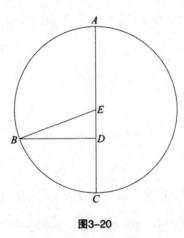

图3-20

但是，在DE增减的情况下，三角形的整个形状已经改变。因此，在托勒密之前，

$$角B = 2\ 23'$$

在巴塔尼和阿尔扎切尔时期，

$$角B = 1\ 59'$$

现在，

$$角B = 1\ 51'$$

对于托勒密来说，

218

$$弧AB = 92\ 23'$$

它是角AEB所截出的弧。

$$弧BC = 87\ 37'$$

对于巴塔尼，

$$弧AB = 91\ 59'$$

$$弧BC = 88\ 1'$$

现在，

$$弧AB = 91\ 51'$$

$$弧BC = 88\ 9'$$

有了这些事实，其余的变化也可算出。如图3-21所示，截取其他的任一弧段AB，使角BED的补角AEB以及两边BE与ED已知。根据平面三角形的定理，行差角EBD——均匀行度与视行度的差值——可以求出来。如果ED这一条边发生变化，那么这些差值也必然发生变化。

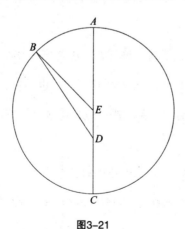

图3-21

第十八章 黄经均匀行度的分析

上面对太阳的周年差的解释并不是基于前面已经阐明的简单变化，而是根据一种在长时段之中发现的并与简单变化混合在一起的其他变化。

我们在后面将对此进行区分和辨别，同时，我们也可以运用更多的数据确定地心的平均和均匀行度，如果它能够与非均匀的变化区分得越好，那么它延伸的时间就越长。下面我们将证明这个问题。

我们将采用秋分点，即喜帕恰斯在卡利普斯第三周期第32年在亚历山大城观测到的那个秋分点，这一时间也是亚历山大去世后的第177年，是5个闰日之中的第三个午夜时分，接下来就是第4闰日了。因为亚历山大城居于克拉科夫东面经度一个小时的位置，因此克拉科夫的时间是午夜前的一个小时。那么按照上面的运算方法，秋分点在恒星天球上的位置是距离白羊宫起点约176 10′处，也就是太阳的视位置，它与高拱点的距离是$114\frac{1}{2}$。

如图3-22所示，为了与模型相符，围绕圆心D画ABC，这也是地心扫描出来的圆周。令ADC为直径，太阳在点E，也是在直径上，A为远日点，C为近日点。B是在秋分时看到太阳的点，连接直线BD和BE。

因为

$$角DEB = 114\frac{1}{2}$$

这也是太阳与远日点的视距离，同时，取$BD = 10\,000$单位，则

$$边DE = 414单位$$

因此，根据第一卷第十三章第四部分内容，三角形BDE的各边已知，同时

$$角DBE = 角BDA - 角BED = 2\ 10'$$

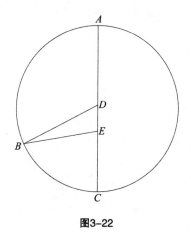

图3-22

$$角BED=114\ 30'$$

因此，

$$角BDA=116\ 40'$$

太阳在恒星天球上的平均和均匀位置与白羊宫起点的距离就是178 20′

（176 10′＋2 10′）。

我把在弗龙堡（它与克拉科夫位于同一条子午线上）对秋分点进行的观测与这次观测进行对比，时间是公元1515年9月14日，也是亚历山大大帝去世后的第1 840个埃及年2月6日，具体时间是日出后半小时。这时，秋分点的位置为恒星天球上152 45′，距离高拱点83 20′。

如图3-23所示，取2直角＝180，令

$$角BEA=83\ 20'$$

三角形BDE的两边已知，

$$BD=10\ 000单位$$

$$DE=323单位$$

根据第一卷第十三章第四部分内容，

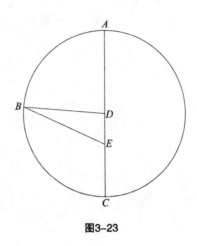

图3-23

$$角DBE=1\ 50'$$

如果三角形BDE存在外接圆，取2直角＝360，那么

$$角BED=166\ 40'$$

而且，直径取20 000单位，

$$弦长BD=19\ 864单位$$

同时，因为BD与DE的比值已知，可定出

$$弦长DE=640单位$$

DE所对的圆周角DBE为$1\ 50'$，所对的圆心角为$3\ 40'$，这也是当时的均匀行度与视行度之间的差值。同时，把这个值与角$BED=83\ 20'$相加，即可得出角BDA和弧$AB=85\ 10'$，这也是从远日点算起的均匀行度。因此太阳在恒星天球上的平均位置就是$154\ 35'$。

在这两次观测之间，一共有1 662埃及年加上37天18日分和45日秒。除去1 660次完整的运转外，平均和均匀行度约为$336\ 15'$。这也是我在均匀行度表中记下的数值。

第十九章　太阳均匀行度的位置与历元的确定

随着时间的流逝，从亚历山大去世到喜帕恰斯的观测共经历了176年362天27$\frac{1}{2}$日分，平均行度是312 43′。用喜帕恰斯所得到的数值178 20′减去这一数值，再加上一个圆周的360，那么得到的结果是225 37′。这也是在克拉科夫和我的观测地点弗龙堡的子午线上对以亚历山大大帝逝世那年的埃及历1月1日中午为历元所定的位置。

从这里到尤利乌斯·恺撒的罗马纪元是278年又118$\frac{1}{2}$天，再去掉整周运转后的平均行度是46 27′。把这一数值加上亚历山大历元的位置，结果是272 4′，这也就是在1月1日前的午夜恺撒历元的位置。

后来，经过45年12天，即亚历山大大帝死后323年130$\frac{1}{2}$天，基督元年的位置被定在272 31′。

因为基督诞生于第194届奥林匹克运动会周期的第3年，那么从第一届奥林匹克运动会的起点到基督诞生之年1月1日前的午夜，共计775年12$\frac{1}{2}$天。由此还可以定出第一届奥林匹克运动会历元的位置在96 16′，此历元为祭月的第一天正午时分，现在与这一天相当的日子是罗马历7月1日。

通过这种方式，我们可以求出简单太阳行度的历元与恒星天球的关系。进而言之，使用二分点岁差可以界定出复合行度的位置。对奥林匹克运动会的历元来说，与简单位置相应的复合位置为90 59′，亚历山大历元为226 38′；恺撒历元为276 59′；基督历元为278 2′。所有的这些位置正如我曾经说过的那样，要归结到克拉科夫的子午线。

第二十章 拱点飘移对太阳造成的第二种差（双重差）

关于太阳的拱点飘移现在成了一个尖锐的问题，而且，尽管托勒密认为拱点是固定的，但是其他很多人却认为它与恒星一样，都处于运转状态。阿尔扎切尔坚持认为，这种运转一直存在，但是并不均匀，甚至会出现逆行的现象。他以下列事实作为依据：巴塔尼测定的远日点是在至点西面 7°44′，在托勒密之后的740年，它移动了大约 17°。在阿尔扎切尔看来，在这之后的193年，又后退了 $4\frac{1}{2}$°，因此他的结论就是周年运动轨道的中心还有一种额外的在一个小圆周上的运动，这样，远地点时而向前，时而向后进行运动，从而导致轨道中心到宇宙中心的距离发生变化。阿尔扎切尔的这一想法非常好，但是无人接受这一点，因为它看起来与其他的结论并不符合。这也就是说，如果我们考虑那种运动的各个阶段，即在托勒密之前的一段时间，它基本是静止的；在740年或在这样长的时期前后，向前推进了 17°；在200年中它后退了 4°或 5°，之后又开始向前运动。在整个运动时期中没有逆行，也没有停留。当运动的方向反转之时，轨道的两端边界处应该出现留点，但是没有出现这一现象，这就说明其圆周运动是不规则的。所以很多人认为，那些天文学家（即阿尔扎切尔）的观测必然存在错误。但是这两位天文学家都非常细心熟练，因此我们到底应该遵循哪种说法还需要进一步地选择。我承认，太阳的远地点的界定极其困难，因为我们只能从非常微小的几乎难以察觉的值去推求很大的数量。近地点和远地点飘移 1°只能导致出现 2′左右的行差。同时，在中拱点处 1′的飘移会出现 5°或 6°的行差。但是，我们知道，一个很小的误差会导致很大的错误。因此，远地点设在巨蟹宫内$6\frac{2}{3}$处，我们也不能完全相信天宫图，我的结果必须同时得到日、月食的证实，因为仪器中所蕴含的任何差错都肯定会由日、月食揭露出来。因此，从运动的整个情况可以断定，运动很可能是向东运行的，但并不均匀。从喜帕恰斯到托勒密那段停留时间之后，远地点的运动是持续的、规律的向前运动，一直到现在都是如此。只是在巴塔尼与阿尔扎切尔之间出现了例外，但是其他方面都是相符合的。与此相似，太阳的行差也在不断减少，它似乎也呈现出相同的圆周图像，并且两种不均匀性都与黄赤交角的非均匀运动类似，或与某种不规则性类似。

如图3-24所示，为了使这一问题阐述得更加清晰，在黄道平面上画圆AB，圆心为C，直径为ACB，太阳是宇宙的中心，位于ACB上的点D。以C为圆心，画另一个较小的、不包含太阳的圆周EF。

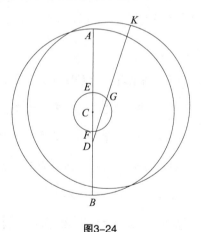

图3-24

令地心周年运转的中心在这个小圆周上很缓慢地向前移动。于是小圆EF与直线AD一同缓慢向东移动，而周年运转的中心则是沿着EF缓慢向西运行，这两种运动都非常缓慢。由此，周年运动的轨道中心，距离太阳时而最大，这时距离是DE，时而最小，这时距离是DF。其运动在点E很慢，点F很快。在小圆的中间那部分弧，周年轨道的中心使两个中心的距离时增时减，并使高拱点朝着位于直线ACD上的拱点或远日点（它也可认作平远日点）交替地前进或后退。取弧段EG，以G为圆心，画圆，画的这个圆的圆周与AB相等，这样高拱点在直线DGK上面，DG小于DE，这是根据《几何原本》第3卷，第8命题推理出来的。

这些问题的证明也可以通过偏心圆或者本轮进行论证。如图3-25所示，令圆AB为与宇宙同心，也与太阳同心的圆。ACB为直径，也是高拱点所在的直线。以A为圆心，作本轮DE，以D为圆心，作小本轮FG，地球在上面运转。所有这些共存于黄道的平面之上，第一本轮是向东运行的，大约一年运转一次，第二本轮的周期相同，但它是向西运行的。它们相对于直线AC的运转次数相等。此外，地心在向西运行离开F时使D的运动略有增加。

因此，非常清楚的是，当地球在点F的时候，它显然会使太阳与远日点的距离最大，在点G时，太阳与远日点的距离最小。进一步说，在小本轮FG的中间弧段，它可使远日点朝平均远日点顺行或逆行，加速或减速，远日点与太阳的距离增加或减少。因此，运动看起来必然是不均匀的，这也是我们前面通过偏心圆和本轮所证明的情况。

现在，取弧AI，以I为圆心，再画本轮。连接CI，并使之沿直线CIK延长。

角KID＝角ACI，这是由于转数相等的原因。因此，正如我们前面证明的，以L为圆心，以CL等于DI的偏心距画出一个与同心圆AB相等的偏心圆将过点D。过点F也会画出一个偏心圆，偏心距CLM等于IDF；过点G画出的偏心圆中，偏心距CN等于IG。假设在这段时间内地心在其自己的本

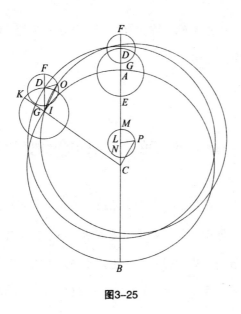

图3-25

轮（第二本轮）上，已经转过任意一段弧FO。过点O也会描绘出一个偏心圆，但其圆心没有落在直线AC上面，而是落在与DO平行的直线上，例如LP。如果连接OI和CP，则

$$OI=CP$$

但是，OI与CP小于IF与CM。并且

$$角DIO=角LCP$$

这是根据《几何原本》第1卷，第8命题得出的结论。因此，就我们看来，在直线CP上的太阳的远地点走在A的前面。

通过这些，我们看到偏心本轮也会如此运转。基于前面的论证，本轮D在以L为圆心并过点D的偏心圆上运行与之前的模型是等效的，设定地心沿着弧FO运行，并且以P为圆心画第二个圆，相对于第一个圆，它仍然是偏心的，这样就出现了相同的现象。既然多种方法的结果是相同的，所以

我不能判断哪一个更加准确，除非计算与现实是完全相符的，我们才会相信其中的一种图像是真实的。

第二十一章　太阳的第二种差的变化有多大

我们既然已经了解到，在黄赤交角或与之类似的某种量的非均匀运动之外，还存在第二种差异我们就可以准确地求得它的变化，前提是没有受到前面观测者的错误影响。我们算出在公元1515年的近点角是165 39'，而往前计算可得它的起点大概在公元前64年。那时距今1 580年。据观察，近点角开始运行的时候偏心距最大，是417单位（取的半径是10 000单位）。在另一方面，我们已经阐明现在的偏心距是323单位。

如图3–26所示，令AB为一条直线，B为太阳和宇宙中心，AB为最大的偏心距，DB为最小的偏心距。画一个以AD为直径的小圆。在小圆上，弧AC＝165 39'，弧AC代表近点角。

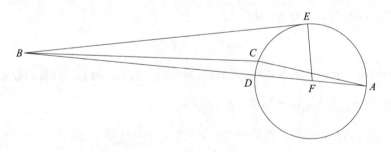

图3–26

在近点角的起点A，已经求得

$$AB = 417单位$$

另一方面

$$BC = 323单位$$

因此，现在我们有三角形ABC，边AB和BC已知，角CAD已知，因为CD是半圆剩余的弧，即

$$弧CD = 14\ 21'$$

因此，根据第一卷第十三章有关内容，剩下的边AC也可求出，远日点的平均行度与非均匀行度之差，即角ABC也可知。由于AC所对的弧已知，圆ACD的直径AD就可以求出。取三角形外接圆的直径为20 000单位，因为角$CAD = 14\ 21'$，可得

$$CB = 2\ 486单位$$

因为$BC：AB$已知，

$$AB = 3\ 225单位$$

取两直角等于360，

$$AB所对的角ACB = 341\ 26'$$

通过减法，

$$角CBD = 4\ 13'$$

这是$AC = 735$单位时所对的角。因此，当$AB = 417$单位时，可以求出AC约为95单位。因为AC所对应的弧已知，可知它与直径AD的比值，因此，取$ADB = 417$单位，则

$$AD = 96单位$$

通过减法，

$$DB = 321单位$$

那也是偏心距的最小值。但是，在圆周上，

$$角 CBD = 4\ 13'$$

而在中心为 $2\ 6\frac{1}{2}'$。这也是从 AB 绕中心 B 的均匀行度中所应减去的行差。画直线 BE，与圆周切于点 E，F 为圆心，连接 EF，于是，在直角三角形 BEF 中，

$$边 EF = 48 单位$$

同时，

$$BDF = 369 单位$$

设半径 $FDB = 10\ 000$ 单位，则 $EF = 1\ 300$ 单位，同时，$EF = 2$ 倍角 EBF 所对应的半弦，取 4 直角 $= 360$，则

$$角 EBF = 7\ 28'$$

这也是点 F 的均匀行度与点 E 的视行度之间的最大差值。

于是，也可以求得所有其他的个别差值，例如，如果

$$角 AFE = 6$$

我们的三角形中，边 EF 和 FB 已知，角 EFB 也已知，因此

$$角 EBF = 41'$$

这也就是行差。但是，如果

$$角 AFE = 12$$

$$行差 = 1\ 23'$$

如果

$$角 AFE = 18$$

$$行差 = 2\ 3'$$

以此类推。这在前面论述周年行差时已经谈过了。

第二十二章 怎样推求太阳远地点的均匀与非均匀行度

既然最大的偏心距与近点角的起点相吻合的时间是在第178届奥林匹克运动会周期的第3年，也就是亚历山大去世后的第259个埃及年，那么在那一时期，远地点的真位置和平位置都位于双子宫内的$5\frac{1}{2}$，距离春分点$65\frac{1}{2}$。真春分点岁差（这与当时的平岁差相符）为4 38′，从$65\frac{1}{2}$减去这一数值，余量为60 52′，这也是从白羊宫起点开始计量的远地点位置。

但是，在第573届奥林匹克运动会周期的第2年，也就是公元1515年，远地点的位置位于巨蟹宫内$6\frac{2}{3}$处。根据计算，春分点的岁差是$27\frac{1}{4}$，如果用$96\frac{2}{3}$减去这一数值，余额就是69 25′。现在，近点角是165 39′，过去认为行差是2 7′。因此当时所知的太阳远地点的平均位置是71 32′。

因此，在1 580个均匀埃及年之中，远地点的平均和均匀行度是10 41′，如果用年份数来除这个数，那么平均的数值就是24″20‴14⁗。

第二十三章 太阳近点角的测量及其位置的确定

如果从过去为359 44′49″7‴4⁗的简单年行度减掉上面的数字，则余量359 44′24″46‴50⁗就是近点角的年均匀行度。再次，用365天除这个平均数值，那么日变率就是59′8″7‴22⁗，这也是我们在表3–11中的数值。于是，我们就求得了第一届奥林匹克运动会历元的定位。有证明显示，在第573届奥林匹克运动会周期第2年的9月14日的日出后半小时的太阳远地点平位置是71 32′，那么当时的太阳与远地点的距离就是83 3′。从第一届奥林匹克运动会算起，目前已经有2 290个埃及年加上281天46日分。在去掉整个圆周之后，在这段时间中近点角的行度为42 49′，用83 3′减去42 49′，得到40 14′，这也就是第一届奥林匹克运动会的时候，近点角的位置所在。

用同样的方法，可求出亚历山大历元的位置为166 38′，恺撒纪元为211 11′，基督历元为211 19′。

第二十四章　太阳均匀行度和视行度变化的表格显示

我们已经论述了太阳的均匀行度和视行度的变化，但是为了运用的方便，我们要建立一个表格来显示这些变化。如表3-12所示，共计60行，6栏。

在前面的两栏中，涉及的都是半圆（包括上升半圆和下降半圆）内周年差的度数，每3 为一个间距，采用前面二分点行度的行差。

第三栏记载的是太阳的远地点行度和近点角的变化，具体到度数和分数。每隔3 有一个变化值，最高值是$7\frac{1}{2}$。

第四栏是比例分数，最大为60′。当近点角行差大于由太阳与宇宙中心最短距离产生的行度时，比例分数应与第六栏所载近点角行差的增加值一起来计算。因为这些行差的增加值最大就是32′，其六十分之一相当于32″。采用上面的方法，可以依据偏心距，求得增加值，每隔3 给出相应的六十分之几。

在第五栏中，依据太阳和宇宙中心的最短距离给出近点角相应的行差。

第六栏也是最后一栏，给出的是在最大偏心距的时候，这些行差的增加值。

表3-12　太阳行差表

公共数		中心行差		比例分数	轨道行差		增加值	公共数		中心行差		比例分数	轨道行差		增加值
度	度	度	分		度	分	分	度	度	度	分		度	分	分
3	357	0	21	60	0	6	1	93	267	7	28	30	1	50	32
6	354	0	41	60	0	11	3	96	264	7	28	29	1	50	33
9	351	1	2	60	0	17	4	99	261	7	28	27	1	50	32
12	348	1	23	60	0	22	6	102	258	7	27	26	1	49	32
15	345	1	44	60	0	27	7	105	255	7	25	24	1	48	31
18	342	2	5	59	0	33	9	108	252	7	22	23	1	47	31
21	339	2	25	59	0	38	11	111	249	7	17	21	1	45	31
24	336	2	46	59	0	43	13	114	246	7	10	20	1	43	30
27	333	3	5	58	0	48	14	117	243	7	2	18	1	40	30
30	330	3	24	57	0	53	16	120	240	6	52	16	1	38	29
33	327	3	43	57	0	58	17	123	237	6	42	15	1	35	28
36	324	4	2	56	1	3	18	126	234	6	32	14	1	32	27
39	321	4	20	55	1	7	20	129	231	6	17	12	1	29	25
42	318	4	37	54	1	12	21	132	228	6	5	11	1	25	24
45	315	4	53	53	1	16	22	135	225	5	45	10	1	21	23
48	312	5	8	51	1	20	23	138	222	5	30	9	1	17	22
51	309	5	23	50	1	24	24	141	219	5	13	7	1	12	21
54	306	5	36	49	1	28	25	144	216	4	54	6	1	7	20
57	303	5	50	47	1	31	27	147	213	4	32	5	1	3	18
60	300	6	3	46	1	34	28	150	210	4	12	4	0	58	17
63	297	6	15	44	1	37	29	153	207	3	48	3	0	53	14
66	294	6	27	42	1	39	29	156	204	3	25	3	0	47	13
69	291	6	37	41	1	42	30	159	201	3	2	2	0	42	12
72	288	6	46	40	1	44	30	162	198	2	39	1	0	36	10
75	285	6	53	39	1	46	30	165	195	2	13	1	0	30	9
78	282	7	1	38	1	48	31	168	192	1	48	1	0	24	7
81	279	7	8	36	1	49	31	171	189	1	21	0	0	18	5
84	276	7	14	35	1	49	31	174	186	0	53	0	0	12	4
87	273	7	20	33	1	50	31	177	183	0	27	0	0	6	2
90	270	7	25	32	1	50	32	180	180	0	0	0	0	0	0

第二十五章　太阳视行度的计算

通过表3-12，我认为已经充分说明了在任何时间点上太阳的视位置。照我在前面解释过的做法，对该时刻与第一种差一起在表中查找春分点的真位置或其岁差。随后，我们还要计算地心的平均简单行度和周年差。用这些数值加上表格中给出的历元，然后除表3-12第一栏或第二栏所记载的第一种差外，我们可以在第三栏中找出周年差的相应行差，再查出比例分数。如果第一种差的数值小于半圆或出现在第一栏，那么我们的运算就是行差加上周年差，否则就是用周年差减去行差。无论是差还是和，都是太阳近点角。用它便可得出第五栏所记载的轨道行差和与之相应的增加值。增加值结合比例分数便得到总应与轨道行差相加的一个数量，其和就是改正行差。如果周年差小于半圆，即在第一栏中可以查出，那么就应从太阳平位置减去改正行差；如果大于半圆或在第二栏中可以查到，那么就采取加法，由此得出的数值就是从白羊座开始计算的太阳真位置。最后，如果与太阳真位置相加，那么春分点真岁差可以立即给出一个太阳的相对位置，当然这是相对于一个分点而言的，当然也就可以给出太阳在黄道各宫中的位置，还可以用黄道度数来表示。

但是，如果你采用另外一种方法求得这一结果，那就可不采用简单行度而采用均匀复合行度的方法。操作如上，只是采用的是春分点岁差的行差，当然加减是根据形势而确定的。用这种方法可根据古代和现代记录，由地球行度对太阳视行度进行计算。进一步说，将来的行度也可假定为已知。

但是，我们并不能忽略这样一个事实，如果有人认为周年运转的中心是静止的，而且还位于宇宙的中心，而太阳以我对偏心圆中心所说过的两种相似和相等的行度运动，那么将出现与前面一样的现象，特别是和太阳相关的现象（除位置外），不会发生变化。而地心围绕宇宙中心的运动也非常简单，并且很有规律。因此，宇宙中心究竟在哪里仍然是一个疑问。开始时我曾经大体判定可能是太阳，或至少是在太阳附近。在下面谈到5个行星的时候，我将进一步研究这个问题。如果我对太阳视行度所做的计算是非常可靠的，这样我就达到了自己的研究目标。根据这一想法，我在这里将尽我所能来做出判断。

第二十六章　可变的自然日

关于太阳的问题，我们还需要关注自然日的变化。自然日包含24个相等的小时。目前，我们仍然运用自然日对天体的运动进行观测。但是，不同的民族对其定义是不同的，迦勒底人和古希伯来人认为自然日就是两次日出之间的时间，雅典人认为是两次日落之间的时间，罗马人则认为是两次午夜之间的时间，但埃及人认为是两次正午之间的时间。现在比较清楚的是，在自然日的周期之内，除了应该包含地球本身旋转的时间，还要加上它对太阳视运动周年运转的时间。但是后者是在变化的，首要的原因是太阳的视行度在发生变化，其次还涉及地球围绕赤道两极的自转，同时周年运动是沿着黄道运行的，所以，它并不适用于进行精确的测量。自然日并不均匀，因此就需要从这些日子中选出某一种平均和均匀的日子，并以此确定均匀的行度。因此，在一年中，地球围绕赤道两极一共完成365次自转，但是由于太阳的视运动增加了日子的长度，还需要增加一次自转，所以自然日会比平均日增加自转周的 $\frac{1}{365}$。

因此，我们必须对均匀日进行定义，并把它与非均匀的视日区分开来。赤道的一次完整自转加上同时段内太阳在均匀行度中看起来经历的那一段，我们称为"均匀日"。赤道自转的360加上太阳视运动在地平圈或者子午圈上升起的那一段，叫作"非均匀日"。这样两者之间就有了差别，虽然差别小到几乎无法察觉，但是如果把几天放在一起，就可以察觉出来了。

这种现象的成因有两个，其一是太阳视行度的非均匀性，其二是倾斜黄道的非均匀性升起。首先说第一个原因，也就是太阳的非均匀视行度。在托勒密看来，在高拱点位于两个平拱点之间中点的半圆上，其度数比在黄道上的时候减少了 $4\frac{3}{4}$ 时度。在另一个包括低拱点的半圆上，多出的也是这个数值。所以一个半圆比另一个半圆一共多出了 $9\frac{1}{2}$ 时度。

对于另一个原因来说，分别包含两个至点的两个半圆之间差异也非常大，也就是最短那天与最长那天之间的差值，它的变化随地区而有所不同。但是，与正午或者午夜相关的差值与4个基点有关。从金牛座的16到狮子座的14，黄道穿过的子午圈一共是88，相当于93时度。从狮子座的14到天蝎座的16黄道穿过的子午圈是92，相当于87时度。显然，后者缺少5时度，前者多出5时度。由此，第一时段的天数比第二时段一共多出10时度，也就是超出 $\frac{2}{3}$ 小时。另一半圆的情况基本相同，只是根据位置相对的基点而已。

天文学家的选择是取正午或者午夜作为自然日的开端，而没有选取日出或日没。他们的考虑是鉴于地平圈复杂的不均匀性一直在随着天球的倾角变化。但是，与子午圈有关的不均匀性则要简单得多。托勒密之前，太阳的视不均匀运行与不均匀经过子午圈的差值从水瓶座中部开始减少，从天蝎座的第一颗星开始增加，所以，两者的差值达到了$8\frac{1}{3}$时度。目前，从水瓶座内20到天蝎座内10是在减少；从天蝎座内10到水瓶座内20处在增加，其间两者的差值也已经缩小为7时度48′。鉴于近地点和偏心率的可变性，这些现象也并非固定不变，而是随着时间发生变化。最后一点，如果考虑到二分点岁差的最大变化，那么非均匀的自然日最终一定会超过10时度，当然这需要几年的时间。但是，导致自然日非均匀性的第三个原因还的确没有出现，因为赤道的自转（相对于平均分点来说）还是比较均匀的。但是对于并非完全均匀的二分点，情况就会发生变化，较长的日子会超出较短的日子$1\frac{1}{3}$小时。

但是，我们不能忽视这样一个现象，也就是太阳的视年行度，还有其他行星较慢的行度，也许在过去可以忽略它们，但是现在不行了，否则就会出现误差，因为月亮的速度很快，会导致$\frac{5}{6}$的差异。我们采用下面的方法，可以对均匀时和视非均匀时的运动进行比较。

我们选定任何一段时间，在这段时间开始和结束的两个极限，求出相对于太阳的复合均匀行度产生的平春分点的太阳平位置，同时可以求出相对于真春分点的真视位置。我们要测量的是，正午或者午夜，赤经究竟走过了多少个时度，或者说第一真位置到第二真位置之间的赤经时度。如果这一时度与两个平位置之间的度数相等，那么均匀时间就等于视时间；如果时度较多，那么用多余的量加上视时间；如果较少，则用视时间减去差值，这样，我们就能把它们转化成为均匀时的时间。每一时度确定为4分钟，或者是10日秒，但是假如已知均匀时，而你要计算的是相应的视时间，就按照相反的方法进行计算。

对于第一届奥林匹克运动会，我们求出来的结果是，按照雅典历，在1月1日正午，太阳与平春分点的距离是90 59′，相对于视分点的位置是巨蟹宫内0 36′。对于基督纪元，太阳的平均行度是摩羯宫内8 2′，而真行度则是摩羯宫内的8 48′。于是，我们可以推导出来，从巨蟹宫内0 36′到摩羯宫内8 48′，一共上升178时度54′，超过平位置1时度51′，也就是7分钟，其他部分的计算程序大体相同。我们也可以据此对月球的运动进行分析，这是我们下一卷要讨论的话题。

第四卷

上一卷里，我已经竭尽全力解释了地球围绕太阳运动产生的现象，下面我将采用同样的方式分析所有行星的运动。首先关注的是月亮的运动，因为它的位置非常特殊，其他星体的位置需要月亮进行界定。另外，月球的运转尽管并不规则，但是在一切天体中只有它的运转与地心关系非常密切。因此，月球本身并不能表明地球在运动，也许周日自转除外。以前，人们认定地球是宇宙中心，所有的运转都围绕地球展开。月球也是围绕地球运转，对此，我并非完全反对，但是我的确并不能同意前人的某些观点。我将更准确地定位月球的运动，这样便于我们更好地了解月亮的秘密。

第一章　古人关于太阴圆周的假说

月球的运动具有下面的特点：它并不是位于黄道之上，而是有自己的圆周，该圆周与黄道倾斜相交，并且与黄道互相平分，这一圆周还深入两个半球，所有这些现象非常类似于太阳进行周年运转时的回归线。自然，年之于太阳有如月之于月亮。交接处的中间位置被某些人称为"黄道点"，也有些人称之为"交点"。在这些点之上，太阳和月亮所显示出来的现象，无论是合日，还是冲日，都被称为"黄道现象"，而日食和月食都出现在这些点的上面，两个圆不存在其他的公共交点。月亮移动到其他位置的时候，这两个发光体不会彼此遮挡，而它们穿过交点的时候也非常顺畅，没有障碍。也就是说，这个倾斜的太阴圆周连同其4个基点共同绕地心做均匀运动，每天大概移动3′，运转一周大概需要19年。月亮总是向东运动，有时很快，有时很慢。运行较慢时，它距离地球较远，运行较快时，则相对较近。当距离很近的时候，其变化就比较容易被观测到。

过去对这一现象的解释是采取本轮的方法。月亮在本轮上半圆运行的时候，速率小于平均速率，而在下半圆的时候，速率大于平均速率。但是，我们在上卷里面说过，本轮的模型与偏心圆的模型是等效的。而之所以选择本轮主要是由于月亮呈现出来的双重的不均匀性。但它在本轮的高拱点和低拱点的时候与均匀运行无异。但是如果处于本轮与均轮的交点或者附近，差异就呈现出来，而且比较复杂。无论是上弦月，还是下弦月，差异都会大于满月或者新月，但是差异的出现比较固定，有规律可以遵循。因此，以前的人们认为本轮运动的均轮并非与地球同心，而是一种偏心圆。但是月球在本轮上的运动规则如下：如果太阳和月亮处在平均的冲合之际，本轮位于偏心圆的远地点的位置；如果月亮和太阳的距离是一个四分之一圆周的时候，本轮处于偏心圆的近地点。于是，古人设想出一种方向相反的绕地心均匀运动，也就是说，一个本轮向东运转，偏心圆中心与两个拱点都向西运动，太阳平位置线居于两者中间，于是，本轮在偏心圆上的运转是每个月两次。

如图4-1所示，为了让这些事情清晰地呈现在我们的眼前，设ABCD为与地球同心的太阴的偏斜圆圈，直径AEC和BED对其进行四等分，地心是E，太阳和月亮的平均合点在直线AC上面，同时，以F为圆心的偏心圆的远地点与本轮MN的中心在同一直线上。本轮向东运动，偏心圆的远地点向西运动，二者的位移量相等。我们对平均合日点或者平均冲日点进行测量，这两者都是围绕点E做周月运转，并且相等。我们让太阳的平位置线AEC居于两者中间，月亮从本轮的远地点出发向西进行运动。于是，一切都很有规律了。半个月之内，本轮离开太阳运转了半周，但是离开偏心圆的远地点运转了一周。那么在这一时段的中点之际（此时月亮为半月），月亮与偏心圆的远地点将处在BD这一直径的相对位置上，而偏心圆上的本轮位于近地点G。点G离地球很近，变化非常不均匀。我们知道，看同一个物体的时候，离得越近，物体越大。所以，本轮在点A的时候，变化看起来最小，在点G，看起来最大。本轮直径MN与线段AE的比值最小，与GE的比值比其他的比值都大。从地心画向偏心圆的线段之中，*GE*最短，*AE*或与之相当的*DE*为最长。

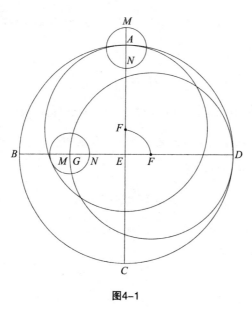

图4-1

第二章　那些假说的缺陷

前辈们已经假设出来圆周与月球的现象是相符合的。但是如果我们仔细思索，就会看出这些假说并不是得到了充分的证明，对此我们可以进行推理，也可以凭借感觉。前辈们宣称本轮中心围绕地心的运动是均匀的，但是他们必须承认，本轮在偏心圆上的运动并不均匀。

举例说明，如图4-2所示，如果

$$角AEB＝角AED＝45$$

相加可得

$$角BED=90$$

如果本轮的中心在点G，连接GF，可见角GFD为外角，角GEF是与角GFD相对的内角，有

$$角GFD>角GEF$$

而且，尽管DAB和DG是在相同时间之内扫描出来的两段弧，但是，它们并不相等。而且DAB是一个四分之一圆周，但是DG大于一个四分之一圆周。非常清楚的是，半月的时候，

$$弧DAB=弧DG=180$$

因此，本轮在偏心圆上的运动是不均匀的运动。

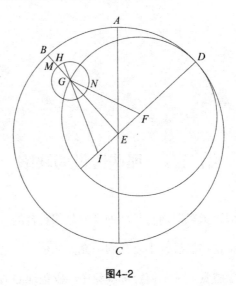

图4-2

　　但是，如果情况真的如此，那么我们应该如何看待下面的格言：天体的运动是均匀的，而其视运动不均匀。假如本轮看来为均匀的运动实际上是不均匀的，那么这对一个已经确立的原则和假设是绝对的抵触。如果本

244

轮绕地心做均匀运动，并足以保证均匀性，那么对于在外面圆圈上并不存在，而只是出现在自身的偏心圆上的本轮运动，那么我们如何来界定这种均匀性呢？

同样地，我们感到困惑的还有本轮上的均匀运动。前辈们认为它与地心并无关联，但是本轮中心的均匀运动应该是与地心相关的，也与直线 *EGM* 相关。但是，古人认为月球本轮是相对于其他的点呈现出均匀运动的，而地球是在这一点与偏心圆的中心之间，相对于 *IGH* 这条直线，月球本轮呈现出均匀运动。这种做法已经说明了运动是非均匀的，月球在本轮上的运动也必然是不均匀的运动。现在，我们要把视不均匀性建立在真正不均匀运动的基础上，我们已经证明了这一点，我们不能给那些贬低这门科学的人以任何的机会。

而且，无论是经验还是自身的感觉都告诉我们，月亮的视差和依据各个圆的比值算出来的视差并不一致，这种视差也就是交换视差。月亮距离地球很近，而地球的大小也不容忽视，所以出现了这种视差。从地球的表面画到月球的直线与地心到月球的直线并不是平行的，而是会在月球上相交，呈现出一个可以测量的角度。因此，站在这两条线上看月亮是不一样的。站在弯曲的地面上从侧面看月亮的人和沿着地心方向或直接站着月球下方看月亮的人，他们眼里的月亮位置是不一样的，所以月亮和地球的距离影响了人们的视差。天文学家都认为，如果地球半径是1单位，那么月地之间的距离最大是 $64\frac{1}{6}$ 单位，而前辈们认为的最小距离是33单位33′，这就意味着月球可以向我们靠近到几乎一半的位置。这样，我们得到的比值，也就是最远和最近的距离视差之比大约是2：1。但是，在我看来，月亮在本轮的近地点之时，上下弦之间的视差和日食月食出现的视差基本没有差别，以后我会对此进行证明。

月球本身也能看出这一错误所在：由于同一种原因月球直径有时看来会大一倍，有时又会小一半。如果圆的面积之比和直径的平方比是相等的，那么在月球距离地球最近的时候，如果月球是满月，那么它的规模应该是与太阳相冲时的4倍。但是由于上弦月下弦月的时候，月亮只有一半是发光的，那么它的光应该是满月时期的2倍。但是情况截然相反，有的人认为目测不准确，所以使用喜帕恰斯的屈光镜，或者其他的仪器进行测量，他的观测结果必然是月球的变化并没有达到偏心圆本轮的要求。这样，梅涅劳斯和提摩恰里斯在通过月亮的位置界定恒星之际，他们采用的月亮直径都是$\frac{1}{2}$，他们认为月亮一直是这样的。

第三章　关于月球运动的另一种见解

于是，我们可以弄清楚这样一点，并不是偏心圆导致本轮显得有时大，有时小，而是因为另外圆圈的存在。如图4-3所示，令AB为第一本轮，也可以称之为大本轮。令C为中心，D为地心，延长直线DC一直到本轮的高拱点A。以A为圆心，画一个小本轮EF，令它们都位于月亮的倾斜圆周相同的平面。点C向东移动，A则向西。同时，让月亮从EF上部的点F向东运动。但是下面的图像不变：当DC与太阳的平位置处于一条直线的时候，月亮位于点E，此时距离点C是最近的；然而在两弦的时候，位于点F，距离点C最远。这样，月亮的现象与此相符。

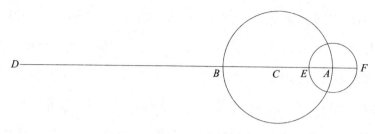

图4-3

通过这个图形，我们可以看到，月亮围绕小本轮EF的运转为每个月两次，C也将相对于太阳的平位置运转一周。在新月和满月的时候，月亮扫描出来的圆最小，即半径为CE的圆。在两弦的时候，月亮扫描出来的圆最大，即半径为CF的圆。在冲日或合日的时候，月亮的均匀行度与视行度之间的差异最小，在半月的时候差值较大。于是，在这些情况下月亮围绕点C的弧段虽然不相等，但却是相似的。第一本轮的中心点C的位置在与地球同心的圆上，于是月亮所呈现的视差没有变化，它只是与本轮有关系。这样，我们就会理解，为什么月亮的大小看起来总是那样。那么与月亮有关的现象都应当与我们观测到的情况正好一样。

下面，我将采用假设的方法证明这种一致性。如果能够保持所需的比值，那么即使使用偏心圆，现象也是一样的。在分析太阳运动的时候，我采用的就是这种方法。下面我还是从均匀运动开始谈起，这是了解非均匀运动的前提。由于前面的视差带来了一系列的困难我们不能使用星盘等仪器去观测月球的位置。但是，好在有大自然的帮助，我们可以用月食来测定月球的位置，相对于仪器，这种方式没有误差，更加可信。如若宇宙的其他部分都是明亮的，是被阳光照射的，那么显然黑暗的那一部分就是地球的阴影。地球的影子是锥形的，最终归于一点。月亮与地球的影子相遇的时候，月亮变得暗黑，当它在阴影里的时候，位置必然是与太阳相冲的。相反，在日食的时候，就不可能对月球进行定位。相对于地心，日食发生在太阳与月亮相合的时候，但是由于视差的关系，合日好像没有发生过一样。所以对于不同的国家来说，即便是同一次日食，其角度和时间都是不同的。但是月食却不是这样，因为阴影的轴线是从太阳经过地心，所以各国的月食是一样的，所以月食可以界定月球的运动，是最合适的选择。

第四章　月球的运转及其行度的详情

古代的天文学家雅典人默冬力求把这一课题的数学知识传递给后人。他创造力最好的时期是第87届奥林匹克运动会时期，当时他认为在19个太阳年中一共有235个月。这是一个很长的周期，也被称为默冬章，这就是19年周期的意思。这个数字被普遍接受，包括雅典在内的很多城市在市场上展示的都是这个周期。到现在为止，还有很多人接受这个数字。这个数目确定了月份的起点和终点，而且顺序非常准确，它也使得$365\frac{1}{4}$日的太阳年与月份可以相互通约。由此，出现了卡利普斯的76年周期，其中包括19个闰日。这个周期也被称为卡利普斯年。

但是，喜帕恰斯却发现了在304年中多出了一整天，这导致太阳年缩短$\frac{1}{300}$天。一些天文学家把包含3 760个完整月份的长周期称为喜帕恰斯年。

然而，上面的推算实在是太简单了。因为这一问题还涉及近点角^①和黄纬周期。所以，喜帕恰斯进行了深入研究，他把自己对于月食的观测与迦勒底人的记录仔细对比，认为月份的完成周期与近点角的循环周期一致，都是埃及历法345年82天1小时。这段时间中共有4 267个月，发生4573次近点角的循环。这一时期以天数计，共有126 007天1小时。除以月份，每个月为29天31日分50日秒8 $\frac{7}{45}$ 日毫。根据这一数值，我们还可以求出来任何一个时刻的行度。用周月运转的360除以月长度，那么月亮每日的行度就是12 11′26″41‴20⁗18⁗‴。再乘以365，给出年行度为12次运转再加上129 37′21″28‴29⁗。

那么4 267个月与4 573次近点角循环为可公约数，公共因子为17。化为最简整数比，比值是251∶269。根据《几何原本》的第10卷第15命题，可知月亮行度与近点角行度的比值，月球行度乘以269，再除以251，那么近点角的年行度就是13整周，加上88 43′8″40‴20⁗。日行度就是13 3′53″56‴29⁗。

但是，黄纬的循环是不一样的。它和近点角的回归时间并不一致。当然也有例外，就是两次月食的各方面都相符的情况下才会一致，也就是食分与食延相似或者相等的时候，月亮才算是回到了原来的纬度。这出现在月球距离高低拱点的距离相等的时候。这一时刻月球在相同的时间内穿过的阴影也是相等的。在喜帕恰斯看来，5 458个月才会出现一次这种状况，也就是经历5 923次黄纬循环才会发生一次。和其他行度一样，通过这一数值，我们也可以弄清楚以年和日计量的确切的黄纬行度。如

---

① 本卷中的"近点角"含义为星体在其本轮上从本轮高拱点沿运动方向到星体位置的角度。而两个位置间的近点角即两个位置的角度之差。

果我们用月亮离开太阳的行度乘以5 923个月，再除以5 458，那么月亮在一年之内的黄纬行度就是13圈加上148 42′46″49‴3‴‴，每天的行度就是13 13′45″39‴40‴‴。

喜帕恰斯采用这个方法计算出了月球的均匀行度，在他之前没有人这样做，但这并不意味着他的数据完全准确。托勒密计算的月亮离开太阳的行度与喜帕恰斯的一致，但是近点角的年行度却低了1″11‴39‴‴，黄纬年行度高出了53‴41‴‴。过了很久，直到现在，如表4-1~4-6所示，我观测到的值比喜帕恰斯观测到的年行度的值低了1″2‴49‴‴，近点角则只是缺少24‴49‴‴，而且，黄纬行度却多了1″1‴44‴‴。因此，月亮的年平均行度与地球的年平均行度不同，差值是129 37′22″32‴40‴‴，近点角行度相差88 43′9″5‴9‴‴，黄纬行度相差148 42′45″17‴21‴‴。

表4-1　60年周期内逐年的月球行度

埃及年	行度					埃及年	行度				
	60		′	″	‴		60		′	″	‴
1	2	9	37	22	36	31	0	58	18	40	48
2	4	19	14	45	12	32	3	7	56	3	25
3	0	28	52	7	49	33	5	17	33	26	1
4	2	38	29	30	25	34	1	27	10	48	38
5	4	48	6	53	2	35	3	36	48	11	14
6	0	57	44	15	38	36	5	46	25	33	51
7	3	7	21	38	14	37	1	56	2	56	27
8	5	16	59	0	51	38	4	5	40	19	3
9	1	26	36	23	27	39	0	15	17	41	40
10	3	36	13	46	4	40	2	24	55	4	16
11	5	45	51	8	40	41	4	34	32	26	53
12	1	55	28	31	17	42	0	44	9	49	29
13	4	5	5	53	53	43	2	53	47	12	5
14	0	14	43	16	29	44	5	3	24	34	42
15	2	24	20	39	6	45	1	13	1	57	18
16	4	33	58	1	42	46	3	22	39	19	55
17	0	43	35	24	19	47	5	32	16	42	31
18	2	53	12	46	55	48	1	41	54	5	8
19	5	2	50	9	31	49	3	51	31	27	44
20	1	12	27	32	8	50	0	1	8	50	20
21	3	22	4	54	44	51	2	10	46	12	57
22	5	31	42	17	21	52	4	20	23	35	33
23	1	41	19	39	57	53	0	30	0	58	10
24	3	50	57	2	34	54	2	39	38	20	46
25	0	0	34	25	10	55	4	49	15	43	22
26	2	10	11	47	46	56	0	58	53	5	59
27	4	19	49	10	23	57	3	8	30	28	35
28	0	29	26	32	59	58	5	18	7	51	12
29	2	39	3	55	36	59	1	27	45	13	48
30	4	48	41	18	12	60	3	37	22	36	25

基督历元为209 58′

251

表4-2 60日周期内逐日的月球行度

日	行度					日	行度				
	60		′	″	‴		60		′	″	‴
1	0	12	11	26	41	31	6	17	54	47	26
2	0	24	22	53	23	32	6	30	6	14	8
3	0	36	34	20	4	33	6	42	17	40	49
4	0	48	45	46	46	34	6	54	29	7	31
5	1	0	57	13	27	35	7	6	40	34	12
6	1	13	8	40	9	36	7	18	52	0	54
7	1	25	20	6	50	37	7	31	3	27	35
8	1	37	31	33	32	38	7	43	14	54	17
9	1	49	43	0	13	39	7	55	26	20	58
10	2	1	54	26	55	40	8	7	37	47	40
11	2	14	5	53	36	41	8	19	49	14	21
12	2	26	17	20	18	42	8	32	0	41	3
13	2	38	28	47	0	43	8	44	12	7	44
14	2	50	40	13	41	44	8	56	23	34	26
15	3	2	51	40	22	45	9	8	35	1	7
16	3	15	3	7	4	46	9	20	46	27	49
17	3	27	14	33	45	47	9	32	57	54	30
18	3	39	26	0	27	48	9	45	9	21	12
19	3	51	37	27	8	49	9	57	20	47	53
20	4	3	48	53	50	50	10	9	32	14	35
21	4	16	0	20	31	51	10	21	43	41	16
22	4	28	11	47	13	52	10	33	55	7	58
23	4	40	23	13	54	53	10	46	6	34	40
24	4	52	34	40	36	54	10	58	18	1	21
25	5	4	46	7	17	55	11	10	29	28	2
26	5	16	57	33	59	56	11	22	40	54	43
27	5	29	9	0	40	57	11	34	52	21	25
28	5	41	20	27	22	58	11	47	3	48	7
29	5	53	31	54	3	59	11	59	15	14	48
30	6	5	43	20	45	60	12	11	26	41	31
基督历元为 209 58′											

表4-3 60年周期内逐年的月球近点角行度

埃及年	行度					埃及年	行度				
	60		′	″	‴		60		′	″	‴
1	1	28	43	9	7	31	3	50	17	42	44
2	2	57	26	18	14	32	5	19	0	51	52
3	4	26	9	27	21	33	0	47	44	0	59
4	5	54	52	36	29	34	2	16	27	10	6
5	1	23	35	45	36	35	3	45	10	19	13
6	2	52	18	54	43	36	5	13	53	28	21
7	4	21	2	3	50	37	0	42	36	37	28
8	5	49	45	12	58	38	2	11	19	46	35
9	1	18	28	22	5	39	3	40	2	55	42
10	2	47	11	31	12	40	5	8	46	4	50
11	4	15	54	40	19	41	0	37	29	13	57
12	5	44	37	49	27	42	2	6	12	23	4
13	1	13	20	58	34	43	3	34	55	32	11
14	2	42	4	7	41	44	5	3	38	41	19
15	4	10	47	16	48	45	0	32	21	50	26
16	5	39	30	25	56	46	2	1	4	59	33
17	1	8	13	35	3	47	3	29	48	8	40
18	2	36	56	44	10	48	4	58	31	17	48
19	4	5	39	53	17	49	0	27	14	26	55
20	5	34	23	2	25	50	1	55	57	36	2
21	1	3	6	11	32	51	3	24	40	45	9
22	2	31	49	20	39	52	4	53	23	54	17
23	4	0	32	29	46	53	0	22	7	3	24
24	5	29	15	38	54	54	1	50	50	12	31
25	0	57	58	48	1	55	3	19	33	21	38
26	2	26	41	57	8	56	4	48	16	30	46
27	3	55	25	6	15	57	0	16	59	39	53
28	5	24	8	15	23	58	1	45	42	49	0
29	0	52	51	24	30	59	3	14	25	58	7
30	2	21	34	33	37	60	4	43	9	7	15

基督历元为 207 7′

表 4-4 60 日周期内逐日的月球近点角行度

日	行度				日	行度			
	60	′	″	‴		60	′	″	‴
1	0	13	3	53	56	31	6	45	0	52	11
2	0	26	7	47	53	32	6	58	4	46	8
3	0	39	11	41	49	33	7	11	8	40	4
4	0	52	15	35	46	34	7	24	12	34	1
5	1	5	19	29	42	35	7	37	16	27	57
6	1	18	23	23	39	36	7	50	20	21	54
7	1	31	27	17	35	37	8	3	24	15	50
8	1	44	31	11	32	38	8	16	28	9	47
9	1	57	35	5	28	39	8	29	32	3	43
10	2	10	38	59	25	40	8	42	35	57	40
11	2	23	42	53	21	41	8	55	39	51	36
12	2	36	46	47	18	42	9	8	43	45	33
13	2	49	50	41	14	43	9	21	47	39	29
14	3	2	54	35	11	44	9	34	51	33	26
15	3	15	58	29	7	45	9	47	55	27	22
16	3	29	2	23	4	46	10	0	59	21	19
17	3	42	6	17	0	47	10	14	3	15	15
18	3	55	10	10	57	48	10	27	7	9	12
19	4	8	14	4	53	49	10	40	11	3	8
20	4	21	17	58	50	50	10	53	14	57	5
21	4	34	21	52	46	51	11	6	18	51	1
22	4	47	25	46	43	52	11	19	22	44	58
23	5	0	29	40	39	53	11	32	26	38	54
24	5	13	33	34	36	54	11	45	30	32	51
25	5	26	37	28	32	55	11	58	34	26	47
26	5	39	41	22	29	56	12	11	38	20	44
27	5	52	45	16	25	57	12	24	42	14	40
28	6	5	49	10	22	58	12	37	46	8	37
29	6	18	53	4	18	59	12	50	50	2	33
30	6	31	56	58	15	60	13	3	53	56	30
基督历元为 207 7′										

254

表4-5　60年周期内逐年的月球黄纬行度

埃及年	行度					埃及年	行度				
	60		'	"	'''		60		'	"	'''
1	2	28	42	45	17	31	4	50	5	23	57
2	4	57	25	30	34	32	1	18	48	9	14
3	1	26	8	15	52	33	3	47	30	54	32
4	3	54	51	1	9	34	0	16	13	39	48
5	0	23	33	46	26	35	2	44	56	25	6
6	2	52	16	31	44	36	5	13	39	10	24
7	5	20	59	17	1	37	1	42	21	55	41
8	1	49	42	2	18	38	4	11	4	40	58
9	4	18	24	47	36	39	0	39	47	26	16
10	0	47	7	32	53	40	3	8	30	11	33
11	3	15	50	18	10	41	5	37	12	56	50
12	5	44	33	3	28	42	2	5	55	42	8
13	2	13	15	48	45	43	4	34	38	27	25
14	4	41	58	34	2	44	1	3	21	12	42
15	1	10	41	19	20	45	3	32	3	58	0
16	3	39	24	4	37	46	0	0	46	43	17
17	0	8	6	49	54	47	2	29	29	28	34
18	2	36	49	35	12	48	4	58	12	13	52
19	5	5	32	20	29	49	1	26	54	59	8
20	1	34	15	5	46	50	3	55	37	44	26
21	4	2	57	51	4	51	0	24	20	29	44
22	0	31	40	36	21	52	2	53	3	15	1
23	3	0	23	21	38	53	5	21	46	0	18
24	5	29	6	6	56	54	1	50	28	45	36
25	1	57	48	52	13	55	4	19	11	30	53
26	4	26	31	37	30	56	0	47	54	16	10
27	0	55	14	22	48	57	3	16	37	1	28
28	3	23	57	8	5	58	5	45	19	46	45
29	5	52	39	53	22	59	2	14	2	32	2
30	2	21	22	38	40	60	4	42	45	17	21
基督历元为 129 45'											

表 4-6　60 日周期内逐日的月球黄纬行度

日	行度					日	行度				
	60		′	″	‴		60		′	″	‴
1	0	13	13	45	39	31	6	50	6	35	20
2	0	26	27	31	18	32	7	3	20	20	59
3	0	39	41	16	58	33	7	16	34	6	39
4	0	52	55	2	37	34	7	29	47	52	18
5	1	6	8	48	16	35	7	43	1	37	58
6	1	19	22	33	56	36	7	56	15	23	37
7	1	32	36	19	35	37	8	9	29	9	16
8	1	45	50	5	14	38	8	22	42	54	56
9	1	59	3	50	54	39	8	35	56	40	35
10	2	12	17	36	33	40	8	49	10	26	14
11	2	25	31	22	13	41	9	2	24	11	54
12	2	38	45	7	52	42	9	15	37	57	33
13	2	51	58	53	31	43	9	28	51	43	13
14	3	5	12	39	11	44	9	42	5	28	52
15	3	18	26	24	50	45	9	55	19	14	31
16	3	31	40	10	29	46	10	8	33	0	11
17	3	44	53	56	9	47	10	21	46	45	50
18	3	58	7	41	48	48	10	35	0	31	29
19	4	11	21	27	28	49	10	48	14	17	9
20	4	24	35	13	7	50	11	1	28	2	48
21	4	37	48	58	46	51	11	14	41	48	28
22	4	51	2	44	26	52	11	27	55	34	7
23	5	4	16	30	5	53	11	41	9	19	46
24	5	17	30	15	44	54	11	54	23	5	26
25	5	30	44	1	24	55	12	7	36	51	5
26	5	43	57	47	3	56	12	20	50	36	44
27	5	57	11	32	43	57	12	34	4	22	24
28	6	10	25	18	22	58	12	47	18	8	3
29	6	23	39	4	1	59	13	0	31	53	43
30	6	36	52	49	41	60	13	13	45	39	22
基督历元为 129 45′											

第五章　在朔望出现的月球第一种差的说明

我们已经按照目前所知介绍了月球的均匀运动，现在我们要研究的是非均匀运动，并且采用本轮的方法进行阐述。首先我要关注的是月亮在合日与冲日的时候的非均匀性的特征。古代的天文学家们曾经用杰出的才能通过每组3次的月食来研究非均匀运动。我们将继续采用这个方法，通过对托勒密所仔细观测的3次月食与另外3次同样经过仔细观测的月食进行比较研究，以便对上述的均匀运动进行检验。同时，在研究的时候，我还按照古代人的方法，将太阳离开春分点的平均行度和月亮的同类行为都看作均匀的。因为，不要说在这样短的时间之内，即使是10年的时间，二分点的不均匀岁差导致的不规则特征都没办法察觉出来。

托勒密记录的第一次月食是在哈德良执政第17年发生的，时间是埃及历法10月20日之后，也就是公元133年5月6日。这是一次月全食，食甚发生在亚历山大城午夜之前的 $\frac{1}{4}$ 均匀小时，在弗龙堡或克拉科夫，是5月7日前的午夜之前的 $1\frac{1}{4}$ 小时。太阳当时位于金牛宫内 $12\frac{1}{4}$ ，如果按照平均行度，应该在金牛宫内12 21′。

托勒密说，第二次月食发生在哈德良执政第19年，埃及历法4月2日结束之后，也就是公元134年10月20日。月球的北面最先被掩食，阴影逐渐扩展到月球直径的 $\frac{5}{6}$ 。在亚历山大，食甚发生在午夜前1均匀小时；克拉科夫则是2小时，太阳位于天秤宫内 $25\frac{1}{6}$ ，如果按照平均行度，应该在天秤宫内26 43′。

第三次月食发生在哈德良执政第20年，埃及历法8月19日结束之后，也就是公元136年3月6日结束之后。月亮的阴影同样开始于月球的北面，逐渐扩展到直径的一半处。在亚历山大的食甚发生在午夜之后4个均匀小时，但在克拉科夫为3小时。太阳那时在双鱼宫中14 5′，可是按平均行度为双鱼宫中11 44′。

现在非常清楚的是，第一次月食和第二次月食之间，月亮移动了和太阳视行度相同的距离，都是161 55′；第二次月食到第三次月食之间，是138 55′。如果按照视行度计算，第一段的时间是1年166天23$\frac{3}{4}$个小时，更正之后是23$\frac{5}{8}$小时。但是，在第二个时段，时间是1年137天5小时更正后为5$\frac{1}{2}$小时。

在第一个时段中，太阳和月亮的均匀行度去掉整圈后均为169 37′，而月球近点角为110 21′；与此相似，在第二个时段之内，太阳和月亮的均匀行度是137 34′，月球近点角是81 36′。因此，在第一个时段中近点角的110 21′对应月亮的平均行度的负行差7 42′，第二时段，近点角的81 36′对应月球平均行度的正行差1 21′。

如图4-4所示，作月球的本轮ABC，第一次月食发生在点A，第二次在点B，第三次在点C，月球的行度也处于这一方向上，即在本轮上向西运动。

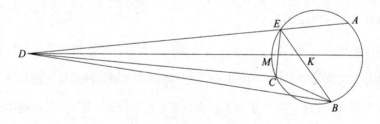

图4-4

令

弧AB＝110 21′

因此，月球在黄道上的负行差为7 42′，这是我们前面说过的。令

$$弧BC＝81 36′$$

因此，月球在黄道上的正行差为1 21′，于是，圆周的余量弧

$$CA＝168 3′$$

其对应的正行差为6 21′。

取D为地球中心，本轮绕它均匀运转。从D向月食点画直线DA、DB和DC。连接BC、BE与CE。取2直角＝180，则弧AB在黄道上所对角为7 42′，角ADB应为7 42′，但取2直角＝360时，角ADB为15 24′。此时，在圆周上的角AEB＝110 21′，它是三角形BDE的外角。因此，

$$角EBD＝94 57′$$

如果三角形的角已知，则边也是可求的，令三角形外接圆的直径＝200 000单位，则

$$DE＝147 396单位$$

$$BE＝26 798单位$$

另外，取2直角＝180时，弧AEC在黄道上所对角为6 21′，角EDC应为6 21′，但在2直角＝360时，它为12 42′。并且，

$$角AEC＝191 57′$$

其为三角形CDE的外角，从它减去角CDE后，得

$$角ECD＝179 15′$$

因此，在外接圆直径为200 000单位时，可得边DE与CE各为199 996单位和22 120单位，但是，令

$$DE＝147 396单位$$

$$BE＝26 798单位$$

$$CE = 16\ 302单位$$

在三角形BEC之中，边BE已知，EC已知，

$$角CEB = 81\ 36'$$

因此，

$$弧BC = 81\ 36'$$

因此，根据平面三角形的相关证明，

$$边BC = 17\ 960单位$$

若本轮直径$=200\ 000$单位，而且，

$$弧BC = 81\ 36'$$

$$弦BC = 130\ 684单位$$

与比例相对应，

$$ED = 1\ 072\ 684单位$$

$$CE = 118\ 637单位$$

$$弧CE = 72\ 46'\ 10''$$

由上述可知，

$$弧CEA = 168\ 3'$$

通过减法，

$$弧EA = 95\ 16'\ 50''$$

$$弦EA = 147\ 786单位$$

进行加法运算，

$$直线AED = 1\ 220\ 470单位$$

因为弧EA小于半圆，本轮的中心不会包含在这里面，而是在余量$ABCE$之中。因此，如图4-5所示，设K为本轮中心，画$DMKL$过两个拱

点，L为高拱点，M为低拱点。根据《几何原本》的第3卷第36命题，显而易见，

$$AD \times DE = LD \times DM$$

现在令圆周的直径LM（其在DM延长线上，平分于点K），于是

$$LD \times DM + （KM）^2 = （DK）^2$$

因此，$LK = 100\,000$单位时，

$$DK = 1\,148\,556\text{单位}$$

以$DKL = 100\,000$单位，则

$$LK = 8\,706\text{单位}$$

为本轮的半径。完成这些之后，画KNO垂直于AD。因为KD、DE和EA的比值已知，取$LK = 100\,000$单位，那么

$$NE = \frac{1}{2}AE = 73\,893\text{单位}$$

而且，

$$DEN = 1\,146\,577\text{单位}$$

在三角形DKN之中，边DK已知，边ND已知，角$N = 90$，因此，在圆心，

$$\text{角}NKD = 86\,38\frac{1}{2}'$$
$$\text{弧}MEO = 86\,38\frac{1}{2}'$$

因此，

$$\text{弧}LAO = 180 - \text{弧}MEO = 93\,21\frac{1}{2}'$$

现在

$$\text{弧}OA = \frac{1}{2}\text{弧}AOE = 47\,38\frac{1}{2}'$$

同时，

$$\text{弧}LA = 45\,43'$$

这是在第一次月食时月球的近点角，也就是与本轮高拱点之间的距离。但是，

$$弧 AB = 110\ 21'$$

相减，

$$弧 LB = 64\ 38'$$

这也是第二次月食的近点角。相加可得

$$弧 LBC = 146\ 14'$$

这也是第三次月食的位置。现在非常清楚，因为取4直角=360，

$$角 DKN = 86\ 38\frac{1}{2}'$$

$$角 KDN = 90 - 角 DKN = 3\ 21\frac{1}{2}'$$

这也是第一次月食之中近点角对应的正行差，现在，

$$角 ADB = 7\ 42'$$

相减，

$$角 LDB = 4\ 20\frac{1}{2}'$$

这也是第二次月食的时候弧LB对应的从月球均匀行度中减去的量，因为，

$$角 BDC = 1\ 21'$$

因此，通过减法，

$$角 CDM = 2\ 59'$$

这也是第三次月食的时候，弧LBC对应的负行差。因此，在第一次月食时月球的平位置是在天蝎宫内9 53′，它的视位置是在天蝎宫内13 15′。这个位置与太阳在金牛宫里的位置刚好相对。第二次月食的时候，月球的平位置是白羊宫内29$\frac{1}{2}$；第三次月食，位于室女宫中17 4′。而且，第一次月食的时候，月亮与太阳的均匀距离是177 33′，第二次为182 47′，最后一次为

262

185 20′，这就是托勒密的推算程序。

按照托勒密的例证，我们也分析第二组的三次月食，我们的观测同样非常仔细。第一次发生在公元1511年10月6日结束的时候。月亮在午夜之前 $1\frac{1}{8}$ 均匀小时开始被掩食，午夜后 $2\frac{1}{3}$ 小时复圆。食甚发生在10月7日早晨前，即午夜之后的 $\frac{7}{12}$ 小时。这次月食是月全食，太阳位于天秤宫中22 25′的位置，如果按照均匀行度，应该在天秤宫内24 13′。

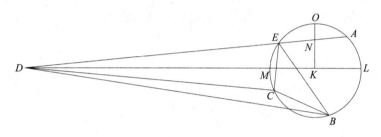

图4-5

我观测到的第二次月食是公元1522年9月5日末，同样是一次全食。开始于午夜前 $\frac{2}{5}$ 均匀小时，食甚发生在9月6日之前的午夜之后 $1\frac{1}{3}$ 小时。太阳的位置是在室女宫内22 $\frac{1}{5}$，如果按照均匀行度，应该在室女宫内23 59′处。

我观测到的第三次月食是在公元1523年8月25日末，同样是全食，开始于午夜后 $2\frac{4}{5}$ 小时，食甚出现在8月26日之前午夜以后的 $4\frac{5}{12}$ 小时。太阳位于室女宫中11 21′，如果按照平均行度，应该是在室女宫内13 2′处。

于是，太阳和月亮之间的真实移动距离在这里再度展现出来，从第一次月食到第二次月食之间是329 47′，第二次和第三次月食之间为349 9′。从时间来看，第一次月食到第二次月食之间是10均匀年337天 $\frac{3}{4}$ 小时，改正后的均匀时间为 $\frac{4}{5}$ 小时。从第二次月食到第三次月食共有354天3小时5分钟，如果按照均匀时，应该为3小时9分钟。

在第一个时段之内，在去掉整圈之后的日、月平均行度达到334 47′，月球近点角行度为250 36′，对应均匀行度中5 的负行差。在第二个时段之内，日、月平均行度是346 10′，而月球近点角行度是306 43′，对应平均行度为2 59′的正行差。

现在，如图4-6所示，令ABC为本轮，A是第一次月食食甚时月球的位置，B是第二次的位置，C是第三次的位置。让本轮从C向B，又从B向A运转，也就是上半圈向西，下半圈向东。

因为，

$$弧ACB = 250\ 36′$$

按照前面说过的，在第一个时段之内，对应平均行度5 的负行差。但是，

$$弧BAC = 306\ 43′$$

对应平均行度的2 59′的正行差，通过减法，余量

$$弧AC = 197\ 19′$$

对应的负行差为2 1′。但是，因为弧AC大于半圆，而且对应负行差，所以它必然包括高拱点。高拱点不可能被包含在弧BA或者CBA那里。这两个弧段中每一个都小于半圆并且对应正行差。最慢的运动出现在远地点附近。设D为地球的中心。连接AD、DB、DEC、AB、AE和EB。

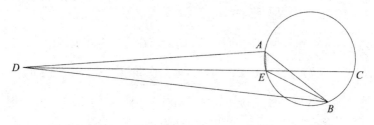

图4-6

264

现在，在三角形 DBE 之中，

$$外角 CEB = 53\ 17'$$

它在圆上截得弧 CB，同时，

$$弧 CB = 360 - 弧 BAC$$

于是，在中心，有

$$角 BDE = 2\ 59'$$

在圆周上，有

$$角 BDE = 5\ 58'$$

因此，通过相减，

$$角 EBD = 47\ 19'$$

由此可知，如果令三角形外接圆的半径 = 10 000 单位，则

$$边 BE = 1\ 042 单位$$

$$边 DE = 8\ 024 单位$$

同样，在圆周的弧段 AC 上面，

$$角 AEC = 197\ 19'$$

在圆心，

$$角 ADC = 2\ 1'$$

在圆周上，

$$角 ADC = 4\ 2'$$

因此，取 2 直角 = 360，在三角形 ADE 中通过减法，

$$角 DAE = 193\ 17'$$

于是，三角形 ADE 的外接圆的半径 = 10 000 单位，则各边可知，

$$AE = 702 单位$$

$$DE = 19\ 865单位$$

而且，当

$$DE = 8\ 024单位$$

$$BE = 1\ 042单位$$

则

$$AE = 283单位$$

我们再次得到了三角形ABE，边AE已知，边EB也已知，取2直角$=360$，则

$$角AEB = 250\ 36'$$

因此，根据平面三角形的定理，若$EB = 1\ 042单位$，则

$$AB = 1\ 227单位$$

因此，我们可以掌握三条直线AB、EB和ED的比值，前提是本轮的半径$=10\ 000单位$，

$$弦AB = 16\ 323单位$$

$$ED = 106\ 751单位$$

$$弦EB = 13\ 853单位$$

$$弧EB = 87\ 41'$$

而且，

$$弧EBC = 弧EB + 弧BC = 140\ 58'$$

同时，

$$弦CE = 18\ 851单位$$

$$CED = 125\ 602$$

现在，要认真考虑本轮的圆心，如图4-7所示，因为EAC大于半圆，本

轮中心必然在这个区域之内。令F为中心，通过两个拱点作直线DIFG，I为低拱点，G为高拱点。因此，非常清楚的是，

$$CD \times DE = GD \times DI$$

但是，

$$GD \times DI + (FI)^2 = (DF)^2$$

因此，若FG＝10 000单位，则

$$DIF = 116\ 226单位$$

于是，若DF＝100 000单位，则

$$FG = 8\ 604单位$$

这也符合自托勒密以来到现在的大多数天文学家的报告结果。

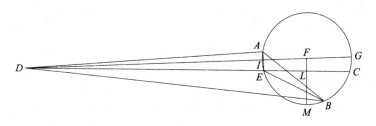

图4-7

现在，以F为圆心，画FL垂直于EC，延长直线FLM。它将平分CE于点L。因为

$$直线ED = 106\ 751单位$$

$$\frac{1}{2}CE = LE = 9\ 426单位$$

因此，取FG＝10 000单位，DF＝116 226单位，则

$$DEL = 116\ 177单位$$

因此，在三角形DFL之中，边DF已知，DL也已知，角DFL＝88°21′，于是

剩余角FDL＝1 39′。同时，已知弧IEM＝88 21′。

$$弧MC=\frac{1}{2}弧EBC=70\ 29'$$

$$弧IMC=158\ 50'$$

$$弧GC=半圆的剩余部分=21\ 10'$$

这是第三次月食的时候月球与本轮远地点的距离，或近点角的位置。在第二次月食中，

$$弧GCB=74\ 27'$$

第一次月食的时候，

$$弧GBA=183\ 51'$$

在第三次月食的时候，在中心，角IDE＝1 39′，这也是相减行差。在第二次月食的时候，

$$角IDB=4\ 38'$$

这也是相减的行差，因为，

$$角IDB=角GDC+角CDB=1\ 39'+2\ 59'$$

因此，

$$角ADI=角ADB-角IDB=5\ -4\ 38'=22'$$

这也是第一次月食的时候，需要加到均匀行度中的量。

因此，那次月食的时候月球的均匀行度的位置是白羊宫内22 3′，视行度的位置是22 25′。当时太阳在天秤宫之内，而度数相同。用这种方式，可以求出第二次月食的时候，月球的平位置是在双鱼宫中26 50′；第三次月食时，是在双鱼宫13 处。在第一次月食时，月球与太阳的平均距离是177 50′；第二次月食时，是182 51′，第三次月食时，是179 58′。

第六章　关于月球黄经或近点角均匀行度之论述的验证

通过我们已经谈及的月食，我们就可以检验月球均匀行度的观点是否正确。在第一组的第二次月食之中，月亮与太阳的距离是182 47′，近点角是64 38′。在我们所观测的后一组月食中，第二次月食时月球离开太阳的行度是182 51′，而近点角为74 27′。于是，我们就会知道，在两者的中间时期，一共有17 166个整月加上4′，去除整周后，近点角的行度是9 49′。从哈德良执政第19年，也就是埃及历4月2日，在该月3日前面的午夜之前2小时，一直到公元1522年9月5日午夜之后的$1\frac{1}{3}$小时，一共是1 388个埃及年302日，加上视时间$3\frac{1}{3}$小时。修正之后，是午夜之后3小时34分。

在那段时期，在17 165个均匀月的完整运转之后，喜帕恰斯和托勒密都认为远离太阳的行度为359 38′。喜帕恰斯还认为，近点角是9 39′，托勒密的数字则是9 11′。喜帕恰斯和托勒密两人都指出，月球行度缺少26′；与此同时，按托勒密的结果，近点角少了38′，而按喜帕恰斯则少10′。当这些差额补上时，结果与上述计算相符。

第七章　月球黄经和近点角的历元

下面，我们将和上面一样探讨一些问题，在这里，我们需要对下列历元测定月球黄经和近点角的位置，这里会涉及奥林匹克运动会、亚历山大大帝、恺撒大帝、基督以及其他所需要的纪元。在我们上面谈到的三个古代月食中，我们关注第二个，也就是哈德良执政第19年、埃及历4月2日的那一次，对应的是亚历山大城午夜前1个均匀小时，而在克拉科夫则是午夜前2小时。从基督历元开始到这一次月食，一共经历了133埃及年325天22小时，更正后是21小时37分钟。在这一时期，根据我的计算，月球的行度是332 49′，近点角行度则是217 32′。从月食时求得的数字减去这两个数字，那么月球与太阳的平距离的余量为209 58′，近点角的余量为207 7′。这些数值适用于基督纪元1月1日之前的午夜，而在此之前，包含了193个奥林匹克运动会周期又2年194$\frac{1}{2}$天，也相当于775埃及年12$\frac{1}{2}$天，更正后为12小时11分。同样地，从亚历山大去世到基督诞生，共经历323埃及年130天，加上视时间$\frac{1}{2}$天，更正后的时间为12小时16分。从恺撒到基督，一共有45埃及年12天，而对这段时间的均匀时与视时的计算结果一致。

与这些时间间隔相应的行度，可按各自的类型从公元纪年的位置中减去。在第一届奥林匹克运动会祭月的1日中午，我们求得太阳和月亮之间的平均距离是39 43′，近点角是46 20′。

亚历山大纪元的1月1日中午，太阳和月亮之间的距离是310 44′，近点角行度为85 41′。

对尤利乌斯·恺撒纪元，在1月1日前的午夜，太阳和月亮之间的距离是350 39′，近点角行度为17 58′。这些数字都可以归化到克拉科夫的经度线。我的观测主要在吉诺波里斯（现在一般被称为弗龙堡）进行的。这座城市位于维斯瓦河口，和克拉科夫在同一条经度线上。我从这两个地方同时进行了日食和月食的观测，还有一个地点就是马其顿的戴尔哈恰姆，它也被称为埃皮丹纳斯，它也处在这条经线上。

第八章　月球的第二种差以及第一本轮与第二本轮的比值

上面我们已经解释了月球的均匀行度和第一种差，现在我们需要探讨的是第一与第二本轮的比值以及它们与地心的距离。前面已经证明，月亮的均匀行度与视行度之间最大的差出现在高、低拱点之间，也就是位于两个弦点之上，这时的上弦月与下弦月都是半月，这一差值可达$7\frac{2}{3}$，古代的记录也是这样的。他们观测了半月到达本轮中拱点的时间，通过上面的运算，我们也了解到半月出现在从地心引出的切线附近。那一时刻，月亮与其出没点的距离是黄道90，这就避免了视差对黄经行度造成的误差。这时，黄道与通过地平圈的天顶的圆垂直相交在一起，黄经没有变化，但是黄纬出现了变化。为此，他们使用星盘界定日月距离，结果是，月亮偏离平均行度的变化并非5，而是$7\frac{2}{3}$。

如图4-8所示，以C为圆心画本轮AB，D为地心。从D开始，画直线$DBCA$，A为本轮的远地点，B为近地点。DE与本轮相切，连接CE。

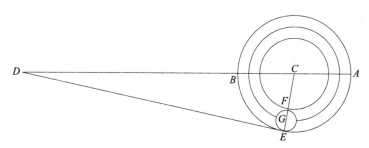

图4-8

因为行差在切线上最大，是7 40′，因此，

$$角BDE = 7\ 40'$$

而且，角$CED = 90$ ，位于圆AB的切点处。取半径$CD = 10\ 000$单位时，

$$CE = 1\ 334 单位$$

但在满月时，这个距离要小很多，约为860单位。把CE分开，令

$$CF = 860 单位$$

F绕同一圆心C描出新月和满月所在圆圈。余量$FE = 474$单位，也是第二本轮的直径。圆心G等分FE，整个线段$CFG = 1\ 097$单位，这也是第二本轮围绕圆心所作圆的半径。于是，取$CD = 10\ 000$单位，$CG : GE = 1\ 097 : 237$。

第九章　表现为月球离开第一本轮高拱点的非均匀运动的剩余变化

通过以上的推理，我们会明白月球在第一本轮上如何不均匀地运动，最大不等量出现在半月为凹月或凸月的时候。如图4-9所示，我们再次设定AB为第一本轮，这是第二本轮的圆心依据平均运动描绘出来的。令C为第一本轮的圆心，A为高拱点，B为低拱点，在圆周上任意取一个点E，连接CE。

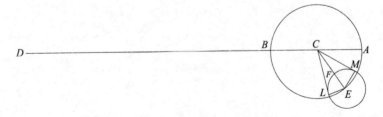

图4-9

现在，令

$$CE : EF = 1\ 097 : 237$$

以E为圆心，EF为半径，画出第二本轮。在其两边画出与它相切的直线CL
和CM。第二本轮从A向E移动，即从第一本轮的上半部向西边移动，月球
从点F向点L移动，仍然是向西边移动。非常清楚的是，AE是均匀运动，第
二本轮的运动通过FL，于是均匀运动增加了弧段FL，而在经过MF时，均
匀运动要减去这一段。三角形CEL之中，角L＝90，CE＝1 097单位，

$$EL = 237单位$$

因此，取CE＝10 000单位，则

$$EL = 2\ 160单位$$

根据表1-1，EL是角ECL的2倍所对应的半弦，因为ECL与ECM两个三角形
相似并相等，EL所对的角ECL＝12 28′＝角MCF。这也是月球偏离第一本
轮高拱点的时候，最大的差值所在，它发生在月球的平均行度与地球的平
均行度偏离的时候，偏离的角度两边都是38 46′。于是，月球和太阳之间
的平距离是38 46′的时候，同时也是月亮距离平冲同等距离的时候，这种
现象才会发生。

第十章　如何从给定的均匀行度推求月球的视行度

上述求证完毕之后，下面我将用图形来表明，月球的均匀行度如何能
产生等于已经给定的均匀行度的视行度。我们可以从喜帕恰斯的观测中拿
出一个作为例证，以此经验去证明理论。亚历山大去世后第197年，埃及

历10月17日白天$9\frac{1}{3}$小时，在罗德岛，喜帕恰斯使用星盘对日月进行观测，发现月亮位于太阳东面的$48\frac{1}{10}$。由此他推论出来，太阳位于巨蟹宫中$10\frac{9}{10}$，计算得出月亮位于狮子宫内29。那一时刻，天蝎宫29刚好升起，但是在观测地罗德岛，室女宫内10正在中天，从罗德岛来看，北天极的高度是36。

于是，月球居于黄道之上，距离子午圈是90，经度上的视差几乎不存在。当时的观测是在17日的下午$3\frac{1}{3}$小时的时候进行的，相当于罗德岛的4个均匀小时，罗德岛距离我们比亚历山大城要近一些，大约是$\frac{1}{6}$个小时，这在克拉科夫就是$3\frac{1}{6}$小时。自从亚历山大去世之后，一共经过了196年286天$3\frac{1}{6}$小时，等同的时间是$3\frac{1}{3}$相等小时。如果按照平均行度，太阳位于巨蟹宫中12 3′，如果按照视行度，是在巨蟹宫内10 40′。这样我们就会得知，月亮位于狮子宫28 37′，月球的均匀行度是45 5′，距离高拱点的近点角是333。

如图4-10所示，我们画出第一本轮AB，C为圆心，ACB是直径，延长成为ABD，抵达地心。

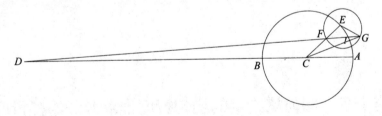

图4-10

在本轮中，令

$$弧ABE=333$$

274

连接CE，在点F被圆所截，EC＝1 097单位，于是

$$EF＝237单位$$

以E为圆心，EF为半径，画小本轮FG，月球位于点G，令弧FG＝90 10′，这也是月球离开太阳均匀行度的2倍。连接CG、EG和DG，于是，在三角形CEG中，已知两边，

$$CE＝1 097单位$$

$$EG＝EF＝237单位$$

$$角GEC＝90 10′$$

因此，根据平面三角形的有关定理，

$$边CG＝1 123单位$$

$$角ECG＝12 11′$$

于是可知弧EI，以及近点角的相加的行差，

$$弧ABEI＝345 11′$$

通过减法，

$$角GCA＝14 49′$$

这也是月球距离本轮AB的高拱点的真距离。而且，

$$角BCG＝165 11′$$

三角形GDC之中，两边已知，设CD＝10 000单位，则

$$GC＝1 123单位$$

$$角GCD＝165 11′$$

因此，

$$角CDG＝1 29′$$

这也是对于月球的平均行度相加的行差。月亮距离太阳的平均行度的真

距离是46 34′，月球的视位置是狮子宫内28 37′，与太阳的真位置相差47 57′，小于喜帕恰斯的观测结果9′。

但是，为了避免有些人猜测我们二人的研究中必然有一个存在错误，虽然差值很小，我将说明我们两个人的研究都没有错误，情况就是这样。因为，月球的运转圆周是倾斜的，在黄道上，特别是在平位置附近，其位于黄道与纬度圈交点的南北极限之间，黄经都是不相等的。这类似于我们谈到自然日的非均匀性时候的黄赤交角。托勒密认为，月球的轨道与黄道成倾斜的状态，那么必然会在黄道上产生经度差，大约是7′，二倍的时候是14′，这是可以增加的量，也是可以减少的量。如果黄纬的南北两个极限位于日月之间的中点，如果太阳与月亮相距正好一个四分之一圆周，那么黄道上的弧大于月球轨道上的一个四分之一圆周，差值是14′。相反的是，在另外一个四分之一圆周上，交点就是中点，那么经过黄道的两极所画出来的圆圈比一个四分之一圆周少了相同数量的弧段。这就是现在的情况。月球处于黄纬的南部极限和升起的黄道的交点——当代人称之为天龙之头——之间的中点附近。太阳已经通过另一个交点，也就是降交点——天龙之尾。于是，倾斜圆圈上的47 57′，这一月球距离相对于黄道增加了7′，即将下落的太阳，其视差也是如此。我们在探讨视差的时候，将仔细分析这些问题。

因此，太阳和月亮发光体之间的距离，也是喜帕恰斯用仪器测定出来的距离，是48 6′，接近我们今天的计算结果，在过去则是完全正确的。

第十一章　月球行差或归一化的表格显示

通过下面的例证，我们可以学习到月球行度的判定。如图4-11所示，因为在三角形 CEG 之中，GE 和 CE 总是保持不变，角 GEC 是变化的，然而是已知的。通过此角可以求得剩余的边 GC 以及角 ECG。角 ECG 是近点角归一化的行差所在。于是，在三角形 CDG 之中，因为已经求出 DC、GC 和角 DCG，同样可以求得地心处的角 D，该角也是均匀行度与真行度之间的差。

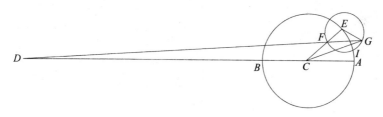

图4-11

为了随时掌握这些数据，我们绘制了一个行差表，如表4-7所示，共有6栏。前面2栏为均轮的公共数，第3栏是小本轮每月所进行的两次自转产生的行差，它导致了第一本轮均匀行度的改变。下面，暂时空置第4栏，首先填写第5栏。这一栏记载的是太阳和月亮平合与相冲的时候，第一本轮的行差，其最大值是4 56′。紧挨着最后一栏的是半月的时候，行差超过第4栏中行差的值，最大是2 44′。为了计算其他超出的数值，可以依据比值，计算出比例分数，取最大的超过数值2 44′为60′，然后求出小本轮与从地心出发的直线的切点上出现的其他剩余的数值。

运用这种方法，在同一个例子中取 $CD=10\ 000$ 单位，则

$$CG = 1\,123\text{单位}$$

小本轮切点的最大行差就是6 29′，超过第一本轮的行差1 33′，但是

$$2\,44′ : 1\,33′ = 60′ : 34′$$

因此，我们得出小本轮的半圆地方出现的余数与由给定的90 10′弧段所引起的余数之比。所以，对应表格中的90，我的记录是34′。采用同样的办法，我们可以求出每一个弧段对应的比例分数，记录在第4栏之中。

最后一栏是北部黄纬和南部黄纬的度数，我们将在后面对这一问题进行讨论。为了方便计算和使用，我认为应该采用这样的顺序。

表4-7 月球行差表

公共数		第二本轮行差		比例分数	第一本轮行差		增加量		北纬	
			′			′		′		′
3	357	0	51	0	0	14	0	7	4	59
6	354	1	40	0	0	28	0	14	4	58
9	351	2	28	1	0	43	0	21	4	56
12	348	3	15	1	0	57	0	28	4	53
15	345	4	1	2	1	11	0	35	4	50
18	342	4	47	3	1	24	0	43	4	45
21	339	5	31	3	1	38	0	50	4	40
24	336	6	13	4	1	51	0	56	4	34
27	333	6	54	5	2	5	1	4	4	27
30	330	7	34	5	2	17	1	12	4	20
33	327	8	10	6	2	30	1	18	4	12
36	324	8	44	7	2	42	1	25	4	3
39	321	9	16	8	2	54	1	30	3	53
42	318	9	47	10	3	6	1	37	3	43
45	315	10	14	11	3	17	1	42	3	32
48	312	10	30	12	3	27	1	48	3	20
51	309	11	0	13	3	38	1	52	3	8
54	306	11	21	15	3	47	1	57	2	56
57	303	11	38	16	3	56	2	2	2	44
60	300	11	50	18	4	5	2	6	2	30
63	297	12	2	19	4	13	2	10	2	16
66	294	12	12	21	4	20	2	15	2	2
69	291	12	18	22	4	27	2	18	1	47
72	288	12	23	24	4	33	2	21	1	33
75	285	12	27	25	4	39	2	25	1	18
78	282	12	28	27	4	43	2	28	1	2
81	279	12	26	28	4	47	2	30	0	47
84	276	12	23	30	4	51	2	34	0	31
87	273	12	17	32	4	53	2	37	0	16
90	270	12	12	34	4	55	2	40	0	0

公共数		第二本轮行差		比例分数	第一本轮行差		增加量		南纬	
			′			′		′		′
93	267	12	3	35	4	56	2	42	0	16
96	264	11	53	37	4	56	2	42	0	31
99	261	11	41	38	4	55	2	43	0	47
102	258	11	27	39	4	54	2	43	1	2
105	255	11	10	41	4	51	2	44	1	18
108	252	10	52	42	4	48	2	44	1	33
111	249	10	35	43	4	44	2	43	1	47
114	246	10	17	45	4	39	2	41	2	2
117	243	9	57	46	4	34	2	38	2	16
120	240	9	35	47	4	27	2	35	2	30
123	237	9	13	48	4	20	2	31	2	44
126	234	8	50	49	4	11	2	27	2	56
129	231	8	25	50	4	2	2	22	3	9
132	228	7	59	51	3	53	2	18	3	21
135	225	7	33	52	3	42	2	13	3	32
138	222	7	7	53	3	31	2	8	3	43
141	219	6	38	54	3	19	2	1	3	53
144	216	6	9	55	3	7	1	53	4	3
147	213	5	40	56	2	53	1	46	4	12
150	210	5	11	57	2	40	1	37	4	20
153	207	4	42	57	2	25	1	28	4	27
156	204	4	11	58	2	10	1	20	4	34
159	201	3	41	58	1	55	1	12	4	40
162	198	3	10	59	1	39	1	4	4	45
165	195	2	39	59	1	23	0	53	4	50
168	192	2	7	59	1	7	0	43	4	53
171	189	1	36	60	0	51	0	33	4	56
174	186	1	4	60	0	34	0	22	4	58
177	183	0	32	60	0	17	0	11	4	59
180	180	0	0	60	0	0	0	0	5	0

第十二章　月球行度的计算

据此，对月球行度的计算已经非常明显地呈现出来，具体方法如下：我们需要把针对月球位置所提出来的时刻，转换成均匀的时刻。这与对太阳的分析是一样的。通过均匀时，我们可以算出月球的黄经、近点角，还有黄纬的平均行度，这也是我们在下面将要解释的。根据基督的或者其他的纪元确定指定时刻里面行度的方位，然后，在表4-7里面查出月亮的均匀黄经的两倍是多少，或者它与太阳角距离的两倍数值，①然后，记录下来第3栏中的近似行差和相应的比例分数。如果开始的数字小于180，那么记在第1栏，应把行差加上月球近点角。如果数字大于180，那么记在第2栏，用近点角减去行差。这样我们就求出了月亮的归一化的近点角及其与第一本轮高拱点的角距离。

我们再次去查阅表格，在第5栏里得出相应的行差，第6栏里是余量，也是第二本轮对第一本轮增加的余量。求得的分数与60分之比得出比例部分，然后加上行差。如果归一化的近点角小于180或半圆，应把如此求得的和从经纬度的平均行度中减掉；如果近点角大于180，那么就相加。通过这种方法，可以知道月球与太阳平位置之间的真实距离，还有月球纬度的归一化行度。于是，无论是从白羊宫的第一星通过太阳的简单行度算起，还是从受岁差影响的春分点通过太阳的复合行度算起，月亮的真距离都是准确的。最后，我们可以运用第7栏中的黄纬的归一化行度，求出月亮偏离黄道而得出来的黄纬数值。当经度行度在表格的第一部分，我们可以

---

① 因为在一个相合的月份之内，月亮穿越小本轮两次，相对于太阳，这就是一次运转的时间。

查到经度，如果经度小于90，或者大于270，那么黄纬就是北纬，其余部分为南纬。于是，月亮会从北面下降到180，然后从其南面开始上升，并且依次完成圆周上的其余部分。因此月亮围绕地心的视运动，与地球围绕太阳的运动一样，都是多种多样的。

第十三章　如何分析和论证月球的黄纬行度

现在，我们需要给出月球的纬度运动，这看起来非常困难，因为受到很多限制，它确实比较复杂。例如，我们在前面说过，如果两次月食非常相似，甚至在所有的方面都是相等的，也就是南部或北部被遮挡住的部分是相同的，那么月亮是位于同一个升交点或者降交点附近，月球距离地球和它距离高拱点的距离也是相等的。而且，如果两次月食真的如此契合，那么说明月球的真实运动走过了一个非常完整的纬度圈。地球的影子呈圆锥形，如果它被与底面平行的平面所切开，那么截面必然也是圆形，距离底面越大，圆周越小；距离越小，圆周越大；而距离相等的时候，圆周相等。因为这一原理，只有与地球的距离相等的时候，月亮通过的阴影才是一个相等的圆周，月面在我们的眼中是相同的。因此，当月亮在同一边与阴影中心相等距离处显现出相等部分时，月球的纬度才是相等的。于是，月球回到了最初的纬度，而且在两个位置符合的时候，那么月球在前后两个时刻与同一个交点的距离必然是相等的。月亮距离地球的远近会导致阴影的变化，但是变化极其微小，有时甚至无法感知。因此，正如前面对太阳所谈的那样，两次月食之间的间隔越长，我们测定的黄纬行度就越准确。

但是在这些方面都吻合的两次月食极为罕见，我个人还没经历过。但是，我们还可以采用另外的一种方法来做到。假定其他条件都是固定不变的，月亮可以在相反的两边和在相对的交点被遮掩，那么月球的第二次月食的位置与第一次的位置正好相对，除去整个圆圈，它多走了半个圆周。这些已经足够令本研究达到令人非常满意的程度了。

据此，我们已经找到了两次几乎正好符合要求的月食。根据克罗狄斯·托勒密的说法，第一次月食发生在托勒密·费洛米特尔执政第7年，也就是亚历山大去世后第150年埃及历7月27日之后、28日之前的晚上。按照亚历山大城夜晚季节时的计算，月食开始于8点刚过，到10点末的时候结束。这次月食发生在降交点的附近，食分最大的时候遮挡住了月球直径的$\frac{7}{12}$，是从北部开始的。当时，太阳位于金牛宫内6，食甚发生在午夜之后2个季节时，也就是均匀时的$2\frac{1}{3}$点钟。在克拉科夫，就是均匀时的$1\frac{1}{3}$小时。

我观测到的第二次月食是在与克拉科夫相同的经度线上，时间为公元1519年6月2日。当时的太阳位于双子宫内21的位置，食甚时间是午后均匀时的$11\frac{3}{4}$点钟。月面南部约占直径的$\frac{8}{12}$被掩食。月食是在升交点附近出现的。

因此，从亚历山大纪元到第一次月食一共经历了149埃及年206天，在亚历山大城，还要补充上$14\frac{1}{3}$小时。在克拉科夫，是视时间$13\frac{1}{3}$小时，均匀时则是$13\frac{1}{2}$小时。根据计算，当时近点角的均匀位置是163 33′，等同于托勒密的结果163 40′。行差经过计算的结果是1 23′，月球的真位置比其均匀位置少这一数量。从同样的已经确定的亚历山大纪元到第二次月食一共经历了1 832埃及年295天再加上视时间11小时45分，也就是均匀时间11小时55分。于是，我们可以知道月球的均匀行度是182 18′，近点角位置是159 55′，归一化后为161 13′；行差为1 44′。

非常清晰可见的是，两次月食发生的时候，太阳在远地点，月球与地球的距离相等，但是掩食区域存在食分之差。月亮的直径大约是$\frac{1}{2}$，而食分是直径的$\frac{1}{12}$，也就是$2\frac{1}{2}$′，那么两个交点附近，月亮的倾斜的圆圈大约是$\frac{1}{2}$。第二次月食的时候，月球离开了升交点，相比于第一次月食离开降交点的距离要远，大概相差$\frac{1}{2}$。于是我们就知道，扣除整圈之后，月球纬度的真正行度是$179\frac{1}{2}$。然而，两次月食的中间时期，其近点角相对于均匀行度增加了21′，两个行差的差也是如此。于是，除整圈后，黄纬的均匀行度是179 51′。两次月食之间，是1 683年88天，再加上视时间22小时25分，均匀时间与视时间是相同的。在两次月食之间，除完成22 577次均匀运转，还要加上179 51′，这与我们设定的数值是一致的。

第十四章　月球黄纬近点角的位置

为了对前面采用的历元确定月球行度的位置，我必须再挑选两次月食。这两次月食没有在同一交点，位置也不是处在正好相反的区域，在其他一切条件都完全符合的情况下，它们一定是处在北面或南面与交点有相同距离的区域。于是，我们用这样的月食可以实现自己的研究目标而没有任何的误差，这也是遵循托勒密的规则。

因此，第一次月食是我们在研究月球的其他行度时所采纳过的月食，也是托勒密观测过的月食。它发生在哈德良执政第19年埃及历4月2日末，在亚历山大城是3日前的午夜之前均匀时的一个小时，也是克拉科夫午夜前的2个小时。在食甚时刻在北面掩食直径的$\frac{5}{6}$。那时太阳位于天秤宫内25 10′，月亮近点角的位置是64 38′，它的相减行差是4 20′，月食发生在降交点附近的位置。

第二次月食是我在罗马进行的观测，时间是公元1500年11月6日午夜之后两小时。位于罗马城东面5 的克拉科夫的时间是午夜之后$2\frac{1}{3}$小时，太阳位于天蝎宫内23 16′。和前次一样，北面$\frac{10}{12}$的直径被掩食。

这次月食距离亚历山大去世共经历了1 824埃及年84天，加上视时间14小时20分，换为均匀时是14小时16分。月球的平均行度为174 14′，月球近点角为294 44′，归一化后是291 35′，相加行差是4 27′。

显而易见，两次月食时月球与高拱点的距离几乎相等。而太阳都在其中拱点附近，阴影的范围相等。所以，可以看出月球是在南纬，黄纬是相等的，于是月球与交点的距离也是相等的。只不过，第二次月食的时候的交点是升交点，第一次为降交点。两次月食之间一共有1 366埃及年358天，再加上视时间4小时20分，也就是均匀时间4小时24分。这段时间中黄纬的平均行度是159 55′。

如图4-12所示，设ADBC为月球的倾斜圆周，AB为直径，也是与黄道的交线。C为北部的极限，D则为南部的极限，A是降交点，B是升交点。截取两个相等的弧段AF、BE，并且它们都位于南部的区域。第一次月食的地点是F，第二次是E。第一次月食时候的相减行差是FK，第二次月食时的相加行差是EL。

于是，因为，

$$弧KL = 159\ 55'$$

$$弧FK = 4\ 20'$$

$$弧EL = 4\ 27'$$

$$弧FKLE = 弧FK + 弧KL + 弧LE = 168\ 42'$$

而且，

$$180 - 168\ 42' = 11\ 18'$$

现在，

$$弧AF = 弧BE = \frac{1}{2}\ (11\ 18')= 5\ 39'$$

这也就是月亮与交线AB之间的真距离，于是，

$$弧AFK = 9\ 59'$$

因此，可清楚知道纬度上的平位置K与北限之间的距离为99 59′。

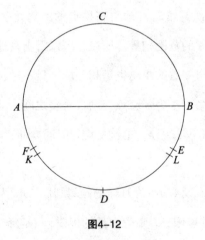

图4-12

从亚历山大逝世一直到托勒密在这一位置进行的这次观测，一共是457埃及年91天，加上视时间10小时，也就是均匀时间9小时54分。其间，黄纬的平均行度是50 59′。99 59′减去黄纬的平均行度，余数为49。在克拉

科夫的经度线上，遵循亚历山大纪元是埃及历1月1日的正午。根据时间差的算法，对应其他的纪元，也同样可以求出从北限开始计量的月球黄纬行度的位置。从第一届奥运会到亚历山大去世，共经历了451埃及年247天，如果要达到时间上的归一，须从这段时间再减去7分钟。其间，黄纬行度是136 57′。此外，从第一届奥运会到恺撒纪元，一共经历了730埃及年12小时。如果要达到时间上的归一化，再加10分钟。这段时期中均匀行度是206 53′。从那时开始计算，一直到基督纪元是45年又12天。从49减去136 57′，加上圆周的360，得数为272 3′，这是第一届奥林匹克运动会周期的第一年祭月第一天的正午的位置。

如果把206 53′加上272 3′，那么它们的和为118 56′，这也是儒略历纪元1月1日前的午夜的位置。

最后，我们再加上10 49′，得数为129 45′，这就是基督纪元的位置，同样是1月1日前的午夜时分。

第十五章　视差仪的研制

当圆周等于360的时候，月球对应于白道与黄道的交角的最大黄纬是5。命运没有赐给我进行这种观测的机会，托勒密也没有得到这样的机会，因为我们都受到了月球视差的影响。他的观测点在亚历山大港，这里的北极高度是30 58′，他等待观测的是月亮最为接近天顶的时刻，这时的月亮位于巨蟹宫的起点并在北限的地方。他能够预先确定这个时刻。他依托的工具就是视差仪，这是专门用来测定月球视差的仪器。当时月亮与天

顶之间的距离是 $2\frac{1}{8}$。即使这个距离受到视差的影响，对这么短的距离来说影响一定非常小。用 30 58′减去 $2\frac{1}{8}$，得数为 28 $50\frac{1}{2}′$。这个数字比当时的黄赤交角最大值 23 51′20″大约多出 5。月球黄纬的这一数值与其他特征是完全符合的。

视差仪由三个标尺组成，其中两个标尺至少长为 8 英尺或 9 英尺，并且长度完全相等，第三个尺子则要长一些。长尺与一把短尺用轴钉或栓分别与第三尺的一端相连。钉和栓的孔要仔细打好，在同一个平面之内，尺子可以移动，但是绝对不会在连接处摇晃。从接口的中心画一条直线，这条直线要贯穿整个长尺子。在直线上，尽量准确地量出距离两个接口相等距离的线段，并把线段分成完全相等的 1 000 份；如果可以尽可能分成更多。标尺的其余部分按照同样的单位划分，最后得到 1 414 单位。这一数值也就是取半径 1 000 单位的时候，圆内接正方形的边长的数值。截掉标尺的其余部分，在另一个标尺上，从接口的中心那里画一条直线，长度为 1 000 单位，也就是两个接口中心的距离的值。标尺的一边装上目镜，与一般的屈光镜一样，视线从此看去不能偏离我们前面在标尺上画的直线，但目镜是等距离的。如果这条直线向长尺的方向移动，它的端点就能够碰到刻度线。于是，三根标尺的形状构成了一个等腰三角形，这个三角形的底边就是分度线。我们再竖立起来一个非常坚固的杆子，把接口处的标尺用铰链固定在杆子上。于是，仪器可以围绕铰链旋转。但是接口处的直线一直指向天顶，看起来就像是地平圈的轴线。那么，如果你要计算的是某颗星星与天顶的距离究竟是多少，那么方法就是通过标尺目镜上的直线看这颗星星。把那个我们做好分度线的标尺放在下面，那么视线与地平圈的轴线形成的夹角所对应的长度单位数是可以求出来的，当时取的直径是 2 000 单位。于是我们去查阅表1–1，就能够知道我们要找的那颗星星与天顶之间大圆的弧长。

第十六章　如何求得月球的视差

前面我们已经介绍过，运用这个仪器，托勒密计算出来的月球的最大纬度是5。随后，他的注意力发生了转移，开始测量月球的视差，在亚历山大港，他测出来的月球视差是1 7′。当时太阳在天秤宫内5 28′，月亮距离太阳的平距离是78 13′，均匀的近点角是262 20′，纬度行度是354 40′，相加的行差是7 26′，月球的定位是摩羯宫中3 9′，归一化后的黄纬行度是2 6′，月球的北黄纬是4 59′，赤纬是23 49′。亚历山大港的纬度是30 58′。按照托勒密的说法，在子午线附近用仪器观测月球与天顶的距离是50 55′，相比于计算出来的数值多了1 7′。因此，根据古代人运用的偏心圆与本轮的理论，它求出当时月亮与地心之间的距离，结果是在地球半径为1单位的情况下，这一距离是39单位45分。然后他论证由圆周比值推导出的结果。例如，月亮与地球之间的最大距离是64单位再加10分，最大距离出现在本轮远地点的新月和满月的时候。而最短距离出现在近地点的半月的时候，是33单位33分。据此，托勒密算出了距离天顶90地方的视差，最大的差值是1 43′，最小的差值是53′34″。现在问题虽然一样，但是情况已经发生了很大的变化，我多次发现了这一点。

但是我还要叙述两项观测，它们又一次表明我的月球理论比他们的更为精确，因为我提出来的月球理论更符合目前的现象，并且不会引起质疑。公元1522年9月27日午后$5\frac{2}{3}$均匀小时，相当于弗龙堡的日落时间，运用视差仪，我们在子午线上能够看到月亮的中心，并且测量出它与天顶之间的距离是82 50′。从基督纪元开始一直到此时，共经历了1 522埃及年284天再加上视时间$17\frac{2}{3}$小时，均匀时间则是17小时24分钟。通过运算，太阳的视位置是天秤宫内13 29′，月球与太阳的均匀距离为87 6′，均匀近点角为357 39′，真近点角是358 40′，相加行差是7′。月球的真位置位于白羊宫中12 32′。从北限算起，纬度的平均行度是197 1′，真行度是197 8′，月球的南黄纬是4 47′，赤纬是27 41′。我所在的观测地点纬度是54 19′，加上月球的赤纬，可知月亮与天顶的真距离是82 。因此在视天顶距82 50′中多余的50′就是视差。但是托勒密认为，这应该是1 17′。

在同一个地点，我又进行了一次观测，时间是公元1524年8月7日下午6时。我使用相同的仪器测出的结果是月亮距离天顶82 。从基督纪元开始到这次观测，一共经历了1 524埃及年234天和视时间18小时，均匀时间和视时间相等。太阳在狮子宫内24 14′的位置，太阳和月亮之间的平均距离是97 6′，均匀近点角是242 10′，更正后的近点角是239 43′，平均行度增加了7 。月球的真位置位于人马宫内9 39′，黄纬的平均行度是193 19′，黄纬的真行度是200 17′，月球的南黄纬是4 41′，南赤纬是26 36′。加上观测地的纬度54 19′，得数是80 55′，这也是月球与地平圈极点之间的距离。然而，实际的数值是82 。因此多余的1 5′就是月球的视差。但是托勒密以及其他的古人都认为，月球的视差应该是1 38′，这样才能与他们的假说完全符合。

第十七章 月地距离的测定以及取地球半径为1单位时月地距离的数值

通过以上的求证，我们就可以知道月亮与地球之间的距离，这样我们才能够求得视差的确切数值，因为这两者是紧密联系在一起。月地距离可以测定如下。

如图4-13所示，令AB为地球上的一个大圆，C为圆心，围绕这一圆心再画一个圆圈DE，与之相比地球的圆并非太小。地平圈的极点位于D，E为月球中心，DE为到天顶的距离，它是已知的。

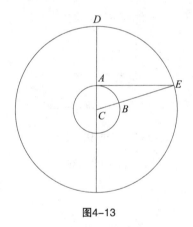

图4-13

在第一次观测中，

$$角DAE＝82\ 50'$$

通过计算，

$$角ACE＝82$$

于是，

$$角DAE－角ACE＝50'$$

这就是视差。现在，三角形ACE各个角都已知，因而各边已知。因为，角CAE已知，令三角形外接圆的直径为100 000单位，则

$$边CE=99\ 219单位$$

$$AC=1\ 454单位$$

取AC作为地球的半径，是1单位，则CE约为68单位。这也是第一次观测时月球与地心的距离。

但是，在第二次观测中，

$$角DAE=82$$

通过计算，

$$角ACE=80\ 55'$$

通过减法，

$$角AEC=1\ 5'$$

因此，在取三角形外接圆的直径=100 000单位时，

$$边EC=99\ 027单位$$

$$边AC=1\ 891单位$$

于是，地球的半径取1单位时，

$$CE=56单位42分^{①}$$

这也就是月球与地心的距离。

现在，如图4-14所示，令ABC为月球的大本轮，D为圆心，E为地心，画直线EBDA，A为远地点，B为近地点。

---

① 哥白尼在此处的计算出现了错误，CE应为52单位22分。——译者注

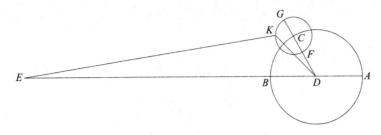

图4-14

现在，按第二项观测可算出月球均匀近点角，依此量出弧$ABC=242\ 10'$。

以C为圆心，画FGK为第二本轮，在它上面取弧$FGK=194\ 10'$，这是月球与太阳之间距离的两倍，连接DK。它使近点角减少$2\ 27'$，并使KDB=归一化近点角$=59\ 43'$，于是

$$弧CDB=弧ABC-180=62\ 10'$$

$$角BEK=7$$

因此，在三角形KDE之中，各角已知，取2直角$=180$，取三角形外接圆的直径$=100\ 000$单位，则各边长度也已知：

$$DE=91\ 856单位$$

$$EK=86\ 354单位$$

但是，以$DE=100\ 000$单位时，

$$KE=94\ 010单位$$

前面已经证明，

$$DF=8\ 600单位$$

$$DFG=13\ 340单位$$

于是，按照已知的比例，在取地球的半径是1单位时，

$$EK = 56\frac{42}{60}\text{单位}$$

然后，

$$DE = 60\frac{18}{60}\text{单位}$$

$$DF = 5\frac{11}{60}\text{单位}$$

$$DFG = 8\frac{2}{60}\text{单位}$$

并且如果连接为直线，则

$$EDG = 68\frac{1}{3}\text{单位}$$

这就是半月时的最大高度。因此，

$$ED - DG = 52\frac{17}{60}\text{单位}$$

这是半月与地球的最小距离。

$$EDF = 65\frac{1}{2}\text{单位}$$

这也是新月、满月时候的最大高度，而其最小距离为

$$EDF - DF = 55\frac{8}{60}\text{单位}$$

在这里，我们不要被这样的事实所误导，特别是那些受居住环境限制对于月球视差不能完全了解的人，他们认为满月和新月距离地球的最大距离能够达到 $64\frac{10}{60}$ 单位。对此，我们不必感到惊异。在靠近地平圈的时候，月球的视差接近于整数，这使我对月球视差了解得比较充分。然而我发现，这种差别所引起的视差变化不会超过1′。

第十八章　月球的直径以及在月球通过处地影的直径

因为月球和地影的视直径都是随着月球和地球之间的距离而变化的，

探讨这一问题非常有价值。毫无疑问，喜帕恰斯的屈光镜可以准确地测出太阳和月亮的直径是多少，但是也可以采用另外一种方式，也就是通过一些月食——当然是比较特殊的、与高低拱点等距离的月食——可以测量出月球的直径，而且更为准确。如果在那些时候，太阳的位置是比较相似的，那么月球两次穿过的影圈其实是相等的（除非被掩食的区域是在不同地方），那么上面的情形就更加适用。所以，很清楚的事情就是，如果我们比较月亮的宽度与阴影的区域之间的差异，那么可以求出月亮的直径在绕地心的圆周上对应的弧段，进而可以求出阴影的半径。

举例会让这一过程更为清晰。假设在很早的那次月食的食甚时刻，月亮直径的 $\frac{3}{12}$ 都被掩盖掉了，月心的黄纬是47′54″。第二次月食，月亮直径的 $\frac{10}{12}$ 被掩食，月心的黄纬是29′37″，阴影的区域之差是直径的 $\frac{7}{12}$，纬度差是18′17″。而 $\frac{12}{12}$ 是与月亮直径所张的角31′20″相对应的。因此，在第一次食甚的时候，月心的位置在阴影区之外，大概直径的 $\frac{1}{4}$ 处，这对应于月球宽度7′50″。用47′54″减去这个数值，余量就是40′4″，这也就是阴影区的半径。同样，第二次月食的时候，相比于月球的宽度，阴影区多出来了相当于月球直径的 $\frac{1}{3}$，也就是10′27″。把这个数值加上29′37″，相加的结果仍然等于阴影区的半径40′4″。托勒密的结论是，当太阳与月亮相合或相冲时，即在距地球最远的时候，月亮的直径是31′20″。他说用喜帕恰斯的屈光镜求得太阳的直径与此相等，然而阴影区的直径是1 21′20″，两个直径的数值之比是13∶5，也就是 $2\frac{3}{5}$∶1。

第十九章　如何同时推求日和月与地球的距离、它们的直径以及在月球通过处地影的直径及其轴线

太阳也是存在一定的视差的，因为它很微小，所以不容易被感知，但也存在例外，那就是太阳和月亮到地球的距离，两者的直径以及月亮经过地方的地影的轴线和直径，这些紧密地联系在一起。就理论层面而言，这些数值是可以相互推理计算出来的。首先，我要介绍的是托勒密关于这些数量的结论以及他推求它们的方法。我将从这一资料中选出完全正确的部分。他认为太阳的视直径是$31\frac{1}{3}'$，并固定不变地使用这一数值。他认为这个数值也是远地点的满月和新月的直径。如果地球的半径是 1 单位，他认为月亮和地球之间的距离就是64单位10分。

通过以下方法，他也对其他部分进行了证明。如图4-15所示，设定ABC是太阳球体上的一个圆周，D为圆心，EFG是当时距离太阳最远的地球上的圆圈，圆心是K。AG和CE这两条直线与圆相切，延长它们，相交于阴影的端点S，这也是地影的端点。通过太阳与地球的中心画直线DKS。画AK、KC，连接AC、GE，由于距离遥远，它们与直径并无差异。

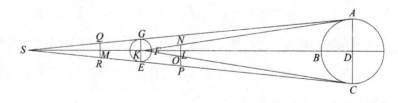

图4-15

在DKS上，取LK、KM，两者相等，都位于满月和新月的位置之上，

按托勒密的见解，EK为1单位时，在远地点处的月地距离为64单位10分。令QMR是在同样条件下在月球通过处地影的直径。令NLO是月球的直径，垂直于DK，延长成为LOP。

第一个问题就是求出$DK:KE$的比值，取4个直角$=360$，则

$$角NKO=31\frac{1}{3}'$$

而且，

$$角LKO=\frac{1}{2}角NKO$$

$$角LKO=15\frac{2}{3}'$$

$$角L=90$$

于是，在三角形LKO之中，角都已知，$KL:LO$已知。当KE为1单位时，LK为64单位10分，则

$$LO=17'33''$$

因为，

$$LO:MR=5:13$$

用同样单位表示

$$MR=45'38''$$

因为LOP和MR与KE平行并与KE的距离相等。因此

$$LOP+MR=2KE$$

而且，

$$OP=2KE-（MR+LO）=56'49''$$

根据《几何原本》第6卷，第2命题，有

$$EC:PC=KC:OC=KD:LD=KE:OP=60':56'49''$$

于是，取$DLK=1$单位，则

$$LD = 56' 49''$$

于是，通过减法，

$$KL = 3' 11''$$

取 FK 等于 1 单位，则 $KL = 64$ 单位 $10'$ ，

$$KD = 1\ 210 单位$$

现在可见，

$$MR = 45' 38''$$

于是，KE ： MR 已知，KMS ： MS 已知，在整个 KMS 上，

$$KM = 14' 22''$$

还有另外一种算法，取 $KM = 64$ 单位 $10'$，$KMS = 268$ 单位，这也是地影轴线长度。这就是托勒密的求法。

　　但是，在托勒密之后的其他天文学家逐渐发现，托勒密的结论并不完全符合现实，并且对这些课题还另有发现。虽然，他们也同意，满月和新月的时候，月亮距离地球最远的时候是 64 单位 $10'$，太阳在远地点的视直径是 $31\frac{1}{3}'$。他们也认为托勒密观测计算出来的月亮通过地影时候的直径与月亮的直径之间的比值是 13 ： 5，但是他们否认在该处月亮的视直径要大于 $29\frac{1}{2}'$。因此他们认为地影的直径应该是 $1\ 16\frac{3}{4}'$。他们的结论是，远地点的日地之间的距离是 1 146 个单位，地影的轴线长是 254 单位，当时所取的地球半径是 1 单位。这些天文学家们把这些数值归功于哈兰城的巴塔尼。但是这些数值也不能完美地结合在一起。我认为这些数值必须进行修正，方法如下：把远地点的太阳视直径视为 $31' 40''$，它比托勒密时期要大一些；新月和满月时期，高拱点位置的视直径是 $30'$，月球通过的地影的直径是 $80\frac{3}{5}'$，我们现在知道其比值大于 5 ： 13，取 150 ： 403，远地点的太阳不可

298

能完全被遮挡住，只有在它们之间的距离少于62个地球半径的情况下才可能发生。此外，在与太阳相合或相冲时，月亮离地球的最大距离等于$65\frac{1}{2}$地球半径。在采用这些数值时，它们不仅相互之间以及与其他现象刚好协调一致，也与日食和月食相符合。遵循上述的论证，地球的半径$KE=1$单位时，

$$LO=17'85''$$

因为这个原因，

$$MR=46'1''$$

因此

$$OP=56'51''$$

如果令$LK=65\frac{1}{2}$单位，则

$$DLK=1\,179单位$$

这也是太阳在远地点时与地球的距离。并且

$$KMS=265单位$$

这是地影的轴长。

第二十章　太阳、月亮、地球三个天体的大小及其比较

现在，非常明显，

$$LK:KD=1:18$$

同时，

$$LO : DC = 1 : 18$$

取$KE = 1$单位时,

$$18 \times LO \approx 5单位27'$$

还有一种算法,因为,

$$SK : KE = 265单位 : 1单位$$

可求出

$$SKD : DC = 1\,444单位 : 5单位27'$$

因为它们都是成比例的,这也就是太阳与地球的直径之比。但是,因为球体的体积之比等于其直径的立方比,所以,

$$(5单位27')^3 = 161\frac{7}{8}单位$$

太阳比地球大的倍数就是这些。

此外,令$KE = 1$单位,

$$月亮的半径 = 17'9''$$

因此

$$地球的直径 : 月亮的直径 = 7 : 2 = 3\frac{1}{2} : 1$$

求出这个比值的三次方,那么可以求得地球为月亮的$42\frac{7}{8}$倍。

于是,太阳是月亮的6 937倍。

第二十一章　太阳的视直径及其视差

我们知道,同样一个物体距离远的时候显得小,因此,太阳、月亮和地球的影子,因为它们与地球的距离不同而发生变化,这和视差变化的情

况一样。通过前面得出的结果，对任何距离都容易测定这一变化。首先，以太阳为例，前面已经说过了。如果令周年运转轨道的半径是10 000单位，地球距离太阳的最远距离是10 322单位；在周年运转轨道直径的另一部分，在地球最接近太阳时距离是9 678单位。因此，如果取高拱点是1 179地球半径，则低拱点是1 105单位，平拱点是1 142单位。

于是，在直角三角形之中，

$$1\,000\,000 \div 1\,179 = 848$$

它所对的最小角为$2'55''$，这是出现在地平圈附近的最大视差。同样，用1 105除1 000 000，即得905，所对的角为$3'7''$，这也是在低拱点的最大视差。

但是前面已经说明太阳直径是$5\frac{27}{60}$地球直径，并且在高拱点所张角为$31'48''$。须知

$$1\,179 : 5\frac{27}{60} = 2\,000\,000 : 9\,245 = 轨道直径 : 31'48''的2倍所对半弦$$

因此在最短距离（即1 105地球半径）处，太阳的视直径为$33'54''$。于是这些数字之差为$2'6''$，但是视差之差仅为$12''$。由于这两个差值都很小，$1'$或$2'$实际上都很难察觉出来。于是，如果在任何一点，我们都认为太阳的最大视差是$3'$，那么看起来也不会出任何差错。我们也可以通过太阳的平均距离界定太阳的平均视直径，或像其他天文学家做过的那样通过太阳的小时视行度来界定。他们认为太阳的小时视行度与其直径之比是$5:66$，或者$1:13\frac{1}{5}$。因此太阳小时视行度，与其距离是成正比例的。

第二十二章　月球的可变视直径及其视差

　　月亮是距离地球最近的天体，它的视直径和视差变化很大，而且表现得非常明显。在新月和满月的时候，月亮距离地球最远，是$65\frac{1}{2}$单位，最小距离是$55\frac{8}{60}$单位。在半月的时候，最大距离是$68\frac{21}{60}$单位，最小距离是$52\frac{17}{60}$单位。于是，我们用这4个极限处的月地距离来除地球的半径，便可得到在出没时月球的视差：在月球最远的时候，半月时为$50'18''$，满月和新月时为$52'24''$；在月球最近的时候，满月和新月时是$62'21''$，半月则是$65'45''$。

　　通过这些视差，我们也可以求得月球的视直径。前面我们已经说过，地球直径和月球直径的比是7∶2，可知，地球半径和月球直径的比值是7∶4，同时，这一比值也是视差与月亮的视直径的比值。这是因为在同一次月亮经天时，构成较大视差角的直线同视直径的直线没有什么区别。同时，角度也与对应的弦是成正比例的关系，基本没有什么差别。于是，我们可以得知，在视差的第一个极限点，月球的视直径是$28\frac{3}{4}'$；在第二个极限点约为$30'$；在第三个极限点为$35'38''$；在最后一个极限点为$37'34''$。如果遵循托勒密等人的观点，直径应该是1，并且这时半月投射到地球上的光亮和满月的时候是一样的。

第二十三章　地影变化可达什么程度

　　前面，我们已经解析出：

地影的直径：月球的直径＝403：150

因为这个原因，当新月和满月的时候，太阳位于远地点之际，最小的地影直径是80′36″，最大是95′44″，最大差值是15′8″。即使月球穿过的是同一个位置，由于太阳和地球之间的距离不同，地影也会产生很大的变化。具体如下：

如图4-16所示，按照前面的图形，画直线DKS穿过太阳和地球的中心，再画切线CES。连接DC与KE。

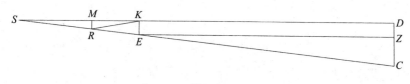

图4-16

取KE为1单位，当DK＝1 179单位，KM＝62单位时，

$$地影半径MR＝地球半径KE的46\frac{1}{60}′$$

连接KR，

$$角MKR＝地影视角＝42′32″$$

$$KMS＝地影轴长＝265单位$$

在地球最靠近太阳的时候，

$$DK＝1 105单位$$

我们可用下面的方法计算在相同的月球通过处的地影。

画EZ平行于DK，然后，

$$CZ：ZE＝EK：KS$$

但是，

$$CZ = 4\frac{27}{60} \text{单位}$$

$$ZE = 1\,105 \text{单位}$$

由于KZ是平行四边形，于是，

$$ZE = DK$$

$$DZ = KE$$

于是

$$KS = 248\frac{19}{60} \text{单位}$$

现在，

$$KM = 62 \text{单位}$$

于是，进行减法，

$$MS = 186\frac{19}{60} \text{单位}$$

但是，因为

$$SM : MR = SK : KE$$

因此，

$$MR = \text{地球半径的} 45\frac{1}{60}{}'$$

并且

$$\text{角} MKR = 41'35''$$

由于这个原因，便出现了下列情况。取EK=1单位时，在相同的月球通过处，由太阳和地球的接近或离开引起的地影直径差值最多为1′，这与取4直角=360时，视角57″成比例。进一步说，在第一种情况下，

$$\text{地影直径}：\text{月球直径} > 13 : 5$$

第二种情况下，

$$\text{地影直径}：\text{月球直径} < 13 : 5$$

我们可以认为13∶5是中间比值。因此，如果为了减少工作量和遵循古人的见解，到处都选用同一数量，我们就会犯不可忽略的差错。

第二十四章　在地平经圈上日月各视差值的表格显示

现在，界定太阳和月亮的单独的视差不会有困难了，如图4-17所示，再次绘制地球圆周的弧段AB，使它穿过地平圈的极点，C是地球的中心。DE为在同一平面内的白道，FG是太阳的轨迹，画直线CDF，使它通过地平圈极点，令太阳与月亮的真位置都在直线CEG上。画AG和AE为指向这些位置的视线。

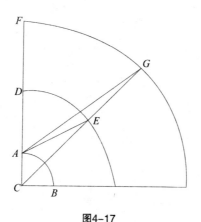

图4-17

因此，太阳视差由角AGC表示，月亮视差由角AEC表示。而且，可以运用角GAE测太阳和月亮的视差的差值，这也就是角AGC与角AEC之间的差。现在，我们取ACG为可以与那些角对比的角度，并令角ACG＝30，按

照平面三角形的定理，当取AC为1单位时，

$$直线CG=1\,142单位，$$

则

$$角AGC=1\frac{1}{2}{}'$$

这也是太阳真高度与视高度之间的差值，但是，当角$ACG=60$时，

$$角AGC=2{}'36{}''$$

与此相似，对应角ACG的其他数值，太阳视差也都明显可知。

　　但是，对于月球来说可用它的4个极限，取4直角$=360$，可令角DCE
或弧$DE=30$；当月地距离为最大时，取$CA=1$单位，正如我们说过的，

$$CE=68单位21{}'$$

在三角形ACE中，其中两边AC、CE连同角ACE都已知，于是，

$$视差角AEC=25{}'28{}''$$

当$CE=65\frac{1}{2}$单位时，

$$角AEC=26{}'36{}''$$

与此相似，在第三极限，

$$CE=55单位8{}'$$

$$视差角AEC=31{}'42{}''$$

最后，在月球距离地球最近处，当$CE=52$单位$17{}'$时，

$$角AEC=33{}'27{}''$$

进一步说，当弧$DE=60$时，视差按照顺序分别是：

$$第一视差=43{}'55{}''$$

$$第二视差=45{}'51{}''$$

$$第三视差=54\frac{1}{2}{}'$$

$$第四视差=57\frac{1}{2}'$$

我写下这些数值的顺序是按照表4-8的顺序。为了方便查阅表格，这个表格也将同其他表格一样，一列30行，每行间隔6 ，度数是从天顶算起的度数（最大90 ）的2倍。表格分为9栏，第1栏和第2栏是圆周的公共数，第3栏是太阳的视差数，之后都是关于月球视差的，第4栏是最小视差（当半月在远地点时出现）小于第5栏中的视差（当满月或新月在远地点时出现）的差值，第6栏是满月或新月的时候，在近地点产生的视差。第7栏是最靠近我们的半月的视差与远地点的半月出现的视差的差值，第8栏和第9栏记录的是比例分数，应用于计算4个极限的视差。我将分别对这些分数进行说明，首先是关于远地点附近的分数，然后是落到前两个极限之间的分数。解释如下。

如图4-18所示，令圆周AB为月球的第一本轮，C为圆心。D为地球的中心，作直线DBCA，围绕远地点A，作第二本轮EFG。

图4-18

现在，截取弧EG=60 ，连接AG和CG，如前面所证，取地球半径为1单位时，

$$直线CE=5\frac{11}{60}单位$$
$$直线DC=60\frac{18}{60}单位$$

$$直线EF=2\frac{51}{60}单位$$

于是，在三角形ACG中，

$$边GA=1单位25'$$

$$边AC=6单位36'$$

而且，这两边所夹的角CAG也已知，根据平面三角形的有关定理，用同样的单位表示，

$$边CG=6单位7'$$

因此可知，如果换成直线，那么

$$DCG=DCL=66单位25'$$

但是，

$$DCE=65\frac{1}{2}单位$$

相减得

$$EL\approx55\frac{1}{2}'$$

通过这个已知的比率，当$DCE=60$单位时，用同样单位可得

$$EF=2单位37'$$

$$EL=46'$$

因此，如果

$$EF=60'$$

则

$$EL\approx18'$$

我们将在第8栏中记录这些数值，以便与第1栏的60对应起来。

在近地点B处，我们将进行一些类似的论证。以B为圆心，重画第二本轮MNO，令角$MBN=60$，同上，已知三角形BCN的各边与角，同样地，

取地球半径＝1单位，

$$余量 MP \approx 55\frac{1}{2}'$$

取相同单位，

$$DBM = 55单位8'$$

如果，$DBM = 60$单位，则用这样的单位可得

$$MBO = 3单位7'$$

那么，

$$MP = 55'$$

现在，

$$3单位7' : 55' = 60' : 18'$$

我们得到与前面对远地点而言相同的结果。两次所得多余线段相差只有几秒。对于其他的数值也采用这样的算法，并把得数放入第8栏之中。但是，即便我们不运用这些数值，仅仅采用行差表中比例分数栏所列数值，也不会出现错误。因为它们基本上是相同的，数值都很小。我们还需要关注的是中间的极限，也就是第二和第三极限之间的那些比例分数。

现在，如图4-19所示，设新月或满月时期扫描出的第一本轮是AB，C为圆心，D为地心，并画直线$DBCA$，现在，从远地点A开始截取一些弧段，例如弧AE。

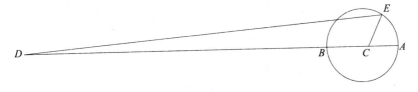

图4-19

令弧AE＝60，连接DE和CE，于是我们有了三角形DCE，它的两边已知，

$$CD＝60单位19'$$

$$CE＝5单位11'$$

现在，角DCE是个内角，

$$角DCE＝180－角ACE$$

因此，根据我们已经论证过的三角形定理，

$$DE＝63单位4'$$

但是，

$$DBA＝65\frac{1}{2}单位$$

比ED超出2单位26'。

$$AB＝10单位22'$$

$$10单位22'：2单位26'＝60'：14'$$

这些数值被列入表中第9栏，对应的是60。以此为例，我解决了余下的问题并完成了表格。我还做了表4-9，就是太阳、月亮和地影的半径表格，以便让这些资料使用起来简单方便。

表4-8　日月视差表

公共数		太阳视差		为求得在第一极限的视差，应从在第二极限的月球视差减去的差值		在第二极限的月球视差		在第三极限的月球视差		为求得在第四极限的视差，应给在第三极限的月球视差加上的差值		比例分数	
												小本轮	大本轮
度	度	分	秒	分	秒	分	秒	分	秒	分	秒		
6	354	0	10	0	7	2	46	3	18	0	12	0	0
12	348	0	19	0	14	5	33	6	36	0	23	1	0
18	342	0	29	0	21	8	19	9	53	0	34	3	1
24	336	0	38	0	28	11	4	13	10	0	45	4	2
30	330	0	47	0	35	13	49	16	26	0	56	5	3
36	324	0	56	0	42	16	32	19	40	1	6	7	5
42	318	1	5	0	48	19	5	22	47	1	16	10	7
48	312	1	13	0	55	21	39	25	47	1	26	12	9
54	306	1	22	1	1	24	9	28	49	1	35	15	12
60	300	1	31	1	8	26	36	31	42	1	45	18	14
66	294	1	39	1	14	28	57	34	31	1	54	21	17
72	288	1	46	1	19	31	14	37	14	2	3	24	20
78	282	1	53	1	24	33	25	39	50	2	11	27	23
84	276	2	0	1	29	35	31	42	19	2	19	30	26
90	270	2	7	1	34	37	31	44	40	2	26	34	29
96	264	2	13	1	39	39	24	46	54	2	33	37	32
102	258	2	20	1	44	41	10	49	0	2	40	39	35
108	252	2	26	1	48	42	50	50	59	2	46	42	38
114	246	2	31	1	52	44	24	52	49	2	53	45	41
120	240	2	36	1	56	45	51	54	30	3	0	47	44
126	234	2	40	2	0	47	8	56	2	3	6	49	47
132	228	2	44	2	2	48	15	57	23	3	11	51	49
138	222	2	49	2	3	49	15	58	36	3	14	53	52
144	216	2	52	2	4	50	10	59	39	3	17	55	54
150	210	2	54	2	4	50	55	60	31	3	20	57	56
156	204	2	56	2	5	51	29	61	12	3	22	58	57
162	198	2	58	2	5	51	56	61	47	3	23	59	58
168	192	2	59	2	6	52	13	62	9	3	23	59	59
174	186	3	0	2	6	52	22	62	19	3	24	60	60
180	180	3	0	2	6	52	24	62	21	3	24	60	60

表 4-9　日、月和地影半径表

公共数		太阳半径		月球半径		地影半径		地影的变化
		′	″	′	″	′	″	′
6	354	15	50	15	0	40	18	0
12	348	15	50	15	1	40	21	0
18	342	15	51	15	3	40	26	1
24	336	15	52	15	6	40	34	2
30	330	15	53	15	9	40	42	3
36	324	15	55	15	14	40	56	4
42	318	15	57	15	19	41	10	6
48	312	16	0	15	25	41	26	9
54	306	16	3	15	32	41	44	11
60	300	16	6	15	39	42	2	14
66	294	16	9	15	47	42	24	16
72	288	16	12	15	56	42	40	19
78	282	16	15	16	5	43	13	22
84	276	16	19	16	13	43	34	25
90	270	16	22	16	22	43	58	27
96	264	16	26	16	30	44	20	31
102	258	16	29	16	39	44	44	33
108	252	16	32	16	47	45	6	36
114	246	16	36	16	55	45	20	39
120	240	16	39	17	4	45	52	42
126	234	16	42	17	12	46	13	45
132	228	16	45	17	19	46	32	47
138	222	16	48	17	26	46	51	49
144	216	16	50	17	32	47	7	51
150	210	16	53	17	38	47	23	53
156	204	16	54	17	41	47	31	54
162	198	16	55	17	44	47	39	55
168	192	16	56	17	46	47	44	56
174	186	16	57	17	48	47	49	56
180	180	16	57	17	49	47	52	57

312

第二十五章　太阳和月球视差的计算

在这里，关于使用表格计算太阳和月亮视差的方法，我们也要简单地进行解释。可以依据太阳距离天顶的数值或2倍月亮距离天顶的数值，在表格中查出视差。太阳的视差非常简单，只需查一个数值，但是月亮需按其4个极限分别得出视差。此外，对于月亮距离太阳的行度，或者两者距离的2倍，根据表格第8栏可以查出比例分数，然后运用这个比例分数，去求出第一个和最后一个极限之间的差值，按照60′的比例部分表示出来。下一个视差，也就是第二极限的视差，减去第一个60′的比例部分，然后加上倒数第二个的极限视差，得到最后归化到远地点或近地点的一对月球视差。小本轮使它们增大或者减小，依据月球的近点角，在最后一栏中能够查出比例分数。接着用这些比例分数可以对刚才求出来的视差之差值求得比例部分。把这个60′的比例部分与第一个归化视差相加。最后求出来的数值是对指定地点和时间所求的月球视差，可以看看下面的例证。

令月球的天顶距是54，平均行度为15，而它的近点角归一化行度是100，于是我的目标是通过表格来求取月球视差。月亮的天顶距度数的2倍是108。它在表格中对应的是第一极限和第二极限的差值，即1′48″，第二极限的视差是42′50″，第三极限的视差是50′59″，第四极限的视差比第三极限多2′46″。我把它们分别做了记录。再加倍后月亮的行度是30。对这一数值我从比例分数的第一栏查得为5′。第二极限与第一极限差值的60′的比例部分是9″。用第二极限的视差42′50″减去9″，得数为42′41″。以此类推，第二个差值就是2′46″，比例部分对应的是14″。把它加上第三极限的视差50′59″，它们的和等于51′13″。视差的差值为8′32″。按照归一化的近点角度数，通过表格中的最后一栏可以查出比例分数是34′。然后求出8′32″的差值的比例部分是4′50″，加上第一改正视差42′41″，最后的和是47′31″，这也就是地平经圈上我们要求得的月球视差。

但是，其他的月球视差，与满月和新月时候的视差相比，差异微不足道，所以只要我们取中间极限的数值，那么数字就已经非常准确了。运用这些视差，非常有助于预测日食和月食，其他的就没有必要进行更多的关注。如果非要进行那种研究的话，主要是为了满足好奇心，而不是实际的需要。

第二十六章　如何分离黄经和黄纬视差

如果把视差仅仅分为黄经视差和黄纬视差，这是比较容易做到的事情。太阳和月亮之间的视差也可以依据相互交叉的黄道和地平经圈上的弧段和角度进行度量。如果两者垂直相交，那么就没有黄经上的视差。如果两者一致，那么视差完全在纬度上面。但在另一方面，黄道与地平圈垂直相交并且与地平经圈相合时，如果这个时候月球黄纬是零，那它只是在经度上有视差。如果它的黄纬不是零，它在经度上也存在视差。

通过这种方式，如图4-20所示，令ABC为黄道，垂直于地平圈。A为地平圈上的极点。ABC将与月亮地平纬度是一致的，而月球黄纬为零。如果B为月球所在的位置，它的整个视差BC都在经度方向上。

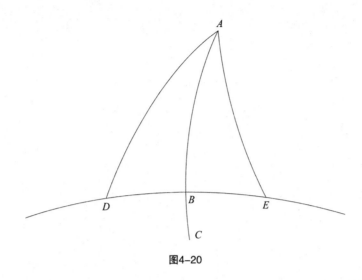

图4-20

但是，如果月球存在纬度，通过黄道两极画圆*DBE*，并取*DB*或者*BE*等于月球的纬度。非常清楚的是，边*AD*和*AE*与*AB*并不相等，因为*DA*和*AE*两圆都不通过*DBE*的极点，角*D*和角*E*都不是直角。视差和纬度也有一定的关系，月亮越是接近天顶，情况越是如此。令三角形*ADE*的底边固定不变，*AD*与*AE*两边越短，与底边构成的锐角度数越锐。月亮越是远离天顶，这两个角就越接近直角。

现在，如图4-21所示，设*ABC*为黄道，*DBE*为月亮的地平纬圈，两者斜着相交。令月球的黄纬为零；当它位于与黄道的交点*B*时，情况便是如此。令*BE*为在地平纬圈上的视差。画穿过*ABC*的两极的圆上的弧*EF*。

因此，在三角形*BEF*中，角*EBF*已知，如上面证明过的，角*F*＝90，边*BE*已知，按照球面三角形的有关定理，其余的边也是已知的：*FE*是纬度上的视差，*BF*是经度上的视差，这些与视差*BE*是相对应的。因为它们数值

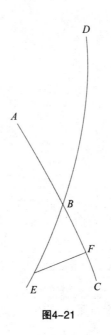

图4-21

很小，难以与直线BE、EF、FB相区别，因此如果把直角三角形看成直线三角形，我们的运算也不会出错误，计算也相对简单一些。

当月球黄纬不为零时，计算较为困难。如图4-22所示，再画ABC为黄道，DB是通过地平圈极点的圆，并与ABC斜交。B是月球在经度上的位置，令它的纬度在北面为BF，在南面为BE。令D为地平圈的天顶，从天顶向月球作地平经圈DEK和DFC，EK和FG作为视差落在上面。

因为月亮的经度和纬度真位置是点E或点F，但是看上去是在点K或点G。从这两点出发，画弧KM和LG垂直于黄道ABC。于是，月亮的黄经、黄纬以及所在区域的纬度都已知。因此在三角形DEB之中，DB和BE已知，角ABD作为黄道与地平经圈的交角也是可知的，

$$角DBE＝角ABD＋直角ABE$$

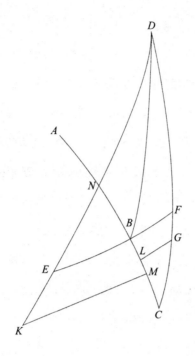

图4-22

于是余边DE可知，角DEB可知。

同样地，在三角形DBF之中，两边DB、BF，角DBF已知，角DBF和角ABD构成一个直角，于是DF和角DFB都已知。因此由表可以得出弧DE、DF上的视差EK和FG。还能求出DE和DF，这也是月亮距离天顶的真实距离。同样，视天顶距DEK或者DFG也是可知的。

但是DE与黄道相交于点N。在三角形EBN之中，角NBE是直角，角NEB已知，于是底边BE可求出。余角BNE和余边BN、NE已知，同样，在三角形NKM之中，角M、角N和整条边KEN已知，可求出底边KM。这也是月球的视南纬，它比EB多出来的量就是黄纬视差。余边NBM已知，用NBM减去NB，求出的BM就是黄经视差。

在北面的三角形BFC之中，因为边BF、角BFC已知，而角B为直角，其余的边BLC、FGC和角C也是可知的。用FGC减去FG，余下的是GC，这也是三角形GLC的已知边。同时，在此三角形中角LCG和角CLG已知，后者是直角。因此，余下的边GL、LC已知，BL成为BC减去LC的余量，也是黄经的视差。视黄纬GL也可知，其视差为真黄纬BF超出GL的量。

但是，正如你看到的一样，关于这些微小数值的运算，需要耗费大量劳力而收效甚微。如果我们用角ABD取代角DCB，用角DBF取代角DEB，并忽略月球黄纬，用平均弧DB取代弧DE和DF，这样就足够精确了。这样做不会有任何的误差，尤其在地球的北部更是如此。但是，在南部地区，B在天顶的时候，黄纬的最大数值是5，月亮位于近地点，的确存在6′的差值。但是在食时，月球与太阳相合，其黄纬不会超过$\frac{1}{2}$，会存在$1\frac{3}{4}$′的差值。因此，非常清楚，在黄道的东边四分之一圆周上，黄经视差应与月球真位置相加，但是在其他四分之一圆周上，则是相减，这样我们才能求出月球的视黄经。依据黄纬视差还可以求出月亮的视黄纬究竟是多少。如果它们在黄道的同一侧就相加，如果位于黄道的相反方向，则让较大量减去较小量，余量就是与较大量同一侧的视黄纬。

第二十七章　关于月球视差论述的证实

上面讲述的月球视差与观测事实相符，对此我可以根据许多其他的观测来断言。例如我在公元1497年3月9日日落之后在博洛尼亚所做的一次观测。我观看月掩毕星团中的亮星毕宿五。在等待之后，我们能够看到这颗星星与月亮的暗边接触。在入夜之后的第5个小时末尾，最后的星光被隐藏在月亮的两角之间。它距离南部的角近了月亮宽度或直径有$\frac{3}{4}$左右。可知它的位置是双子宫内2 52′，南纬为5$\frac{1}{6}$。非常清楚的是，月亮的中心看起来是在恒星西部的半个月亮直径的地方。由此可知，它的视位置是黄经2 36′，黄纬5 6′左右。

因为从基督纪元开始，一共经过了1 497埃及年76天，在博洛尼亚又加上23个小时，在更东边几乎9 的克拉科夫，因为太阳是在双鱼宫中28$\frac{1}{2}$。附加的时间应为23小时36分，均匀时间再加上4分钟。因此，月亮到太阳的均匀行度是74 ，月球的均匀近点角是111 10′，月亮的真位置是双子宫内3 24′，黄纬为南纬4 35′，黄纬的真行度是203 41′。而且，在博洛尼亚，此时天蝎宫内26 正以59$\frac{1}{2}$的角度升起，月亮到天顶的距离是84 ，地平纬圈和黄道之间的交角是29 ，月球的黄经视差是51′，黄纬视差为30′。这些数据和观察到的是完全符合的，所以不会有人怀疑我的这些假设及相关的论断。

第二十八章 日月的平合与平冲

验证太阳和月亮相合或者相冲的方法，可以运用上面对日月运行的叙述。对任何一个我们认为相合或者相冲即将来临的时间，我们首先要求出月球的均匀行度究竟是多少。如果我们发现行度正好是一个整圈，那就有一次合；如果是半圈，月亮在冲时为满月。但是这样的情况非常少见，所以应当观测太阳和月亮之间的距离。用月亮的每日行度来除这个距离，我们就可按行度是有余还是不足，而分别求得自上次朔望以来或到下次朔望之间的时间。然后在表4-10里面查出行度与位置，用它们可以算出真的新月和满月，并按下述方法可以把有食发生的合与其他的合区分开。一旦确定了这些月相，便可把它们外推到任何其他月份，并用一个十二月份表对若干年连续进行。表4-10还包含分部时刻、太阳和月亮近点角的均匀行度和黄纬的均匀行度等。它们的每一个数值都与前面求得的个别均匀值有联系。但是，为了求得太阳近点角的真实数值，我将以其归一化形式做适当的记录。因为它的起点或者说高拱点的移动实在太缓慢了，所以一年甚至几年都无法察觉到它的差异。

表4-10 日月合冲表

月份	分部时间				月球近点角行度				月球黄纬行度			
	日	日分	日秒	六十分之日秒	60		′	″	60		′	″
1	29	31	50	9	0	25	49	0	0	30	40	14
2	59	3	40	18	0	51	38	0	1	1	20	28
3	88	35	30	27	1	17	27	1	1	32	0	42
4	118	7	20	36	1	43	16	1	2	2	40	56
5	147	39	10	45	2	9	5	2	2	33	21	10
6	177	11	0	54	2	34	54	2	3	4	1	24
7	206	42	51	3	3	0	43	2	3	34	41	38
8	236	14	41	12	3	26	32	3	4	5	21	52
9	265	46	31	21	3	52	21	3	4	36	2	6
10	295	18	21	30	4	18	10	3	5	6	42	20
11	324	50	11	39	4	43	59	4	5	37	22	34
12	354	22	1	48	5	9	48	4	0	8	2	48

满月与新月之间的半个月												
$\frac{1}{2}$	14	45	55	4	3	12	54	30	3	15	20	7

太阳近点角行度

月份	60		′	″	月份	60		′	″
1	0	29	6	18	7	3	23	44	7
2	0	58	12	36	8	3	52	50	25
3	1	27	18	54	9	4	21	56	43
4	1	56	25	12	10	4	51	3	1
5	2	25	31	31	11	5	20	9	20
6	2	54	37	49	12	5	49	15	38

半个月				
$\frac{1}{2}$	0	14	33	9

321

第二十九章 日月真合与真冲的研究

在按上述方法求得这些天体的平合或平冲的时刻以及它们的行度之后，为了找出它们的真朔望点，还需知道它们彼此在东面或者西面的真距离。如果在一次平合或平冲时月亮是在太阳的西面，则显然会出现一次真朔望。但如果太阳在月亮的西面，那么真朔望就已经出现过了。通过两个天体的行差，这一问题会更加清晰。如果它们的行差都为零或行差相等并且符号相同，那么真合或真冲显然与平朔望会一起出现。但是假如行差同号而不相等，它们之间的差就是天体的距离。无论是相加，还是相减，行差大的天体都位于另一个天体的西部或者东部。如果行差的符号相反，具有相减行差的天体更偏西得多，这是因为根据行差的和，能够求出两个天体之间的距离。对于这个距离，我们要考虑在多少个完整小时内月亮能够通过它（每1需要用2个小时）。

按照这种方式，如果两天体之间距离是6，那么对这个度数取12小时。然后根据这样的时间，去界定太阳和月亮之间的真距离。当我们知道，月球的平均行度是每2个小时1 1′，但是在满月和新月的时候，附近近点角每小时的真行度是50′。在6个小时之内，均匀行度是3 3′，近点角的真行度为5。然后，用这些数字可以通过表4-7查出行差的差值，如果近点角在圆周的下半部分，需要将这个差值加上平均行度，否则用平均行度减去差值。得到的结果就是月亮在所取时间内的真行度。如果这个行度和前面我们确定的数值相等，就是非常准确的数值。否则应用它乘以估计的小时，除以这个行度。也可以采用另一种方法，就是用距离除以每小时的真行度。那么所得到的商就是以小时和分钟计的平均合冲与真合冲之间的真时间差。如果月亮位于太阳的西边，或者正好对应太阳，那么用时间差加上平均相合或者相冲的时间。如果月亮在太阳的东边，则相减。于是真正的时刻就能够求得了。但是还有一个问题，太阳的不均匀性也会引起一些数量上的增减。虽然它可以忽略不计，因为在整个时间中甚至在朔望当两天体的距离超过7的时候，也就是最大距离的时候，它的数值还没有达到1′。这是确定朔望更加可靠的方法。

由于月亮的行度不固定，甚至每小时都在变化，那些依赖月球每小时行度进行计算的人，也可以说就是运用小时余量进行运算的人，有时的确会犯错误，于是不得不重复计算。所以，为了求出一次真合或真冲的时刻，应当确定黄纬真行度以便得出月球黄纬，还需要确定太阳与春分点的真距离，也就是太阳在与月亮位置所在的同一个黄道宫或者与之相对的黄道宫的距离。用这种方法可以求得在克拉科夫经线上的平均或均匀时，并用前面阐述的方法可使之归化为视时。但是如果要观测其他的地点，那么还要结合当地的经度进行考虑。对经度的每一度取4分钟，每一分4秒，如果那些地方的位置在东部，那么加上克拉科夫的时间；如果在西部，则减去这些时间。所得的结果就是太阳和月亮真合或真冲的时刻。

第三十章　如何区分在食时出现的与其他情况下的日月合冲

就月亮而言，是否在朔望的时候有食是比较容易确定的事情，如果其黄纬的度数小于月亮和地影直径之和的一半，那么就会出现掩食的情形；

如果大于一半，那么就不会出现。但是对于太阳而言，问题就不那么简单了，因为存在视差，所以看到的相合与真合是不一样的。因此我们需要研究太阳和月亮在真合时候的黄经差。在黄道东面的四分之一圆周之内，真合发生前1小时，或者黄道西面的四分之一圆周内，真合发生后的1小时，我们可以测量月亮到太阳的视黄经距离究竟是多少，于是我们就能够知道月亮在1个小时内看起来离开太阳移动的距离。用这个一小时的行度来除经度差，得到的数值就是真合与视合的时间差。在黄道的东面，真合的时间减去时间差，而在西边则应相加（因为在前面情况下，视合的出现早于真合，而在后面情况下则晚于真合），然后就得到了我们想要的视合时间。然后对这一时刻，在减掉太阳视差之后计算月球与太阳的黄纬视距离，或在视合时太阳与月亮中心之间的距离。如果得数大于两者直径之和的一半，太阳不会被遮挡，否则就会出现日食。于是，我们可以得出结论，如果月亮在真合的时候没有产生黄经视差，那么真合与视合就是完全一致的。出现的位置从黄道算起，无论是向东还是向西，都是在90的地方。

第三十一章　日月食的食分

因此，日食或者月食即将发生，我们很容易了解日食或者月食的大小。就太阳而言，可以参照视合的时候太阳和月亮纬度的视差。用太阳和月亮直径的和的一半减去这个纬度，所得的差就是太阳沿直径度量被遮挡的部分。乘以12再除以太阳的直径，得到的就是太阳的食分数值。如果太阳和月亮之间不存在纬度的差异，则整个太阳被掩食，或者被月球掩食到最大限度。

就月食而言，可以采用相同的办法，但是采用的不是视黄纬而是简单黄纬。用地影和月亮直径之和的一半减去简单黄纬，如果月球黄纬并不比两直径之和的一半小一个月亮直径，则差值为月亮被食部分。如果月球黄纬小于该和一半为一个月亮直径，则整个月面被食。也就是说，黄纬越小，月亮停留在地影中的时间越长。当黄纬等于零时，停留的时间最长，这一点是很清楚的。关于月偏食的情况，用12乘以被掩食的部分，然后用月亮直径除这个积，可以得到食分数值。这与太阳的计算模式是相同的。

第三十二章　预测食延时间

现在，剩下的问题就是食会持续多久的时间。在这里，我们一定要注意到这样一个事实，那就是我们需要把太阳、月亮和地影的弧当作直线去处理，因为它们的弧度太小了，看起来就像是直线一样。

现在，如图4-23所示，我们令A为太阳或者地影的中心，直线BC是月亮经过的路径。B是月亮接触到太阳或者地影的最初时刻月亮的中心，也

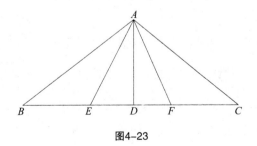

图4-23

就是初亏时候的中心。C是复圆时的月亮中心。连接AB和AC，作BC的垂线AD。

现在，非常清楚的是，月亮的中心位于点D的时候，它是食中点。AD是所有从点A出发向BC所作的直线中最短的，因为$AB=AC$，所以$BD=DC$。在日食的时候，AB和AC中任何一段线都等于太阳和月亮直径之和的一半。月食的时候，它们都等于月亮和地影直径的和的一半。在食甚的时候，AD是月球的真黄纬或视黄纬。因此，我们用AB的平方减去AD的平方，得到BD的平方。因此，可知BD的长度。用它除以月食时月亮的每小时真行度，或除以日食时月亮的每小时视行度，就能够求出食延时间的一半。但是，月亮经常滞留在地影中点。我已讲过，这种情况出现在月球与地影直径之和的一半超过月球黄纬的量大于月亮直径的时候。这样，我们就可以设定E是月亮开始全部进入地影时月亮的中心，或者说月亮从地影里面开始接触地影边缘的时候的中心，F则是月亮开始离开地影时月亮的中心，也是月亮从地影里面第二次接触地影边界时月亮的中心。我们把AE和AF连接起来，ED、DF分别表示通过地影的一半时间。AD为已知的月亮的纬度，而AE或者AF是地影半径大于月球半径的部分。因此可定出ED或DF。把它们中任一个再次除以月亮每小时的真行度，就求出了通过地影时间的一半。

但是，我们必须注意到这样一个事实，当月亮在白道上运转的时候，其黄道上的经度和白道上的度数并不相等，存在很小的差值。在离与黄道交点为最大距离即12的地方，也就是最接近日食和月食最外极限处，这两圆上的弧长彼此相差还不到$2'$，也就是相当于$\frac{1}{15}$小时。鉴于它们如此接近，我经常用它们彼此替代。与此类似，虽然月球纬度随时在增加或减

326

少，我对一次食的两个极限以及中点都用同一个月球黄纬。由于月球黄纬的增减变化，掩始区与掩终区并非绝对相等。从另一方面讲，它们之间的差异实在是太小了，所以没有必要投入更多的精力去分析。我们可用上面的方法，根据太阳和月亮的直径，去求出日食、月食的时刻、食延时间和食分。

许多天文学家都认为，被掩食的部分不应该通过直径进行区分，而是根据表面来界定，因为最终被掩食的是表面。如图4-24、图4-25所示，令ABCD为太阳的圆周，或者是地影的圆周，E为圆心。AFCG是月亮的圆周，I是圆心。

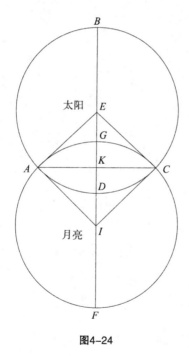

图4-24

在A、C两点，这两个圆周相交。通过这两个圆的圆心，画直线BEIF。

连接*AE*、*EC*、*AI*与*IC*。画直线*AKC*垂直于*BF*。通过图示，我们希望求出被掩食的表面，也就是*ADCG*的面积。或者在偏食的情况下，求出它占据太阳或月亮整个圆面积的十二分之几。因为，半径*AE*和*AI*是已知的，两个圆心之间的距离*EI*也是已知的，同时*EI*也是月亮的黄纬。于是三角形*AEI*的各边都是已知的，按前面的证明各角也是已知的。因此，三角形*AEI*和*EIC*不仅相似，而且相等。

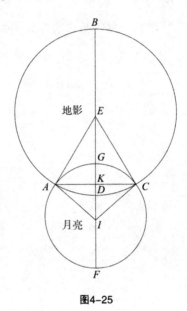

图4-25

于是，取圆周=360 时，可求得弧*ADC*与*AGC*的度数。而且，按锡拉库萨的阿基米德所写的《圆周的度量》，

$$圆周周长：直径 < 3\frac{1}{7}：1$$

但是，

$$圆周周长：直径 > 3\frac{10}{71}：1$$

托勒密在这两个数值之间取比值是3单位8′30″：1单位。根据这个比值，弧

328

*AGC*和*ADC*也可用与两个直径或与*AE*及*AI*相同的单位表示出来。由*EA*与*AD*以及由*IA*与*AG*包含的面积，各等于扇形*AEC*和*AIC*。

在*AEC*和*AIC*这两个等腰三角形之中，*AKC*是已知的共同的底边，于是两条垂线*EK*和*KI*也是已知的。于是，三角形*AEC*的面积是*AK*乘以*KE*，三角形*ACI*的面积是*AK*乘以*KI*。因此，

扇形*EADC*—三角形*AEC*＝弓形*ACD*

扇形*AGCI*—三角形*ACI*＝弓形*AGC*

因此这两部分之和就是*ADCG*，这也是我们要求的值。

而且，圆周的整个区域面积，在日食的时候，可以经由*BE*或者*BAD*进行界定，在月食的时候可以由*FI*或者*FAG*界定。因此，也可以求得被掩食的区域*ADCG*究竟占据了表面的十二分之几。关于这些问题，天文学家们已经做了充分的论证，因此对于月球的研究已经很充分了。在下面的两卷中，我将论证其他五个行星的运行。

第五卷

迄今为止，我已经竭尽全力地论证了地球围绕太阳的运行和月亮绕地球的运行。现在我们的目标转向其余5个行星的运动。这些天球的次序和大小都与地球的运动有关，并呈现出显著的一致性和准确的对称性。这是我们在第1卷中简明介绍过的，它们的中心也并没有在地球附近，而是在太阳附近。因此，我们需要对此进行证明，并且把它们加以区分，现在让我们来兑现诺言。我要强调的是，我要兼用古代和现代的观测手段，以保证准确性。在柏拉图的《蒂迈欧篇》之中，根据5个行星的表象特征对其进行了命名。土星称为Phaenon，意思就是发光的，可见的，因为相对于其他的行星，它隐藏的时间比较短，在太阳的光亮消失之后它是第一个出现的。木星称为Phaeton，主要是因为其辐射的光辉；火星称为Pyrois，主要是因为它火红的色彩；金星，Lucifer或者Vesperugo，也就是晨星或者昏星，这考虑的是它出现的时间。最后是水星，称为Stilbon，主要是因为其微弱的光线。但是，相比于月球的运行，这些行星在黄经和黄纬上的运行都更加不规则。

第一章　行星的运行和平均行度

行星的经度上存在两种截然不同的运动。其中一种与地球运动有关，正如我们前面说过的一样；另外一种为每颗行星的自行。我们可以称第一种运动为视差运动，因为正是它导致了行星的停留、前进以及后退。行星总是按其自身运动向前进，由此看来这些现象并非由于行星自身运动出了差错，而是由地球运动所产生的一种视差所引起。视差的大小随行星天球而不同。

非常清楚的一点是，只有土星、木星和火星在与太阳相冲的时候，我们才能够看见它们的真位置，这通常发生在它们逆行的中间区域。只有那时，它们才与太阳的平位置呈一条直线，不存在视差的问题。

然而金星和水星受另一种关系的支配。当它们与太阳相合时，就完全淹没在太阳的光芒中，而只有在太阳两侧的位置上才能被我们看见。因此，我们绝不可能在没有这种视差的情况下找到它们。从这可以知道，每颗行星都有自己的视差运转——我说的是地球相对于行星的运动，这两个天体相互做视差运转。

我们认为，视差运动是地球的均匀运动超过行星运动的那部分，这适用于土星、木星和火星；或者视差运动是行星运动超过地球运动的那部分，这适用于金星和水星。但是这些视差运动的周期并非是均匀的，看起来也非常不规则。这样，古代的人已经认识到，行星的运动并不是均匀的，而且行星的轨道都有拱点，正是在拱点的地方才出现了不均匀的现象。在古代人的记录之中，可以看出来，他们认为拱点的位置是固定不变的。这种想法有助于求取行星的平均行度和均匀周期。他们记录了某个行星在距离太阳或者恒星某一精确距离处的位置，之后观测一段时间之后该行星到达离太阳为相似距离的相同位置，这样行星看起来是经历了一个周期的不均匀运转，最终恢复到以前和地球的关系。通过这一段时间的计算，可以求出行星均匀运转了多少次，并且进而了解行星的特殊运动情况。托勒密使用了太阳年来研究周期运动，他也承认其数据来自于喜帕恰斯。但是，托勒密认为，为了更好地理解太阳年，需要从一个分点或者至点开始测量。但是我们现在知道，那样的年份并不均匀，因此我们在这里用恒星年去进行测量，这样在测量五大行星行度的时候更加准确。当然，行度也存在超额或者不足的情况。下面我们将对此进行说明。

在视差运动中，地球返回土星方向57次需要59个太阳年加上1日6日分和大约48日秒；在这个时间段之内，土星在其自身运动中运转了2周，再加上1 6′6″。

木星被地球超越65次需要的时间是71太阳年减去5日45日分27日秒。在这一时段之内，木星自身运动共运转6周减去5 41′2$\frac{1}{2}$″。

火星完成视差运转37次需要的时间是79太阳年2日27日分3日秒。在此时间段之内，火星本身运转了42个周期，再加上2 24′56″。

金星超过地球的运动5次，需要的时间是8太阳年减去2日26日分46日秒。在这一时段之内，它围绕太阳运转了13周，再减去2 24′40″。

最后说到的是水星，它完成145次视差运转所需要的时间是46太阳年加34日分23日秒。在这个时段之内，它一共完成了191次绕太阳的运转，再加上31日分23日秒。

因此，对于每一个行星来说，视差的单独周期如下：

土星：378日5日分32日秒11日毫①

木星：398日23日分25日秒56日毫

火星：779日56日分19日秒7日毫

金星：583日45日分17日秒24日毫

水星：115日52日分42日秒12日毫

我们把这些周期换算成为一个圆周的度数，乘以365，再除以已知的天数和日子的分数，于是我们可得每年的视差行度：

土星：347 32′2″54‴12⁗

木星：329 25′8″15‴6⁗

火星：168 28′29″13‴12⁗

金星：225 1′48″57‴30⁗

水星：3（360）＋53 56′46″54‴40⁗

这些数值的 $\frac{1}{365}$ 就是每日的行度：

土星：57′7″44‴

木星：54′9″3‴49⁗

火星：27′41″40‴8⁗

金星：36′59″28‴35⁗

----

① 日毫是一个时间单位，1日毫是 $\frac{1}{60}$ 日秒。——译者注

水星：3 6′24″7‴43⁗

它们在表5-1~表5-10中都能体现出来，如同太阳和月亮的平均行度一样。

但是，用这样的方式体现出其运动没有太大的必要，如果用太阳的平均行度减去视差行度，就可以求行星自行。这是因为行星的行度与视差的平均行度共同构成了太阳的平均行度。对于恒星天球来说，准确的年自行量如下：

土星：12 12′46″12‴52⁗

木星：30 19′40″51‴58⁗

火星：191 16′19″53‴52⁗

但是，关于金星和水星，我们无法看出其年自行量，[①]所以只能使用太阳的行度以建立测量它们视位置的方法，见表5-7~表5-10。

---

① 虽然我们看不到金星和水星的年度运动，但是它们并非没有视差。

表5-1 土星在60年周期内逐年的视差动

埃及年	行度				埃及年	行度			
	60	′	″	‴		60	′	″	‴
1	5	47	32	3	9	31	5	33	33	37	59
2	5	35	4	6	19	32	5	21	5	41	9
3	5	22	36	9	29	33	5	8	37	44	19
4	5	10	8	12	38	34	4	56	9	47	28
5	4	57	40	15	48	35	4	43	41	50	38
6	4	45	12	18	58	36	4	31	13	53	48
7	4	32	44	22	7	37	4	18	45	56	57
8	4	20	16	25	17	38	4	6	18	0	7
9	4	7	48	28	27	39	3	53	50	3	17
10	3	55	20	31	36	40	3	41	22	6	26
11	3	42	52	34	46	41	3	28	54	9	36
12	3	30	24	37	56	42	3	16	26	12	46
13	3	17	56	41	5	43	3	3	58	15	55
14	3	5	28	44	15	44	2	51	30	19	5
15	2	53	0	47	25	45	2	39	2	22	15
16	2	40	32	50	34	46	2	26	34	25	24
17	2	28	4	53	44	47	2	14	6	28	34
18	2	15	36	56	54	48	2	1	38	31	44
19	2	3	9	0	3	49	1	49	10	34	53
20	1	50	41	3	13	50	1	36	42	38	3
21	1	38	13	6	23	51	1	24	14	41	13
22	1	25	45	9	32	52	1	11	46	44	22
23	1	13	17	12	42	53	0	59	18	47	32
24	1	0	49	15	52	54	0	46	50	50	42
25	0	48	21	19	1	55	0	34	22	53	51
26	0	35	53	22	11	56	0	21	54	57	1
27	0	23	25	25	21	57	0	9	27	0	11
28	0	10	57	28	30	58	5	56	59	3	20
29	5	58	29	31	40	59	5	44	31	6	30
30	5	46	1	34	50	60	5	32	3	9	40

基督历元为205 49′

表5-2 土星在60日周期内逐日的视差动

日	行度					日	行度				
	60		′	″	‴		60		′	″	‴
1	0	0	57	7	44	31	0	29	30	59	46
2	0	1	54	15	28	32	0	30	28	7	30
3	0	2	51	23	12	33	0	31	25	15	14
4	0	3	48	30	56	34	0	32	22	22	58
5	0	4	45	38	40	35	0	33	19	30	42
6	0	5	42	46	24	36	0	34	16	38	26
7	0	6	39	54	8	37	0	35	13	46	1
8	0	7	37	1	52	38	0	36	10	53	55
9	0	8	34	9	36	39	0	37	8	1	39
10	0	9	31	17	20	40	0	38	5	9	23
11	0	10	28	25	4	41	0	39	2	17	7
12	0	11	25	32	49	42	0	39	59	24	51
13	0	12	22	40	33	43	0	40	56	32	35
14	0	13	19	48	17	44	0	41	53	40	19
15	0	14	16	56	1	45	0	42	50	48	3
16	0	15	14	3	45	46	0	43	47	55	47
17	0	16	11	11	29	47	0	44	45	3	31
18	0	17	8	19	13	48	0	45	42	11	16
19	0	18	5	26	57	49	0	46	39	19	0
20	0	19	2	34	41	50	0	47	36	26	44
21	0	19	59	42	25	51	0	48	33	34	28
22	0	20	56	50	9	52	0	49	30	42	12
23	0	21	53	57	53	53	0	50	27	49	56
24	0	22	51	5	38	54	0	51	24	57	40
25	0	23	48	13	22	55	0	52	22	5	24
26	0	24	45	21	6	56	0	53	19	13	8
27	0	25	42	28	50	57	0	54	16	20	52
28	0	26	39	36	34	58	0	55	13	28	36
29	0	27	36	44	18	59	0	56	10	36	20
30	0	28	33	52	2	60	0	57	7	44	5
基督历元为2°5 49′											

338

表5-3 木星在60年周期内逐年的视差动

埃及年	行度					埃及年	行度				
	60		′	″	‴		60		′	″	‴
1	5	29	25	8	15	31	2	11	59	15	48
2	4	58	50	16	30	32	1	41	24	24	3
3	4	28	15	24	45	33	1	10	49	32	18
4	3	57	40	33	0	34	0	40	14	40	33
5	3	27	5	41	15	35	0	9	39	48	48
6	2	56	30	49	30	36	5	39	4	57	3
7	2	25	55	57	45	37	5	8	30	5	18
8	1	55	21	6	0	38	4	37	55	13	33
9	1	24	46	14	15	39	4	7	20	21	48
10	0	54	11	22	31	40	3	36	45	30	4
11	0	23	36	30	46	41	3	6	10	38	19
12	5	53	1	39	1	42	2	35	35	46	34
13	5	22	26	47	16	43	2	5	0	54	49
14	4	51	51	55	31	44	1	34	26	3	4
15	4	21	17	3	46	45	1	3	51	11	19
16	3	50	42	12	1	46	0	33	16	19	34
17	3	20	7	20	16	47	0	2	41	27	49
18	2	49	32	28	31	48	5	32	6	36	4
19	2	18	57	36	46	49	5	1	31	44	19
20	1	48	22	45	2	50	4	30	56	52	34
21	1	17	47	53	17	51	4	0	22	0	50
22	0	47	13	1	32	52	3	29	47	9	5
23	0	16	38	9	47	53	2	59	12	17	20
24	5	46	3	18	2	54	2	28	37	25	35
25	5	15	28	26	17	55	1	58	2	33	50
26	4	44	53	34	32	56	1	27	27	42	5
27	4	14	18	42	47	57	0	56	52	50	20
28	3	43	43	51	2	58	0	26	17	58	35
29	3	13	8	59	17	59	5	55	43	6	50
30	2	42	34	7	33	60	5	25	8	15	6
基督历元为98 16′											

表 5-4　木星在 60 日周期内逐日的视差动

日	行度					日	行度				
	60		′	″	‴		60		′	″	‴
1	0	0	54	9	3	31	0	27	58	40	58
2	0	1	48	18	7	32	0	28	52	50	2
3	0	2	42	27	11	33	0	29	46	59	5
4	0	3	36	36	15	34	0	30	41	8	9
5	0	4	30	45	19	35	0	31	35	17	13
6	0	5	24	54	22	36	0	32	29	26	17
7	0	6	19	3	26	37	0	33	23	35	21
8	0	7	13	12	30	38	0	34	17	44	25
9	0	8	7	21	34	39	0	35	11	53	29
10	0	9	1	30	38	40	0	36	6	2	32
11	0	9	55	39	41	41	0	37	0	11	36
12	0	10	49	48	45	42	0	37	54	20	40
13	0	11	43	57	49	43	0	38	48	29	44
14	0	12	38	6	53	44	0	39	42	38	47
15	0	13	32	15	57	45	0	40	36	47	51
16	0	14	26	25	1	46	0	41	30	56	55
17	0	15	20	34	4	47	0	42	25	5	59
18	0	16	14	43	8	48	0	43	19	15	3
19	0	17	8	52	12	49	0	44	13	24	6
20	0	18	3	1	16	50	0	45	7	33	10
21	0	18	57	10	20	51	0	46	1	42	14
22	0	19	51	19	23	52	0	46	55	51	18
23	0	20	45	28	27	53	0	47	50	0	22
24	0	21	39	37	31	54	0	48	44	9	26
25	0	22	33	46	35	55	0	49	38	18	29
26	0	23	27	55	39	56	0	50	32	27	33
27	0	24	22	4	43	57	0	51	26	36	37
28	0	25	16	13	46	58	0	52	20	45	41
29	0	26	10	22	50	59	0	53	14	54	45
30	0	27	4	31	54	60	0	54	9	3	49
基督历元为 98 16′											

340

表5-5　火星在60年周期内逐年的视差动

埃及年	行度					埃及年	行度				
	60		′	″	‴		60		′	″	‴
1	2	48	28	30	36	31	3	2	43	48	38
2	5	36	57	1	12	32	5	51	12	19	14
3	2	25	25	31	48	33	2	39	40	49	50
4	5	13	54	2	24	34	5	28	9	20	26
5	2	2	22	33	0	35	2	16	37	51	2
6	4	50	51	3	36	36	5	5	6	21	38
7	1	39	19	34	12	37	1	53	34	52	14
8	4	27	48	4	48	38	4	42	3	22	50
9	1	16	16	35	24	39	1	30	31	53	26
10	4	4	45	6	0	40	4	19	0	24	2
11	0	53	13	36	36	41	1	7	28	54	38
12	3	41	42	7	12	42	3	55	57	25	14
13	0	30	10	37	48	43	0	44	25	55	50
14	3	18	39	8	24	44	3	32	54	26	26
15	0	7	7	39	1	45	0	21	22	57	3
16	2	55	36	9	37	46	3	9	51	27	39
17	5	44	4	40	13	47	5	58	19	58	15
18	2	32	33	10	49	48	2	46	48	28	51
19	5	21	1	41	25	49	5	35	16	59	27
20	2	9	30	12	1	50	2	23	45	30	3
21	4	57	58	42	37	51	5	12	14	0	39
22	1	46	27	13	13	52	2	0	42	31	15
23	4	34	55	43	49	53	4	49	11	1	51
24	1	23	24	14	25	54	1	37	39	32	27
25	4	11	52	45	1	55	4	26	8	3	3
26	1	0	21	15	37	56	1	14	36	33	39
27	3	48	49	46	13	57	4	3	5	4	15
28	0	37	18	16	49	58	0	51	33	34	51
29	3	25	46	47	25	59	3	40	2	5	27
30	0	14	15	18	2	60	0	28	30	36	4

基督历元为 238 22′

341

表5-6 火星在60日周期内逐日的视差动

日	行度					日	行度				
	60		′	″	‴		60		′	″	‴
1	0	0	27	41	40	31	0	14	18	31	51
2	0	0	55	23	20	32	0	14	46	13	31
3	0	1	23	5	1	33	0	15	14	55	12
4	0	1	50	46	41	34	0	15	41	36	52
5	0	2	18	28	21	35	0	16	9	18	32
6	0	2	46	10	2	36	0	16	37	0	13
7	0	3	13	51	42	37	0	17	4	41	53
8	0	3	41	33	22	38	0	17	32	23	33
9	0	4	9	15	3	39	0	18	0	5	14
10	0	4	36	56	43	40	0	18	27	46	54
11	0	5	4	38	24	41	0	18	55	28	35
12	0	5	32	20	4	42	0	19	23	10	15
13	0	6	0	1	44	43	0	19	50	51	55
14	0	6	27	43	25	44	0	20	18	33	36
15	0	6	55	25	5	45	0	20	46	15	16
16	0	7	23	6	45	46	0	21	13	56	56
17	0	7	50	48	26	47	0	21	41	38	37
18	0	8	18	30	6	48	0	22	9	20	17
19	0	8	46	11	47	49	0	22	37	1	57
20	0	9	13	53	27	50	0	23	4	43	38
21	0	9	41	35	7	51	0	23	32	25	18
22	0	10	9	16	48	52	0	24	0	6	59
23	0	10	36	58	28	53	0	24	27	48	39
24	0	11	4	40	8	54	0	24	55	30	19
25	0	11	32	21	49	55	0	25	23	12	0
26	0	12	0	3	29	56	0	25	50	53	40
27	0	12	27	45	9	57	0	26	18	35	20
28	0	12	55	26	49	58	0	26	46	17	1
29	0	13	23	8	30	59	0	27	13	58	41
30	0	13	50	50	11	60	0	27	41	40	22

基督历元为 238 22′

342

表5-7 金星在60年周期内逐年的视差动

埃及年	行度					埃及年	行度				
	60		′	″	‴		60		′	″	‴
1	3	45	1	45	3	31	2	15	54	16	53
2	1	30	3	30	7	32	0	0	56	1	57
3	5	15	5	15	11	33	3	45	57	47	1
4	3	0	7	0	14	34	1	30	59	32	4
5	0	45	8	45	18	35	5	16	1	17	8
6	4	30	10	30	22	36	3	1	3	2	12
7	2	15	12	15	25	37	0	46	4	47	15
8	0	0	14	0	29	38	4	31	6	32	19
9	3	45	15	45	33	39	2	16	8	17	23
10	1	30	17	30	36	40	0	1	10	2	26
11	5	15	19	15	40	41	3	46	11	47	30
12	3	0	21	0	44	42	1	31	13	32	34
13	0	45	22	45	47	43	5	16	15	17	37
14	4	30	24	30	51	44	3	1	17	2	41
15	2	15	26	15	55	45	0	46	18	47	45
16	0	0	28	0	58	46	4	31	20	32	48
17	3	45	29	46	2	47	2	16	22	17	52
18	1	30	31	31	6	48	0	1	24	2	56
19	5	15	33	16	9	49	3	46	25	47	59
20	3	0	35	1	13	50	1	31	27	33	3
21	0	45	36	46	17	51	5	16	29	18	7
22	4	30	38	31	20	52	3	1	31	3	10
23	2	15	40	16	24	53	0	46	32	48	14
24	0	0	42	1	28	54	4	31	34	33	18
25	3	45	43	46	31	55	2	16	36	18	21
26	1	30	45	31	35	56	0	1	38	3	25
27	5	15	47	16	39	57	3	46	39	48	29
28	3	0	49	1	42	58	1	31	41	33	32
29	0	45	50	46	46	59	5	16	43	18	36
30	4	30	52	31	50	60	3	1	45	3	40

基督历元为126 45′

343

表 5–8　金星在 60 日周期内逐日的视差动

日	行度					日	行度				
	60		′	″	‴		60		′	″	‴
1	0	0	36	59	28	31	0	19	6	43	46
2	0	1	13	58	57	32	0	19	43	43	14
3	0	1	50	58	25	33	0	20	20	42	43
4	0	2	27	57	54	34	0	20	57	42	11
5	0	3	4	57	22	35	0	21	34	41	40
6	0	3	41	56	51	36	0	22	11	41	9
7	0	4	18	56	20	37	0	22	48	40	37
8	0	4	55	55	48	38	0	23	25	40	6
9	0	5	32	55	17	39	0	24	2	39	34
10	0	6	9	54	45	40	0	24	39	39	3
11	0	6	46	54	14	41	0	25	16	38	31
12	0	7	23	53	43	42	0	25	53	38	0
13	0	8	0	53	11	43	0	26	30	37	29
14	0	8	37	52	40	44	0	27	7	36	57
15	0	9	14	52	8	45	0	27	44	36	26
16	0	9	51	51	37	46	0	28	21	35	54
17	0	10	28	51	5	47	0	28	58	35	23
18	0	11	5	50	34	48	0	29	35	34	52
19	0	11	42	50	2	49	0	30	12	34	20
20	0	12	19	49	31	50	0	30	49	33	49
21	0	12	56	48	59	51	0	31	26	33	17
22	0	13	33	48	28	52	0	32	3	32	46
23	0	14	10	47	57	53	0	32	40	32	14
24	0	14	47	47	26	54	0	33	17	31	43
25	0	15	24	46	54	55	0	33	54	31	12
26	0	16	1	46	23	56	0	34	31	30	40
27	0	16	38	45	51	57	0	35	8	30	9
28	0	17	15	45	20	58	0	35	45	29	37
29	0	17	52	44	48	59	0	36	22	29	6
30	0	18	29	44	17	60	0	36	59	28	35

基督历元为 126 45′

344

表5-9　水星在60年周期内逐年的视差动

埃及年	行度					埃及年	行度				
	60		'	"	'''		60		'	"	'''
1	0	53	57	23	6	31	3	52	38	56	21
2	1	47	54	46	13	32	4	46	36	19	28
3	2	41	52	9	19	33	5	40	33	42	34
4	3	35	49	32	26	34	0	34	31	5	41
5	4	29	46	55	32	35	1	28	28	28	47
6	5	23	44	18	39	36	2	22	25	51	54
7	0	17	41	41	45	37	3	16	23	15	0
8	1	11	39	4	52	38	4	10	20	38	7
9	2	5	36	27	58	39	5	4	18	1	13
10	2	59	33	51	5	40	5	58	15	24	20
11	3	53	31	14	11	41	0	52	12	47	26
12	4	47	28	37	18	42	1	46	10	10	33
13	5	41	26	0	24	43	2	40	7	33	39
14	0	35	23	23	31	44	3	34	4	56	46
15	1	29	20	46	37	45	4	28	2	19	52
16	2	23	18	9	44	46	5	21	59	42	59
17	3	17	15	32	50	47	0	15	57	6	5
18	4	11	12	55	57	48	1	9	54	29	12
19	5	5	10	19	3	49	2	3	51	52	18
20	5	59	7	42	10	50	2	57	49	15	25
21	0	53	5	5	16	51	3	51	46	38	31
22	1	47	2	28	23	52	4	45	44	1	38
23	2	40	59	51	29	53	5	39	41	24	44
24	3	34	57	14	36	54	0	33	38	47	51
25	4	28	54	37	42	55	1	27	36	10	57
26	5	22	52	0	49	56	2	21	33	34	4
27	0	16	49	23	55	57	3	15	30	57	10
28	1	10	46	47	2	58	5	9	28	20	17
29	2	4	44	10	8	59	5	3	25	43	23
30	2	58	41	33	15	60	5	57	23	6	30
基督历元为 46 24'											

表5-10 水星在60日周期内逐日的视差动

日	行度					日	行度				
	60		′	″	‴		60		′	″	‴
1	0	3	6	24	13	31	1	36	18	31	3
2	0	6	12	48	27	32	1	39	24	55	17
3	0	9	19	12	41	33	1	42	31	19	31
4	0	12	25	36	54	34	1	45	37	43	44
5	0	15	32	1	8	35	1	48	44	7	58
6	0	18	38	25	22	36	1	51	50	32	12
7	0	21	44	49	35	37	1	54	56	56	25
8	0	24	51	13	49	38	1	58	3	20	39
9	0	27	57	38	3	39	2	1	9	44	53
10	0	31	4	2	16	40	2	4	16	9	6
11	0	34	10	26	30	41	2	7	22	33	20
12	0	37	16	50	44	42	2	10	28	57	34
13	0	40	23	14	57	43	2	13	35	21	47
14	0	43	29	39	11	44	2	16	41	46	1
15	0	46	36	3	25	45	2	19	48	10	15
16	0	49	42	27	38	46	2	22	54	34	28
17	0	52	48	51	52	47	2	26	0	58	42
18	0	55	55	16	6	48	2	29	7	22	56
19	0	59	1	40	19	49	2	32	13	47	9
20	1	2	8	4	33	50	2	35	20	11	23
21	1	5	14	28	47	51	2	38	26	35	37
22	1	8	20	53	0	52	2	41	32	59	50
23	1	11	27	17	14	53	2	44	39	24	4
24	1	14	33	41	28	54	2	47	45	48	18
25	1	17	40	5	41	55	2	50	52	12	31
26	1	20	46	29	55	56	2	53	58	36	45
27	1	23	52	54	9	57	2	57	5	0	59
28	1	26	59	18	22	58	3	0	11	25	12
29	1	30	5	42	36	59	3	3	17	49	26
30	1	33	12	6	50	60	3	6	24	13	40

基督历元为 46 24′

第二章　用古人的理论解释行星的均匀运动和视运动

上面，我们已经介绍了行星们的平均行度。现在我们需要转向它们的视非均匀行度。那些认为地球静止不动的古代天文学家们，在他们的设想之中，土星、木星、火星和金星都有一个偏心本轮，此外还有一个偏心圆，本轮以及本轮中的行星都对该偏心圆做均匀运动。

如图5-1所示，设*AB*为偏心圆，*C*为圆心，*ACB*为其直径。*D*是地心，位于直径之上，于是，*A*为远地点，*B*为近地点。*DC*在点*E*被平分。以*E*为圆心，画第二偏心圆*FG*，使它与第一偏心圆*AB*相等。任取*FG*上的一点*H*，以其为圆心画出本轮*IK*，然后画直线*IHKC*和*LHME*。

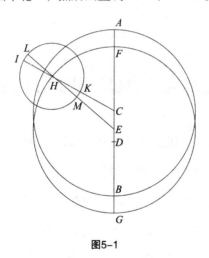

图5-1

鉴于行星所在的黄纬，我们可以认为偏心圆与黄道面倾斜相交，本轮与偏心圆的平面倾斜相交。但是，这里所有的圆都被设定在同一个平面内。于是，古人声称，整个平面连同点*E*和点*C*，都是围绕着*D*这一黄道的中心进行运转的，这些与恒星天球的运转是同时发生的。通过这种方式，他们希望这些点在恒星天球上的位置是固定不变的。他们还认为，尽管本轮在圆周*FHG*上向东运动，但是与直线*IHC*保持一致，对于这条直线而言，行星在本轮*IK*上面均匀运转。但是，很明显，本轮的均匀运动是相对于均轮的中心点*E*而言的，^①行星的运转相对于直线*LME*而言也是如此。于是，古人也承认这样一点，在这种情况下，圆周运动对于其自身以外的其他中心而言，也是比较均匀的。这是西塞罗著作中心西比奥难以想象的一个概念。水星也是这种情况，而且可能更加类似。但是就月球而言，我完全可以驳倒这样一个理念。所有的这些论断，都推动我对地球运动进行深入的思考，思考如何保证运动的均匀性以及相关的科学原理，这样计算视非均匀运动也会更加精准。

第三章　由地球运动引起的视非均匀性的一般解释

于是，有两个理由可以解释为什么本来均匀的行星运动看起来是不均匀的：一个原因在于地球的运动，另外一个原因是行星本身的运动。为了清晰地呈现出这两个原因，我将采用明显的例证对其进行整体的和分别的解释。首先，我们从由于地球运动而与它们混合在一起的这种非均匀性谈起。我将第一个介绍位于地球轨道之内的金星和水星。

如图5-2所示，令*AB*为地心在周年运转中绕着太阳扫出的偏心圆。*C*为*AB*的圆心，现在我们需要设定这样一个前提条件，除此之外，行星没有其

---

① 本轮的均轮，是圆周上本轮的中心旋转形成的圆圈。

他任何的不规则性。下面，我们设DE为金星或水星的轨道，其与AB为同心圆。鉴于其黄纬，DE应该与AB倾斜相交。但是为了证明的简化，它们可以被认为在同一个平面之上。假设地球在点A，从那里画视直线AFL和AGM，并且它们在点F和点G与行星的轨道相切。令ACB为所画圆的共同直径。

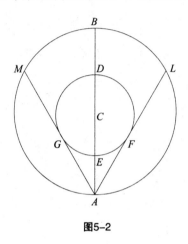

图5-2

现在，我们设定地球和行星都朝着东方运动，但是行星的速度比地球要快。因此，在与点A一同运动的观测者看来，点C和直线ACB的运动与太阳的平均运动是协调一致的。但是，行星在圆周DFG上运动看起来是在本轮上运动，行星通过圆弧FDG的时间，也就是向东运行的时间，比向西面通过弧GEF的时间要长。在弧段FDG上面，我们需要用角FAG加上太阳的平均行度，但是在弧GEF上，则用平均行度减去这一角度。于是，行星的相减行度比点C的相加行度要大，尤其是在近地点E附近，所以站在点A看来，行星在逆行，其程度就是超出的量。所有这些行星的情况都是如此。按照佩尔吉的阿波罗尼奥斯证明的那样，如果线段CE：线段AE大于A的行度：行星的行度。但是在相加行度等于相减行度的地方，行星看起来是静止的，这些特征都与事实相符。

如果按照阿波罗尼奥斯的观点，行星运动不存在其他的任何不规则的特征，那么这些论述已经很充分了。但是在晨昏时，这些行星与太阳平位置间的大距（用FAE与GAE两角表示）并非到处相等。两个大距彼此不相等，它们之和也并非各处一样。因此，鉴于显而易见的原因，这些行星的轨道并非都是同心圆，而是在其他的圆周上不断运动，于是这些圆周使行星具有另一种不均匀性。

对于土星、木星和火星而言，情况也是如此。如图5-3所示，再次画出地球的轨道圈，DE在同一个平面上，在AB的外面，但与AB同心。行星的位置可以在DE上任取一点，设为D。由此点画直线DF和DG，与地球轨道相切于F与G两点，从点D画DACBE为两个圆的共同的直径。

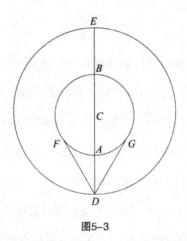

图5-3

很容易证明，当一颗行星在冲日并距离地球最近时，只有在点A的观测者才能够看到它在太阳平位置所在直线DE上的真位置。如果地球位于正相对的点B，行星与太阳相对，虽然位于同一条直线上，但是因为太阳距离点C很近，太阳的光芒淹没了行星，所以人们也无法看到。但是，因为地球的速度更快一些，所以在整个远地点所在弧段GBF上，它会使行星行度增加整个角GDF；在较短时间内在余下的弧段FAG上，应减去角GDF。如果地球的相减行度超过了行星的相加行度，特别是在点A附近的地方，看起来行星似乎落后于地球并向西部移动，并且在观察者看来，停留在相反行度差值最小的地点。

　　古代的天文学家试图用每颗行星的本轮来解释这一切现象。现在又一次清楚可知，这些视运动都是由于地球的运动所引发的。但是，我们可以抛开阿波罗尼奥斯以及古人的看法，其实行星的运动并不是很均匀的，因为地球对于行星的运动就是不规律的。于是，可以推论，行星的运动并不是在同心圆上进行的，而是采用了其他的方式。下面我们将对此进行直接的证明。

第四章　行星自身运动看起来如何成为非均匀运动

　　除了水星，其他行星在经度上的自身运动，都遵循着相同的模式。因此，我们把4颗行星一起进行讨论，水星单独解决。古代的天文学家把一个运动放进了两个偏心圆里面，但是我的构想是，不均匀运动是由两个均匀运动合并而成的。这可能是两个偏心圆或两个本轮，也可能是一个偏心圆上运转一个本轮。因为它们都具备同样的不均匀性，这是我们在分析太阳和月亮的时候已经介绍过的情况。

　　如图5-4所示，令AB是围绕圆心C的偏心圆，ACB为直径并且穿过行星的高拱点和低拱点，并且包含太阳的平位置。在ACB上，令D为地球轨道圈的中心。以高拱点A为圆心，CD的$\frac{1}{3}$为半径作小本轮EF。F位于近地点，令行星位于此点，小本轮沿着偏心圆AB向东运动。令行星在小本轮的上部圆周也向东运动，但是在下部圆周则向西运动。令本轮和行星的旋转周期相等。

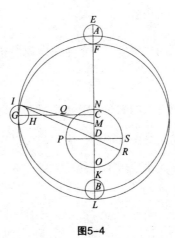

图5-4

在这种情形之下，当小本轮位于偏心圆的高拱点的时候，与此相反，行星位于小本轮的近地点，并且它们都已转了半圈，这时它们相对于彼此的运动已经发生了逆转。但是，在高、低拱点之间的两个方照点，它们各自位于中拱点上。只有在前面的情况下，小本轮的直径是在直线AB上。在其他地方，它与AB有时接近，有时离开，不断摇摆。所有这些都很容易理解，就像下面的运动一样。

因此，我们可以证明，行星的复合运动并不能够扫描出一个完整的圆周，这符合古代天文学家的观点，但是彼此之间的差别非常微小，以致无法体察。

我们再画一次与它一样的小本轮KL，B为圆心。AG为偏心圆的一个四分之一圆周，HI为以G为圆心画的小本轮。把CD分为3个相等的部分，令

$$CM=\frac{1}{3}CD=GI$$

连接GC和IM，并相交于点Q。于是，根据假想，弧AG与弧HI相似，

$$角ACG=90$$

$$角HGI=90$$

而且，

$$角IQG=角MQC$$

因为它们是对顶角。因此，三角形GIQ和QCM是等角的。它们也有对应相等的边，因为根据假想，

$$底边GI=底边CM$$

因此，

$$QI>GQ$$

$$QM>QC$$

$$IQM>GQC$$

但是，

$$FM=ML=AC=CG$$

于是，围绕圆心M画的圆周穿过点F和L，因此与圆周AB相等，并且与直线IM相交。同样的证明可以用到相对的四分之一圆周里面。于是偏心圆上小本轮的均匀运动，以及行星在本轮上的均匀运动，使行星扫描出的不是一个完整的，但却是几乎完整的圆周。这就是我们所要证明的。

现在，以D为圆心，画地球的周年运行轨道NO。画IDR以及平行于CG的PDS。于是，IDR就是行星的真运动直线。GC就是它平均和均匀运动的

直线。地球在R时与行星相距为真的最大距离，而在S时为平均最大距离。因此角RDS或IDP为均匀行度与视行度的差值，即为角ACG与CDI的差。但假如不用偏心圆AB，而用与它相等的以D为心的同心圆。其半径等于DC，也就是小本轮的均轮。在此第一小本轮上面还应有第二小本轮，其半径等于MD的一半。现在，让第一本轮向东移动，第二本轮做反方向运动，最后，行星在第二本轮上以2倍的速度运行，结果是相同的。这些结果与月亮的运动没有什么差别，也与前面所说的模式差别不大。

但是，在这里，我选择了一个偏心圆上运行本轮的模型。虽然太阳和点C之间的距离一直固定不变，但是D却是改变的，在讨论太阳现象的时候，这已经被证明了。但是其他的天体并没有等量的飘移。于是它们应当呈现出一种不规则性。这种不规则性尽管非常微小，但是就火星和金星而言，在适当的位置还是可以看到的。

于是，我们很快就可以通过观测的手段证明，这些假想足以解释所有的天象。首先说说土星、木星和火星，对它们来说，远地点和CD的距离是很难求出来的，但是却至关重要。因为其他的数值都可以根据远地点和CD求出来。现在，我们将采用与月球相同的办法，也就是把古代的3次冲日与现代同样多的冲日相比较，这也就是希腊人所说的"日落后升起"，我们称之为"随夜"出没。这时就是行星与太阳相冲并且与太阳的平均运动直线相交的时刻，这时它已经抛开地球运动带给它的所有的不规则性。通过星盘的观测，或者对正好与行星相冲时的太阳进行计算，可以界定出行星到达与太阳相冲那一点的位置。

第五章 土星运动的推导

因此，我们从土星开始谈起，并采用托勒密所观测到的那3次冲日。第一次发生于哈德良执政第11年埃及历9月的第7天入夜后第一个小时。如果归算到克拉科夫的子午线上，也就是距离亚历山大港1小时的距离，那么时间就是公元127年3月26日，午夜后17个均匀小时。我们把这些数值都规划到恒星天球上，并把它当作均匀运动的基准。现在行星的位置相对于恒星天球而言约为174 40′。取白羊宫之角为零点，这时太阳按其简单行度是在354 40′与土星相冲。

第二次相冲时间是哈德良执政第17年11月18日，这是依据的埃及历；如果按照罗马历法，是公元133年6月3日午夜后15个均匀小时。托勒密观测到行星的位置在243 3′，此时太阳按其平均行度在63 3′。

然后他记录第三次冲日出现于哈德良执政第20年埃及历12月24日。同样归算到克拉科夫子午线，此时为公元136年7月8日午夜后11小时。当时行星在277 37′，而太阳按其平均行度是在97 37′。

因此，在第一时段中共有6年70天55日分，在此期间行星的目视位移为68 23′，地球离开行星的平均行度——也是视差动——是352 44′。于是把一个圆周所缺的7 16′加上，就得到行星的平均行度是75 39′。

在第二个时段之内，共有3个埃及年35日50日分，行星的视行度是34 34′，视差动是356 43′，加上一个圆周余下的3 17′，平均行度就是37 51′。

做完这些之后，如图5-5所示，画行星的偏心圆ABC，D为圆心，FDG是直径，地球大圆的中心E在此直径上。令A为第一次冲日时小本轮的圆心，B为第二次的圆心，C为第三次的圆心。围绕它们，画同样的本轮，半径等于 $\frac{1}{3}$ 的DE。把A、B、C和D、E用直线连接起来，这些直线在K、L、点M与本轮的圆周相交。取与AF相似的弧KN，弧LO相似于BF，MP相似于FBC；连接EN、EO和EP。

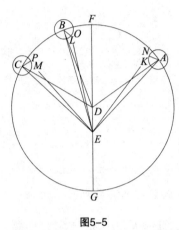

图5-5

因此，通过运算，

$$弧AB = 75\ 39'$$

$$弧BC = 37\ 51'$$

视行度的角：

$$角NEO = 68\ 23'$$

$$角OEP = 34\ 34'$$

目前，我们的问题是测定高拱点和低拱点的位置，也就是点F和点G的位置，以及行星偏心圆和地球大圆之间的距离DE，否则我们就无法区分均匀行度和视行度。

但是，在这里我们还是遇到了不亚于托勒密研究这一问题的困难。如果已知的角*NEO*包含了已知的弧*AB*，同样，角*OEP*包含弧*BC*，那么证明我们寻求的答案的出口就打开了。但是现在，已知的弧*AB*所对应的角*AEB*是未知的，与此类似，已知的弧*BC*对应的角*BEC*也未知，这两者都是应该被求导出来的。但是在确定与小本轮上弧段相似的弧*AF*、*FB*与*FBC*之前，角*AEN*、*BEO*及*CEP*是无法求得的，这些角度表示视行度与平均行度之差。这些弧与角相互有关，所以它们同时都已知或未知。因此，天文学家们无法进行直接的推导，只能借助于经验。对化圆为方和对其他问题往往采用这种办法。所以，托勒密采用的方法非常复杂，计算也很麻烦。我认为重新叙述这种方法非常无聊，也并非必须，这是因为我将在下面的讨论中采用同样的做法。

通过重复的运算，他发现

$$弧AF = 57\ 1'$$

$$弧BF = 18\ 37'$$

同时，

$$弧FBC = 56\frac{1}{2}$$

在取*DF*=60单位时，

$$DE = 两中心之间的距离 = 6单位50'$$

但是，按照我们的数值分度，取*DF*=10 000单位，于是

$$DE = 1\ 139单位$$

$$\frac{3}{4}(1\ 139) \approx 854$$

$$\frac{1}{4}(1\ 139) \approx 285$$

于是，

$$DE = 854单位$$

357

小本轮的半径＝285单位

把它们运用于我的假想之中，我们将证明这些与事实是相符合的。

现在，在第一次冲日时，在三角形ADE之中，

边AD＝10 000单位

边DE＝854单位

而且，

角ADE＝180 — 角ADF

于是，依据平面三角形的有关定理，取4直角＝360 时，

边AE＝10 489单位

角DEA＝53 6′

同时，

角DAE＝3 55′

但是，

角KAN＝角ADF＝57 1′

于是，通过加法，

角NAE＝60 56′

因此在取AD＝10 000单位时，在三角形NAE之中，两边已知，

边AE＝10 489

边NA＝285

而且，角NAE已知，在取4直角＝360 时，

角AEN＝1 22′

于是，通过减法，

角NED＝51 44′

358

同样地，在第二次冲日时情况类似，因为在三角形BDE之中，取BD＝10 000单位，则

$$边DE＝854单位$$

$$角BDE＝180－角BDF＝161\ 22'$$

所以，三角形BDE的边和角已知：取BD＝10 000单位，则

$$边BE＝10\ 812单位$$

而且，

$$角DBE＝1\ 27'$$

$$角BED＝17\ 11'$$

但是，

$$角OBL＝角BDF＝18\ 38'$$

做加法，

$$角EBO＝20\ 5'$$

因此，在三角形EBO之中，两边已知，角EBO已知，

$$BE＝10\ 812单位$$

$$BO＝285单位$$

根据平面三角形的有关定理，

$$角BEO＝32'$$

于是，

$$角OED＝16\ 39'$$

而且，与此相似，在第三次冲日时，三角形CDE中，如前，边CD已知，边DE也已知，

$$角CDE＝180－56\ 29'＝123\ 31'$$

根据第一卷第十三章第四部分内容，取$CD=10\ 000$单位时，

$$底边CE=10\ 512单位$$

而且，

$$角DCE=3\ 53'$$

相减，

$$角CED=52\ 36'$$

因此，在取4直角$=360$时，

$$角ECP=60\ 22'$$

同样，在三角形ECP之中，两边已知，角ECP已知，进而，

$$角CEP=1\ 22'$$

于是，通过减法，

$$角PED=51\ 14'$$

于是，视行度的整个角OEN可达$68\ 23'$，而且，

$$角OEP=34\ 35'$$

这与观测相符。偏心圆的高拱点

$$F=226\ 20'$$

这是它距离白羊座头的距离。因为春分点的岁差是$6\ 40'$，于是拱点到达天蝎宫内23（$226\ 20'+6\ 40'$为天蝎宫内23）位置处，这与托勒密的结论是一致的。在第三次冲日时，行星的视位置正如上面所提到过的，是$277\ 37'$。已经说明，从这一数值减去视行度角$PEF=51\ 14'$，于是，

$$277\ 37'-51\ 14'=226\ 23'$$

这也是偏心圆高拱点的位置。

现在，如图5-6所示，设RST为地球周年运转的轨道圈，在点R与直线

*PE*相交，画直径*SET*平行于行度线*CD*。

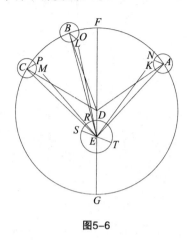

图5-6

于是，当角*SED*＝角*CDF*时，角*SER*就成为视行度与平均行度的差，也就是角*CDF*和角*PED*的差，而且，

角SER＝5 16'

这个差值也是视差的平均行度与真行度之间的差值。现在，令

弧RT＝180 −弧SR＝174 44'

这也是从假定的起点*T*开始到第三次"随夜出没"之间视差的均匀行度，也就是从太阳与行星的平均相合点到地球与行星的第三次真冲点的均匀行度。

于是，我们现在得出第三次观测的时刻，也就是哈德良统治的第20年，约为公元136年7月8日午夜之后的11小时。这时土星距其偏心圆高拱点的近点角行度是$56\frac{1}{2}$，视差的平均行度是174 44'。这些数值对我们接下来的论证是很有益处的。

第六章 对土星新观测到的另外三次冲日现象

关于土星运动的计算，托勒密与我们的时代相差的并不是一个小数目，但是误差是怎么产生的，确实很难理解。这迫使我们进行新的观测，也就是对土星与太阳的3次相冲进行重新的观测。第一次冲日取的时间是公元1514年5月5日，午夜前$1\frac{1}{5}$小时，当时土星的位置是在205 24′。

第二次发生于公元1520年7月13日正午时分，当时土星的位置是273 25′。

第三次发生于公元1527年10月10日午夜后$6\frac{2}{5}$小时，当时土星的位置是在白羊角之东7′处。

于是，我们可知，在第一次对冲和第二次对冲之间，间隔的时期是6埃及年70日33分，在此之间土星的视行度为68 1′。

在第二次冲日和第三次冲日之间，是7埃及年89天46日分，土星的视行度是86 42′。它在第一段时间中的平均行度是75 39′，第二时段的平均行度则是88 29′。因此，我们在探求高拱点和偏心率的时候，必须严格遵守托勒密的规则，也就是假定行星是在一个非常简单的偏心圆上运动。虽然这种安排并不适当，但是这样做的结果是更接近真实的状态。

于是，如图5-7所示，我们设定ABC为圆圈，行星在这个圆圈之上均匀地运动。第一次冲日出现在点A，第二次出现在点B，第三次在点C。地球的轨道圈中心位于点D。连接AD、BD和CD，选择其中的任何一条，延长到圆周的对面。假设它是CDE，连接AE和BE，

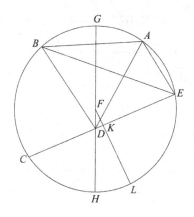

图5-7

于是，因为取2直角＝180，

$$角BDC＝86\ 42'$$

$$角BDE＝93\ 18'$$

但在2直角＝360 时，

$$角BDE＝186\ 36'$$

在截取的弧BC之中，

$$角BED＝88\ 29'$$

于是，在三角形BDE之中，

$$角DBE＝84\ 55'$$

于是，在三角形BDE之中，各角已知，根据表1-1可得出边，取三角形外接

圆的直径＝20 000单位

$$BE＝19\ 953单位$$

$$DE＝13\ 501单位$$

同样，在三角形ADE之中，取2直角＝180 时，因为

$$角ADC = 154\ 43'$$

$$补角ADE = 25\ 17'$$

但是，取2直角＝360时，

$$角ADE = 50\ 34'$$

于是，在截出的弧ABC之中，

$$角AED = 164\ 8'$$

同时，

$$角DAE = 145\ 18'$$

于是，可以求得各边，在取三角形ADE的外接圆直径＝20 000单位时，

$$DE = 19\ 090单位$$

$$AE = 8\ 542单位$$

但是，$DE = 13\ 501$单位，$BE = 19\ 953$单位时，

$$AE = 6\ 041单位$$

于是，在三角形ABE之中，BE和EA两边已知，于是在截出的弧AB之上，

$$角AEB = 75\ 39'$$

因此，根据平面三角形的有关定理，取$BE = 19\ 968$单位时，

$$AB = 15\ 647单位$$

但是，取偏心圆的直径＝20 000单位时，

$$弦AB = 12\ 266单位$$

$$EB = 15\ 664单位$$

$$DE = 10\ 599单位$$

于是，根据弦BE，

$$弧BAE = 103\ 7'$$

364

因此，

$$弧EABC=191\ 36'$$

于是，

$$弧CE=360-弧EABC=168\ 24'$$

于是

$$弦CDE=19\ 898单位$$

$$CD=CDE-DE=9\ 299单位$$

现在，非常清楚的是，如果CDE是偏心圆的直径，高拱点和低拱点的位置都会在它之上，并且偏心圆与地球大圆两个中心的距离也是非常清楚的。但是因为$EABC$的弧段大于半圆，因此偏心圆的圆心应落到它的里面。设F为圆心，通过此点和D画直径$GFDH$，画FKL垂直于CDE。

很明显，

$$CD\times DE=GD\times DH$$

但是，

$$GD\times DH+(FD)^2=\left(\frac{1}{2}GDH\right)^2=(FDH)^2$$

于是，

$$\left(\frac{1}{2}直径\right)^2-CD\times DE=(FD)^2$$

因此，取半径$GF=10\ 000$单位时，

$$FD=1\ 200单位$$

但取$FG=60$单位时，

$$FD=7单位12'$$

这与托勒密的数值差异很小。

但是，因为

$$CDK = \frac{1}{2}CDE = 9\,949\text{单位}$$

已经求得$CD=9\,299$单位，因此，

$$DK = 650\text{单位}$$

在此取$GF=10\,000$单位，$FD=1\,200$单位。

但是，取$FD=10\,000$单位，则

$$DK = 5\,411\text{单位} = 2\text{倍角}DFK\text{所对弦的一半}$$

取4直角$=360$，则

$$\text{角}DFK = 32\ 45'$$

这也是在圆心所张的角，它所对的弧HL与此数量相似。但是，

$$\text{弧}CHL = \frac{1}{2}CLE = 84\ 13'$$

因此，

$$\text{弧}CH = \text{弧}CHL - \text{弧}HL = 51\ 28'$$

所得余量为第三次冲点与近地点的距离。现在，

$$180 - 51\ 28' = CBG = 128\ 32'$$

这也是高拱点到第三次冲点的距离。而且，因为

$$\text{弧}CB = 88\ 29'$$

$$\text{弧}BG = \text{弧}CBG - \text{弧}CB = 40\ 3'$$

这也是高拱点到第二冲点的距离。然后，因为

$$\text{弧}BGA = 75\ 39'$$

$$\text{弧}GA = 35\ 36'$$

这也是第一冲点与远地点G之间的距离。

现在，如图5-8所示，设ABC为圆周，直径为$FDEG$，D为圆心，远地点为F，近地点为G，令

$$弧 AF = 35\ 36'$$

$$弧 FB = 40\ 3'$$

$$弧 FBC = 128\ 32'$$

由前面已求得的土星偏心圆与地球大圆中心间的距离，取 DE 为其 $\dfrac{3}{4}$，即

$$DE = 900 单位$$

当土星偏心圆半径 $FD = 10\ 000$ 单位时，其余的 $\dfrac{1}{4}$ 距离 $= 300$ 单位，以 300 单位为半径，A、B、C 为圆心，画本轮，完成我们假想中的图形。但是如果我们采用上面的方法来定位土星的位置，那么我们的确会发现一些不相符的地方。

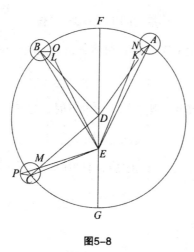

图5-8

简洁地说，为了不增加读者的负担，不让读者去寻找另外的方法，我需要指出正确的方法，这些手段是我们在三角形的论证中提到过的，由此我们可以得出我们的结论，

$$角 NEO = 67\ 35'$$

同时，

$$\text{角}OEP = 87\ 12'$$

但是角OEP比视角大$\dfrac{1}{2}$，而角NEO比68 1′则要小26′。为了彼此相符，我们发现，如果把远地点向前移动稍许，并取，

$$\text{弧}AF = 38\ 50'$$

$$\text{弧}FB = 36\ 49'$$

$$\text{弧}FBC = 125\ 18'$$

两个中心之间的距离

$$DE = 854\text{单位}$$

而且取$FD = 10\ 000$单位时，

$$\text{小本轮的半径} = 285\text{单位}$$

这与托勒密的观测是相符的。现在很清楚，它们与天象及三次观测到的冲日也是相符的。

若取$AD = 10\ 000$单位，则在第一次冲日时，在三角形ADE之中，

$$\text{边}DE = 854\text{单位}$$

$$\text{角}ADE = 141\ 10'$$

$$\text{角}ADE + \text{角}ADF = 2\text{直角}$$

取半径$FD = 10\ 000$单位，可知，

$$\text{边}AE = 10\ 679\text{单位}$$

$$\text{角}DAE = 2\ 52'$$

而且，

$$\text{角}DEA = 35\ 58'$$

同样地，在三角形AEN之中，因为

$$\text{角}KAN = \text{角}ADF$$

368

$$角 EAN = 41\ 42'$$

同时，取 $AE = 10\ 679$ 单位时，

$$边 AN = 285 单位$$

于是，

$$角 AEN = 1\ 3'$$

但是，

$$角 DEA = 35\ 58'$$

于是

$$角 DEN = 34\ 55'$$

在第二次冲日时，三角形 DEB 中两边已知，取 $DB = 10\ 000$ 单位时，

$$DE = 854 单位$$

而且，

$$角 BDE = 143\ 11'$$

因此，

$$BE = 10\ 679 单位$$

$$角 DBE = 2\ 45'$$

同时，

$$角 BED = 34\ 4'$$

但是，

$$角 LBO = 角 BDF$$

因此，

$$角 EBO = 39\ 34'$$

现在这个角完全由已知的边所夹，

$$BO = 285单位$$

而且，

$$BE = 10\ 697单位$$

因此，

$$角BEO = 59'$$

而且，

$$角OED = 角BED - 角BEO = 33\ 5'$$

但是，在第一次冲日中，已经证明，

$$角DEN = 34\ 55'$$

因此

$$角OEN = 68$$

于是第一次冲日和第二次冲日之间的距离可知，并且与观测值是一致的。

在第三次冲日中也是一样的。在三角形 CDE 之中，

$$角CDE = 54\ 42'$$

$$边CD = 10\ 000单位$$

而且，

$$边DE = 854单位$$

因此，

$$边EC = 9\ 532单位$$

$$角CED = 121\ 5'$$

同时，

$$角DCE = 4\ 13'$$

因此，相加，

370

$$角PCE = 129\ 31'$$

进而言之，在三角形EPC中，

$$边CE = 9\ 532单位$$

$$边PC = 285单位$$

$$角PCE = 129\ 31'$$

于是，

$$角PEC = 1\ 18'$$

而且，

$$角PED = 角CED - 角PEC = 119\ 47'$$

这也是从偏心圆的高拱点到第三次冲日时行星位置的距离。

现在，已经证明，在第二次冲日的时候，这一数字为$33\ 5'$，于是在土星的第二次冲日和第三次冲日之间的距离是$86\ 42'$，这一数值与观测相符。在那一时刻，土星的观测位置是$8'$，此时设定的起点是白羊宫的第一颗星。土星与偏心圆低拱点之间的距离是$60\ 13'$，于是可知低拱点的位置大约是$60\frac{1}{3}$，高拱点的位置与此相对，是$240\frac{1}{3}$。

现在，如图5-9所示，设RST为地球的大轨道圈，E为圆心，其直径SET平行于CD，CD是行星的平均运动线。

令

$$角FDC = 角DES$$

因此，地球和我们的观测点都位于直线PE之上，也就是位于点R。现在，角PES或弧RS＝角FDC与DEP之差＝行星的均匀行度与视行度之差，此量为$5\ 31'$。从半圆减去这一数字，余量就是弧RT：

$$弧RT = 180 - 5\ 31' = 174\ 29'$$

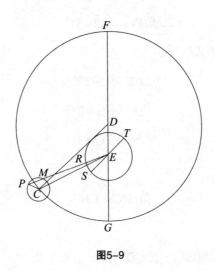

图5-9

这也是行星与地球轨道大圆远地点 T 的距离，也是与太阳的平位置的距离。

我们已经证明，在公元1527年10月10日午夜之后的 $6\frac{2}{5}$ 小时，土星距离偏心圆高拱点的近点角行度是125 18′，视差的行度是174 29′，而高拱点的位置距恒星的天球上白羊宫第一颗星240 21′。

第七章　土星运动的分析

我们已经证明，在托勒密的三次观测之中的最后一次，土星的视差行度是174 44′，偏心圆的高拱点与白羊座的起点之间的距离是226 23′。于是非常清楚的是，在两次观测之间的中间时刻，土星视差均匀运动完成了1 344次运转减去 $\frac{1}{4}$ 。

现在，从哈德良执政第20年埃及历12月24日正午前1个小时，一直到后一次观测时间公元1527年10月10日午夜后6小时，一共经历1 392埃及年75天48日分。

因此，如果我们希望从表5-1、表5-2中求得这一时段行度，我们会得出相似结果为比1 343次视差运转超过359 48′。因此，我们设定的土星的平均运动的描述是正确的。但是在那段时期之内，太阳的简单运动是82 30′。如果用82 30′减去359 45′，得到的值82 45′就是土星的平均行度。我们已经把这个数值累计入土星的第47个恒星周中，这与计算相符合。同时，偏心圆高拱点的位置已经向前移到了恒星天球上的13 58′。托勒密坚信拱点和恒星一样也是固定的，但是事实证明在100年的时间之内它移动了大约1 。

第八章　土星位置的测定

从基督纪元开始到哈德良执政第20年埃及历12月24日正午前1小时，也就是托勒密观测的时刻，一共是135埃及年222天27日分，其间土星的视差行度是328 55′，用174 44′减去328 55′，差值为205 49′，这也是太阳平位置与土星平位置的距离，也是公元元年1月1日之前午夜时土星的视差行度。

从第一届奥林匹克运动会到基督纪元一共是775埃及年12$\frac{1}{2}$日，其间除完整运转外还有70 55′的行度。用205 49′减去70 55′，得到134 54′，这就是在祭月第一天正午奥运会开幕时的行度。

又经历了451年247天之后，除完整运转外，余下13 7′，用13 7′加上134 54′，得到148 1′，这也是埃及历1月1日正午亚历山大纪元时的位置。

恺撒纪元时的位置是在278年118$\frac{1}{2}$日之后，行度为247 20′，那么可定出公元前45年1月1日前午夜时的位置为35 21′。

第九章　由地球周年运转引起的土星视差，以及土星（与地球）的距离

通过上述方式，我们已经证明了土星在黄经上的均匀行度，以及它的视行度。正如我们说过的，其他关于土星的视运动也是地球周年运转引起的，我们称之为视差。正如地球的大小在与地月距离对比之下能造成视差一样，地球周年运转的轨道也能引起五个行星的视差。考虑到轨道圈的尺度，行星视差要显著得多。除非已经测知行星的高度，否则这些视差是没有办法确定出来的。但是如果根据某次视差的观测，这实际上也可以先行计算出来。

我进行了关于土星的一次观测，具体时间是公元1514年2月24日午夜之后的5个均匀小时。我当时看到土星与天蝎宫额部的两颗星星呈一条直线，也就是与天蝎宫的第二颗和第三颗恒星呈一条直线，那两颗恒星在恒星天球上的经度相同，都是209 。通过它们界定土星的位置就很清晰了。从基督纪年到这次观测一共是1 514埃及年67日13日分。根据计算，太阳的平位置是315 41′，土星的视差近点角是116 31′，因为这个原因，土星的平位置是199 10′，偏心圆高拱点的位置是240$\frac{1}{3}$。

现在，为了解决我们的问题，如图5-10所示，设ABC为偏心圆，D为圆心，在直径BDC之上，B为远地点，C是近地点，E为地球轨道圈的中

心。连接 *AD* 和 *AE*，以 *A* 为圆心，*DE* 的 $\frac{1}{3}$ 为半径，作小本轮，令它上面的 *F* 是行星所在的位置，而且，令

$$角DAF＝角ADB$$

通过地球轨道圈的圆心 *E*，画 *HI* 与圆周 *ABC* 位于同一个平面之内，而且 *HI* 作为直径与 *AD* 平行，于是可以认为 *H* 为轨道圈上距离行星最远的点，*I* 为最近的点。

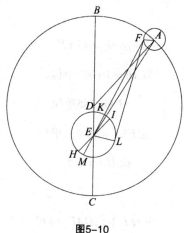

图5-10

现在，在轨道圈上，令

$$弧HL＝116\ 31'$$

这个结果与视差的近点角计算是一致的。连接 *FL*、*EL*，于是 *FKEM* 与轨道圈的两个圆弧相交在一起。因此，根据假想，

$$角ADB＝角DAF＝41\ 10'$$

而且，

$$角ADE＝180－角ADB＝138\ 50'$$

同时，取$AD=10\,000$单位，

$$DE=854单位$$

因此，在三角形ADE之中，

$$边AE=10\,667单位$$

$$角DEA=38\,9'$$

$$角EAD=3\,1'$$

相加，

$$角EAF=44\,12'$$

于是，在三角形FAE之中，取$AE=10\,667$单位，

$$边FA=285单位$$

$$边FKE=10\,465单位$$

$$角AEF=1\,5'$$

因此，可证，

$$角AEF+角DAE=4\,6'$$

这也是土星的平位置和真位置之间的差。如果地球的位置在点K或者点M，站在点E来看，土星的位置看起来非常明显，距离白羊座$203\,16'$，但是如果地球位于点L，那么土星看起来就是在209，差值是$5\,44'$，这与角KFL表示的视差相一致。但是如果依据均匀运动的计算，

$$弧HL=116\,31'$$

而且，

$$弧ML=弧HL-行差HM=112\,25'$$

相减①，

$$弧LIK=67\ 35'$$

因此，

$$角KEL=67\ 35'$$

因此，在三角形FEL之中，各角已知，并且取EF＝10 465单位，各边的比例已知，因此取AD＝BD＝10 000单位时，

$$EL=1\ 090单位$$

但是，取BD为60单位时，EL＝6单位32′，这也是遵照古人的取法；这与托勒密的数值差距很小。因此，

$$BDE=10\ 854单位$$

直径的其余部分

$$CE=9\ 146单位$$

但是，因为本轮在点B的时候，要从行星的高度减去285单位，但是在点C的时候加上这个数字，即小本轮的半径。取BD＝10 000单位的时候，土星距离中心点E的最大距离是10 569单位，最小距离是9 431单位。根据这个比率，取地球的半径为1单位，土星远地点的高度就是9单位42′，近地点的高度就是8单位39′，因此，非常明显的是，根据前面建立的模型，也就是计算月亮最小视差的方法，土星的视差在远地点的时候会大一些，

$$最大视差=5\ 55'$$

在近地点的时候，

$$最大视差=6\ 39'$$

---

① 弧MLIK＝180。

它们之间的差值是44′，这是在土星的直线与地球轨道相切的时候所测得的数值。通过这样的方式，土星的特殊差值也可以求出来，随后，我要把5个行星同时放在一起进行介绍和描述。

第十章　木星运动的说明

上面我们已经解决了关于土星的问题，下面我们采用同样的方法和顺序来说明木星的运动。首先，我将重复托勒密记录且仔细分析过的三个位置，同时我们通过圆周转换的方式来对它们进行重新组合，这样差别就会非常小。

第一次冲日出现在哈德良执政第17年埃及历11月1日之后的午夜前1小时，按托勒密的观测，木星位于天蝎宫内23 11′，减去二分点岁差后，是226 33′。

他记录的第二次冲日发生在哈德良执政第21年埃及历2月13日之后的午夜前2小时，木星位于双鱼宫内7 54′；恒星天球上位置是331 16′。

第三次冲日出现于安东尼·庇护执政元年3月20日之后的午夜后5小时，木星在恒星天球上的位置是7 45′。

因此，从第一次冲日到第二次冲日之间历时3埃及年106天23小时，木星的视行度为104 43′。从第二次冲日到第三次冲日一共是1年37日7小时，木星视行度是36 29′。在第一段时期中，木星的平均行度是99 55′，第二个时期则是33 26′。

托勒密发现，偏心圆上从高拱点到第一冲点的弧是77 15′，从第二冲

378

点到低拱点的弧是2 50′；从那里至第三冲点是30 36′。现在，取半径为60单位，则整个圆周的偏心距是5$\frac{1}{2}$单位，但如果半径是10 000单位，那么偏心距是917单位。这些数值都是与观测结果相符合的。

现在，如图5-11所示，设ABC为圆周，

$$弧AB=99 55′$$

这是从第一冲点至第二冲点的弧。令

$$弧BC=33 26′$$

通过圆心D，画直径FDG，因此从高拱点F开始的

$$FA=77 15′$$

$$FAB=177 10′$$

而且，

$$GC=30 36′$$

现在，令E为地球轨道圈的中心，托勒密偏心距等于917单位的$\frac{3}{4}$，也就是，令

$$DE=687单位$$

以小本轮半径＝229单位，这也是托勒密偏心距（917单位）的$\frac{1}{4}$，绕A、B、C三点各画一个本轮，连接AD、BD、CD、AE、BE和CE，在本轮上，连接AK、BL和CM，并且

$$角DAK=角ADF$$

$$角DBL=角FDB$$

同时，

$$角DCM=角FDC$$

最后，通过直线把K、L和M各点与点E连接起来。

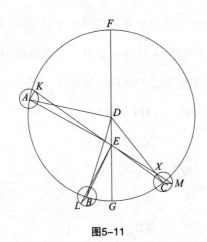

图5–11

于是，在三角形*ADE*之中，

$$角ADE = 102 \ 45'$$

因为角*ADF*已知，而且，取*AD* = 10 000单位时，

$$边DE = 687单位$$

$$边AE = 10 \ 174单位$$

$$角EAD = 3 \ 48'$$

则

$$角DEA = 73 \ 27'$$

$$角EAK = 81 \ 3'$$

于是，在三角形*AEK*之中，两边已知，即*AK* = 229单位，*EA* = 10 174单位，它们所夹角*EAK*已知，所以

$$角AEK = 1 \ 17'$$

通过减法，得

$$角KED = 72 \ 10'$$

三角形*BED*之中会出现同样的情形。因为*BD*和*DE*两边与前面三角形中对应的边相等，但是

$$角BDE=2°50'$$

因此，取*DB*＝10 000单位时，

$$底边BE=9\ 314单位$$

而且，

$$角DBE=12'$$

于是，再一次，三角形*ELB*的两边已知，而且，

$$角EBL=177°22'$$

而且，

$$角LEB=4'$$

但是，

$$角FEL=角FDB-16'=176°54'$$

而且，因为角*KED*＝72°10′，

$$角KEL=角FEL-角KED=104°44'$$

这与观测到的第一和第二冲点之间的视行度角大体是一致的。

同样地，在第三个冲点，三角形*CDE*之中，两边*CD*和*DE*已知，而且

$$角CDE=30°36'$$

$$底边EC=9\ 410单位$$

$$角DCE=2°8'$$

因此，在三角形*ECM*之中，

$$角ECM=147°44'$$

于是，

$$角CEM=39'$$

$$外角DXE=内角ECX+内角CEX=2\ 47'$$

$$角FDC-角DEM=2\ 47'$$

于是，

$$角GEM=180-角DEM=33\ 23'$$

$$角LEM=36\ 29'$$

这也是第二次和第三次冲点之间的整个角，这也与观测相符。但是，对位于低拱点东面33 23′的第三冲点，测得的位置在7 45′。半圆的剩余部分可以告诉我们高拱点的位置是在恒星天球上的154 22′处。

现在，如图5-12所示，围绕点E，画RST为地球的周年运转轨道圈，直径SET平行于直线DC。

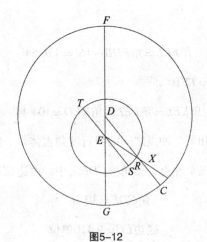

图5-12

前面已知

$$角GDC=角GES=30\ 36'$$

而且，

382

$$角DXE＝角RES＝弧RS＝2\ 47'$$

这也是行星距离轨道平近地点之间的距离。因此可知

$$弧TSR＝182\ 47'$$

这也是行星到轨道高拱点的距离。

通过这种方式，我们证明了这样一个事实，木星第三次冲日时，也就是安东尼·庇护执政元年埃及历3月20日之后的午夜后5小时，木星的视差近点角是182 47'，经度均匀位置是4 58'，偏心圆高拱点的位置是154 22'。这些数据与我们设定的地球运动和均匀运动的假说都是很符合的。

第十一章　最近观测到的木星的其他三次冲日现象

我们已经通过这种方式三次界定了木星的位置，我们还要补充另外三次非常仔细的观测。第一次是在公元1520年4月30日之前的午夜过后11小时，在恒星天球上200 28'的位置。

第二次是在公元1526年11月28日午夜后3小时，位置为48 34'。

第三次是在公元1529年2月1日午夜后18小时，位置为113 44'。

从第一次到第二次冲日一共是6年212日40日分，在此期间木星的视行度是208 6'。从第二次到第三次冲日一共是2埃及年66日39日分，行星的视行度是65 10'。但是在第一段时期中，木星的均匀行度是199 40'，在第二时期中则是66 10'。

如图5-13所示，画偏心圆ABC，木星在其上做简单均匀运动。按照顺

序，把A、B、C设定为3个观测到的点，使

$$弧AB=199\ 40'$$

$$弧BC=66\ 10'$$

于是，

$$弧AC=360-（弧AB+弧BC）=94\ 10'$$

进一步，我们取D为地球周年运动轨道的中心，连接AD、BD与CD。任选一条延长，我们可以选择DB，延长成为直线BDE与圆周的弧相交。连接AC、AE及CE。

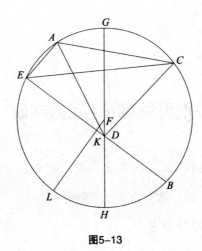

图5-13

于是，取圆心处的4个直角=360，则

$$角BDC=65\ 10'$$

这也是视行度的角。并且

$$补角CDE=180-65\ 10'=114\ 50'$$

但是，取圆周处的2直角=360时，

$$角CDE=229\ 40'$$

384

而且，因为圆周上截出的弧BC，所以

$$角CED=66\ 10'$$

于是，在三角形CDE中，

$$角DCE=64\ 10'$$

因此，因为三角形CDE的角已知，边也可知：在取三角形外接圆的直径＝20 000单位时，

$$CE=18\ 150单位$$

而且，

$$ED=10\ 918单位$$

三角形ADE也可做同样的论证。

$$角ADB=151\ 54'$$

这也是圆周减去第一次到第二次冲日的距离之后所剩余的量，因此，

$$补角ADE=180\ -151\ 54'=28\ 6'$$

而取2直角＝360时，

$$角ADE=56\ 12'$$

角AED截出弧BCA，

$$角AED=160\ 20'$$

而且，

$$角EAD=143\ 28'$$

于是，取三角形ADE外接圆的直径＝20 000单位时

$$边AE=9\ 420单位$$

$$边ED=18\ 992单位$$

但是，取ED＝10 918单位时，

$$AE = 5\,415 单位$$

$$CE = 18\,150 单位$$

于是，我们再次有了三角形 EAC，两边 EA 和 EC 已知，它们所夹的、截出的弧 AC 的角 $AEC = 94\,10'$。因此，截出弧 AE 的角 $ACE = 30\,40'$，

$$角 ACE + 弧 AC = 124\,50'$$

这是弦 CE 所对的弧。而且，取偏心圆的直径 $= 20\,000$ 单位时，

$$CE = 17\,727 单位$$

根据前面已知的比率，

$$DE = 10\,665 单位$$

而且，

$$弧 BCAE = 191$$

$$弧 EB = 360 - 191 = 169$$

而且，

$$BDE = （弧 EB 所对的弦） = 19\,908 单位$$

相减，得

$$BD = 9\,243 单位$$

因此，$BCAE$ 是较大的弧段，偏心圆的圆心应在它之内，令这个圆心为 F。现在，画直径 $GFDH$，可知，

$$ED \times DB = GD \times DH$$

所以后者也是已知的。但是，

$$GD \times DH + （FD）^2 = （FDH）^2$$

现在，

$$（FDH）^2 - GD \times DH = （FD）^2$$

386

因此，取$FG=10\ 000$单位，可知

$$FD=1\ 193单位$$

但是，取$FG=60$单位，

$$FD=7单位9'$$

现在，令BE在点K被等分，延长FKL，因此FKL垂直于BE，而且因为

$$BDK=\frac{1}{2}BE=9\ 954单位$$

而且，

$$DB=9\ 243单位$$

相减，

$$DK=711单位$$

因此，在三角形DFK之中，边已知，

$$角DFK=36\ 35'$$

同样地，

$$弧HL=36\ 35'$$

但是，

$$弧LHB=84\frac{1}{2}$$

相减，

$$弧BH=47\ 55'$$

这也是第二冲点与近地点的距离。而且，

$$弧BCG=180-47\ 55'=132\ 5'$$

这也是从第二冲点到远地点的距离。而且，

$$弧BCG-弧BC=132\ 5'-66\ 10'=65\ 55'$$

这也是第三冲点到远地点的距离。

现在，把此数从94 10′减去时，余量28 15′就是从远地点到本轮第一位置的距离。这与观测几乎是不相符的，因为行星并没有沿着偏心圆做运动。因此，这种证明方法建立在没有确定的原则基础之上，不能给出可靠的答案。对于此谬误有许多证据，其中之一就是这样的事实：托勒密用它求得的土星的偏心距大于实际的距离，但是木星的却小于实际距离。但是我求得的木星偏心距又太大。所以对于同一个行星的观测，如果采用圆周上的不同弧段，则不应该采用同样的方法。对于上面三个端点甚至是所有的端点，木星的均匀和视行度是不大可能求出来的，除非我接受托勒密所记载的偏心距，也就是5单位30′，当时所取的偏心圆的半径是60单位；如果半径是10 000单位，那么偏心距就是917单位。这时令高拱点到第一冲点的弧是45 2′，从低拱点到第二冲点的弧是64 42′，由第三冲点到高拱点是49 8′。

重复上面的偏心圆本轮图，使其适合这一例证。

如图5-14所示，根据我们的假想，

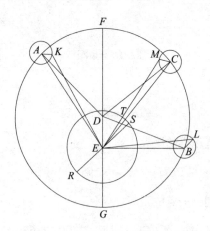

图5-14

388

$$DE=687单位$$

这是两个圆心距离的$\frac{3}{4}$。而且，取$FD=10\ 000$单位时，

$$本轮半径=229单位$$

这也是距离剩余的$\frac{1}{4}$。于是，因为

$$角ADF=45\ 2'$$

三角形ADE的两边AD和DE已知，角ADE已知，取$AD=10\ 000$单位，因此可证，

$$边AE=10\ 496单位$$

而且，

$$角DAE=2\ 39'$$

因为，

$$角DAK=角ADF=45\ 2'$$

相加，

$$角EAK=47\ 41'$$

同样，在三角形AEK之中，两边AK和AE已知，于是

$$角AEK=57'$$

现在，

$$角KED=角ADF-（角AEK+角DAE）=41\ 26'$$

这也是第一次冲日时木星视行度的角。

在三角形BDE之中，结果是类似的。因为两边BD和DE已知，而且，

$$角BDE=64\ 42'$$

取$BD=10\ 000$单位，

$$边BE=9\ 725单位$$

而且，

$$角BDE = 3\ 40'$$

更进一步说，在三角形BEL之中，两边BE和BL已知，而且

$$角EBL = 118\ 58'$$

$$角BEL = 1\ 10'$$

而且，因为

$$角DEL = 110\ 28'$$

但是已经很清楚，角KED=41 26'，因此，相加，

$$角KEL = 151\ 54'$$

于是，

$$360 - 151\ 54' = 208\ 6'$$

这也是第一次和第二次冲日时视行度的角。这是与观测值相符的。

最后，在第三个冲点，在三角形CDE之中，边DC和DE已知，而且，鉴于角FDC已知，

$$角CDE = 130\ 52'$$

取CD=10 000单位时，

$$边CE = 10\ 463单位$$

而且，

$$角DCE = 2\ 51'$$

因此，

$$角ECM = 51\ 59'$$

现在，在三角形ECM之中，两边CM和CE已知，角MCE已知，

$$角MEC = 1$$

390

而且，

$$角MEC＋角DCE＝角FDC－角DEM$$

角FDC和角DEM为均匀行度与视行度的角，于是，在第三次冲日时，

$$角DEM＝45\ 17'$$

但是，已经证明，

$$角DEL＝110\ 28'$$

于是，

$$角LEM＝65\ 10'$$

这也是第二次和第三次冲点间的角度，与观测值是一致的。但是因为木星的第三冲点是在恒星天球上113 44′处，那么木星高拱点的位置大约是159。

现在，围绕点E，画RST为地球的轨道，直径RES平行于DC，于是在木星的第三次冲日时，

$$角FDC＝角DES＝49\ 8'$$

而R为视差均匀行度的远地点。但在地球走过一个半圆加上弧ST之后，它进入与木星相合的位置（在此点木星与太阳相冲）。

$$弧ST＝3\ 51'$$

角SET已经被证明也是同样大小。

所以根据这个，在公元1529年2月1日午夜之后19小时，木星视差的均匀近点角位于183 51′，但是其真行度是109 52′，偏心圆的远地点距离白羊座之角大约159，这就是我们要证明的。

第十二章　木星均速运动的证实

前面已经证明，托勒密所观测到的三次木星冲日的最后一次，木星的平均行度出现在4 58′，视差的近点角则是182 47′。在两次观测的中间时段，木星的视差行度除了整圈的运转，还多余1 5′。而其自身的行度大约是104 54′。从安东尼·庇护执政元年埃及历3月20日之后的午夜后5小时，一直到公元1529年2月1日之前的午夜后18小时，所经历的时段一共是1 392埃及年99日37日分。根据运算，在这段时间内相应的视差行度除了整圈运转外同样是1 5′。同时，地球在其均匀运动中赶上木星1 267次，这一数值与观测的结果基本一致。

而且，可以证明，在这个时间段之内，偏心圆的高拱点和低拱点向东移动了$4\frac{1}{2}$，也就是平均每300年1。

第十三章　木星运动位置的测定

从三次观测中的最后一次（也就是安东尼·庇护执政元年3月20日之后的午夜后5小时）上溯到基督纪元，共有136埃及年314日10日分。在这段时间之内，视差的平均行度是84 31′。用182 47′减去84 31′，差是98 16′，这个数值就是基督纪元1月1日之前的午夜时的视差行度。

从这时到第一届奥林匹克运动会，共有775埃及年$12\frac{1}{2}$日，在此期间，除了整圆之外，行度就是70 58′。用98 16′减去70 58′，差是27 18′，这也是奥林匹克运动会开幕时的数值。

从那时开始，451年247日中的行度是110 52′，加上奥林匹克运动会开幕时的数值，总和是138 10′，这也是亚历山大纪元埃及历1月1日中午的数值。这种方法对其他历元也同样适用。

第十四章 木星视差及其相对于地球运转轨道的高度的测定

为了测定与木星有关的视差，我们于公元1520年2月19日正午之前的6个小时对木星的位置进行了仔细的观测。借助于仪器的观测，木星的位置是在天蝎前额第一颗明亮的恒星以西4 31′，而且鉴于恒星的位置在209 40′，非常清楚的是木星的位置在恒星天球上的205 9′。

因此，从基督纪元一直到这次观测，一共经历了1 520均匀年62日15日分。在这一时段之内，根据计算，太阳的平均行度大概是309 16′，视差的近点角大约是111 15′。于是，木星的平位置是198 1′。目前这一时期，偏心圆高拱点的位置是159 。木星偏心圆的近点角是39 1′。

按照这个例子，如图5-15所示，画偏心圆 ABC，D 为圆心，ADC 为直径，A 为远地点，C 为近地点，因为这样的原因，令地球周年运转的轨道中心 E 在 DC 上面。

现在，令

$$弧AB=39 1′$$

以 B 为圆心，作本轮，BF 为半径，其值相当于 DE 的 $\frac{1}{3}$。令

$$角DBF=角ADB$$

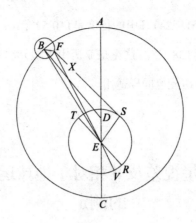

图5-15

连接直线 BD、BE 和 FE，因此在三角形 BDE 之中，两边已知，取 BD＝10 000单位，

$$DE＝687单位$$

因为这两边构成了角 BDE，而且，

$$角BDE＝140\ 59'$$

此外，

$$底边BE＝10\ 543单位$$

而且，

$$角DBE＝角ADB－角BED＝2\ 21'$$

因此，

$$角EBF＝41\ 22'$$

因此，在三角形 EBF 之中，角 EBF 以及它的两条边已知，取 BD＝10 000单位，

$$EB＝10\ 543单位$$

$$BF = \frac{1}{3}DE = 229 单位$$

从这里可以推出，

$$边 FE = 10\ 373 单位$$

$$角 BEF = 50'$$

现在，令BD和FE相交于点X，

$$角 DXE = 角 BDA - 角 FED$$

角FED为平均行度角，角BDA为真行度角。而且，

$$角 DXE = 角 DBE + 角 BEF = 3\ 11'$$

现在，

$$角 FED = 39\ 1' - 3\ 11' = 35\ 50'$$

这也是偏心圆的高拱点到行星之间的角度。

但是，高拱点的位置在159，而

$$159 + 35\ 50' = 194\ 50'$$

这也就是木星相对于圆心E的真位置，但视位置在205 9′，存在10 19′的视差。

现在，以E为圆心画RST为地球的轨道圈，直径RET平行于DB，R为视差的远地点，而且，为了与视差的平均近点角一致，令

$$弧 RS = 111\ 15'$$

延长直线FEV，一直到地球轨道圈的两边。行星的真远地点在点V，角REV等于均匀行度与视行度的角度差；而且，

$$角 REV = 角 DXE$$

$$弧 VRS = 114\ 26'$$

通过减法，得

$$角FES = 65\ 34'$$

但是，因为

$$角EFS = 10\ 19'$$

$$角FSE = 104\ 7'$$

于是，在三角形 EFS 之中，角已知，各边的比值已知，

$$FE : ES = 9\ 698 : 1\ 791$$

于是，取 $BD = 10\ 000$ 单位，

$$FE = 10\ 373 单位$$

$$ES = 1\ 916 单位$$

托勒密在取偏心圆的半径 $= 60$ 单位时，求得 $ES = 11$ 单位 $30'$，这与 $1\ 916 : 10\ 000$ 的比值基本相同。因此在这方面我们与托勒密的比值基本没有什么差异。因此，

$$直径ADC : 直径RET = 5 单位 13' : 1 单位$$

于是，

$$AD : ES = AD : RE = 5 单位 13'9'' : 1 单位$$

用同样办法可求得

$$DE = 21'29''$$

$$BF = 7'10''$$

因此，如果取地球的轨道半径为 1 单位，那当木星位于远地点时，

$$ADE - BF = 5 单位 27'29''$$

当木星在近地点时，

$$EC + BF = 4 单位 58'49''$$

当木星位于远地点与近地点中间时，也会有一个相应的数值。因此，汇总

396

这些数据，木星在远地点的最大视差是10 35′，近地点则是11 35′，它们之间存在1 的差值。所以，木星的均匀行度及其视行度就是可知的了。

第十五章　火星

我们现在需要分析火星的运动，也是采取古代的三次冲日来分析。在这里，我们还是需要把古代的地球运动和行星冲日结合起来。在托勒密所记载的冲日之中，第一次出现在哈德良执政第15年埃及历5月26日之后的午夜后1个均匀小时。他说当时的火星位置是双子宫内21，但是相对于恒星天球而言，则是74 20′。

他注意到的第二次冲日发生在哈德良执政第19年埃及历8月6日之后的午夜前3小时，火星的位置在狮子宫内28 50′，但相对于恒星天球而言，是142 10′。

第三次冲日发生在安东尼·庇护执政第2年埃及历11月12日之后的午夜前2均匀小时，当时火星的位置是人马宫内2 34′，相对于恒星天球，则是235 54′。

从第一次冲点到第二次冲点之间，一共是4埃及年69日加上20小时或50日分，除去整圈运转外，行星的视行度是67 50′。从第二次冲点到第三次冲点之间，一共是4年96日1小时，火星的视行度是93 44′。然而，在第一个时段之内，除去整圈运转，平均行度是81 44′；在第二时段之内，这一数字是95 28′。然后他发现圆心之间的距离是12单位，当然是在取偏心圆半径为60单位的时候。但是当取半径为10 000单位的时候，这一数值就是

2 000单位。从第一冲点到高拱点的平均行度是41 33′；然后从高拱点至第二冲点之间的平均行度是40 11′；从第三冲点到低拱点之间的平均行度是44 21′。但是，按照我们关于均匀运动的假想，偏心圆和地球轨道的中心间的距离为1 500单位，也就是托勒密的偏心度的 $\frac{3}{4}$，其余的 $\frac{1}{4}$，也就是500单位，就是小本轮的半径。

现在，如图5-16所示，画偏心圆 ABC，D 为圆心，FDG 为穿过两个拱点的直径，E 为地球周年运转的圆周的中心，位于直径之上。令 A、B、C 依次为各次观测到的冲点位置。令

$$弧AF = 41\ 33′$$

$$弧FB = 40\ 11′$$

$$弧CG = 44\ 21′$$

围绕 A、B、C 各自画本轮，以 DE 的 $\frac{1}{3}$ 为半径。连接 AD、BD、CD、AE、BE 和 CE。在这些小本轮中画 AL、BM 和 CN，使

$$角DAL = 角ADF$$

$$角DBM = 角BDF$$

$$角DCN = 角CDF$$

于是，在三角形 ADE 之中，因为已知角 FDA，

$$角ADE = 138\ 26′$$

因为三角形 ADE 之中的两边已知，取 $AD = 10\ 000$ 单位，$DE = 1\ 500$ 单位，从这里，推导出，

$$边AE = 11\ 172单位$$

而且，

$$角DAE = 5\ 7′$$

398

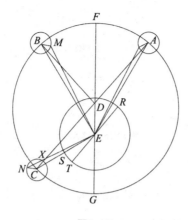

图5-16

因此，

$$角EAL=46\ 40'$$

所以，在三角形EAL中，角EAL已知，两边已知，取$AD=10\ 000$单位时，$AE=11\ 172$单位，而且，

$$AL=500单位$$

而且，

$$角AEL=1\ 56'$$

$$角AEL+角DAE=7\ 3'$$

这也是角ADF与角LED之间的差。因为

$$角DEL=34\frac{1}{2}$$

同样，在第二次冲日的时候，三角形BDE之中，

$$角BDE=139\ 49'$$

而且，取$BD=10\ 000$单位时，

$$边DE=1\ 500单位$$

于是，

$$边BE＝11\ 188单位$$

$$角BED＝35\ 13'$$

而且，

$$角DBE＝4\ 58'$$

因此，

$$角EBM＝45\ 9'$$

夹这个角的两边BE与BM已知，随后，

$$角BEM＝1\ 53'$$

通过减法，得

$$角DEM＝33\ 20'$$

因此，

$$角MEL＝67\ 50'$$

这也是行星的第一次冲日到第二次冲日时看起来移动的角度，这个结果与实测结果是一致的。

在第三次冲日时情况也是如此。三角形CDE的两边CD和DE已知，它们的夹角CDE＝44\ 21'。

于是，在取CD＝10 000单位或DE＝1 500单位时，

$$底边CE＝8\ 988单位$$

而且，

$$角CED＝128\ 57'$$

$$角DCE＝6\ 42'$$

再次，在三角形CEN之中，

400

$$角ECN=142\ 21'$$

它由已知边EC和CN构成；于是，

$$角CEN=1\ 52'$$

因此，通过减法，得

$$角NED=127\ 5'$$

但是，已经证明，

$$角DEM=33\ 20'$$

通过减法，得

$$角MEN=93\ 45'$$

这也是第二次与第三次冲日之间的视行度角。这一数值与观测值完全符合。前面已经说明，在最后观测到的火星冲日之时，行星看起来位于235 54′，距离偏心圆的远地点是127 5′。于是，火星偏心圆远地点的位置位于恒星天球上108 49′。

现在，令RST为地球的周年运转轨道，圆心为E，直径RET平行于DC，R是视差的远地点，T为近地点。

于是，沿EX看来行星是在经度235 54′的位置。已经证明，角DXE＝8 34′，这也是均匀行度与视行度之间的差值。在那种情况下，

$$平均行度=244\frac{1}{2}$$

而且，在圆心处，

$$角SET＝角DXE=8\ 34'$$

于是，可得行星的平均视差行度为：

$$弧RS＝弧RT－弧ST=180-8\ 34'=171\ 26'$$

而且，在其他方面，我还运用地球运动的这个假设，证明了安东尼·庇护

执政第2年埃及历11月12日午后10均匀小时，火星在经度上的平均行度是 $244\frac{1}{2}$，而视差的近点角是171 26′。

第十六章　近来观测到的其他三次火星冲日

我们已经把托勒密的三次观测与自己的三次观测进行了比较，这些我们都是非常认真地进行的。第一次发生在公元1512年6月5日午夜后一小时，那时火星的位置在235 33′，它与太阳正好相冲，而太阳与恒星天球起点的白羊宫第一星相距55 33′。

第二次发生在公元1518年12月12日正午后8小时，当时火星的视位置在63 2′。

第三次发生在公元1523年2月22日正午前7小时，当时火星位置是133 20′。

于是，从第一次冲日到第二次冲日之间，一共是6埃及年191天45分；从第二次冲日到第三次冲日之间，一共是4年72天23日分。

在第一段时期内，火星的视行度是187 29′，均匀行度是168 7′。在第二个时间段之内，其视行度是70 18′，均匀行度是83 。

现在，如图5-17所示，重新绘制火星的偏心圆，但是这次令

$$弧AB=168\ 7′$$

而且

$$弧BC=83$$

现在，我们采用和土星、木星同样的方法——暂且不要考虑计算的复杂和

枯燥——我们最终会发现火星的远地点位于弧BC之上，而不可能在弧AB上面，因为在AB上面，视行度超过平均行度19 22′。而且，远地点也没有在CA之上，因为虽然该处的视行度小于平均行度，但是在位于弧CA之前的弧BC上，平均行度超过视行度的值比在弧CA上的差值大一些。但前面已经说清楚了，在偏心圆上较小和缩减的视行度出现在远地点附近。因此，远地点必然位于弧BC之上。

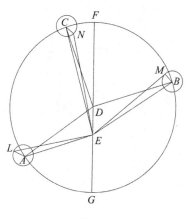

图5-17

现在，设远地点为F，FDG为圆周的直径，地球轨道的圆心E以及偏心圆的圆心D都在这条直径上。于是，我们发现，

$$弧FCA=125\ 29′$$

$$弧BF=66\ 25′$$

$$弧FC=16\ 36′$$

但是，取DF＝10 000单位时，

$$DE＝1\ 460单位$$

这也就是两个圆心之间的距离；用同样单位表示，小本轮半径为500单位。

这些数字表明，视行度和均匀行度是一致的，也与观测结果相符。

因此，再次按上述情况作出图形。因为三角形ADE的两边AD和DE已知，而且

$$角ADE = 54\ 31'$$

这也是火星的第一个冲点到近地点的角度。

$$角DAE = 7\ 24'$$

通过减法，得

$$角AED = 118\ 5'$$

而且，

$$边AE = 9\ 229单位$$

现在，根据假想，

$$角DAL = 角FDA$$

于是，

$$角EAL = 132\ 53'$$

在三角形EAL之中，两边EA和AL已知，它们构成角A，于是，

$$角AEL = 2\ 12'$$

而且，

$$角LED = 115\ 53'$$

同样，在第二次冲日时也是如此。因为在三角形BDE之中，已知两边DB和DE，还有夹角BDE，

$$角BDE = 113\ 35'$$

根据平面三角形的有关定理，

$$角DBE = 7\ 11'$$

404

$$角DEB＝59\ 14'$$

而且，取$DB＝10\ 000$单位，$BM＝500$单位时，

$$底边BE＝10\ 668单位$$

通过加法，得

$$角EBM＝73\ 36'$$

所以，在三角形EBM之中，因为已知边所夹的角已知，可得

$$角BEM＝2\ 36'$$

相减，

$$角DEM＝56\ 38'$$

然后，由近地点到第二冲点的角MEG可得：

$$角MEG＝180\ -角DEM＝123\ 22'$$

但是，已经证明，角$LED＝115\ 53'$，于是，

$$角LEG＝64\ 7'$$

而且，取4直角$＝360$时，

$$角LEG＋角GEM＝187\ 29'$$

这与第一冲点到第二冲点的视距离是相符的。

第三次冲日也是如此。已经证明，

$$角DCE＝2\ 6'$$

而且，取$CD＝10\ 000$单位时，

$$边EC＝11\ 407单位$$

于是，因为

$$角ECN＝18\ 42'$$

三角形ECN的两边CE和CN已知，因此清晰可证：

$$角CEN=50'$$

而且，

$$角CEN+角DCE=2\ 56'$$

这也是视行度角DEN小于均匀行度角FDC的量。因此，

$$角DEN=13\ 40'$$

$$角DEN+角DEM=70\ 18'$$

这也与第二次冲日到第三次冲日之间观测到的视行度是一致的。

我已经说过，在第三次冲日时，火星的位置距离白羊座头部133 20'，而且可知，

$$角FEN\approx13\ 40'$$

可以向后推算出来，偏心圆远地点在最后一次观测的时候位于恒星天球上的119 40'。

在安东尼·庇护时期，托勒密发现远地点是在108 50'的位置。从那时到现在它已经向东移动了10 50'。但是，我们已经发现，在偏心圆的半径是10 000单位的情况下，两个圆心之间的距离缩小了40单位，这并不是因为托勒密或者我们自己出现了差错，而是因为地球轨道中心已经向火星轨道中心靠近，然而太阳却是静止不动的。这些数值彼此呼应一致，这在后面我们将进一步证实。

现在，如图5-18所示，画出地球的周年运转轨道圈，E为圆心，由于行星和地球的运转是相等的，直径SER平行于CD。令R为相对于行星的均匀远地点，S则是均匀的近地点，点T为地球。延长行星的视线ET，在点X与CD相交。前面已经提过，行星在第三次冲日时看起来是在ETX之上，位于经度133 20'。

406

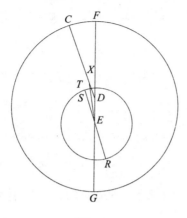

图5-18

而且，我们已经证明，角DXE＝2 56′，它也是均匀行度角XDF超出视行度角XED的差。但是由于角SET等于其内错角DXE，这也是视差的行差。现在，

$$180 - 2\ 56' = 177\ 4'$$

这也是从均匀行度的远地点R开始算起的均匀视差近点角行度。于是，我们可以再次证明，公元1523年2月22日午前7均匀小时，火星的黄经平均行度是136 16′；它的均匀视差近点角是177 4′，偏心圆的高拱点位于119 40′。证明完毕。

第十七章　火星运动的证实

通过上面的论证，我们已经清楚地证明了，在托勒密关于火星的3次观测之中最后一次火星的平均行度是$244\frac{1}{2}$，视差近点角是171 26′。在

托勒密的最后一次观测到近期的最后一次观测的这段时间中，除了整圈的运转之外，还有另外的5 38′。从安东尼·庇护执政第2年埃及历11月12日正午之后9小时，按照克拉科夫经度，也就是午夜前3均匀小时，一直到公元1523年2月22日正午前7小时，一共经历了1 384埃及年251日19日分。根据这种计算方法，在这段时间中一共经过了648整圈运转，还有5 38′的视差近点角。目前，太阳的均匀行度是$257\frac{1}{2}$。用$257\frac{1}{2}$减去视差行度的5 38′，等于251 52′，这个数值就是火星的经度平均行度。所有这些数据都与前面我们设定的数值符合。

第十八章　火星位置的确定

从基督纪元一直到安东尼·庇护执政第2年埃及历11月12日午夜前3小时，一共是138埃及年180日52日分。在这段时期之内，视差行度是293 4′。用托勒密最后一次观测的171 26′另加一整圈减去293 4′，得数为238 22′，这就是公元元年1月1日午夜时分的火星位置。

从第一届奥林匹克运动会到公元元年，一共经过了775埃及年$12\frac{1}{2}$日。在这段时间之内，视差行度是254 1′。同样用238 22′加一整圈，再减去254 1′，最后得到的数值344 21′就是第一届奥林匹克运动会开幕时的火星位置。

同样地，我们可以对其他纪元也进行类似的运算，那么在亚历山大纪元时，这一数值是120 39′，而恺撒纪元时是211 25′。

第十九章　以地球周年运动轨道为单位的火星轨道的大小

除上述外，我还观测到火星掩一颗称为"氐宿一"的恒星（这是天秤座中的第一颗亮星），我的观测时间是1512年1月1日的早晨，在正午前6个均匀小时，火星距离该恒星$\frac{1}{4}$，其偏向冬至日出的方向，火星在经度上来看是在恒星东部的$\frac{1}{8}$，而纬度偏北$\frac{1}{5}$。现在恒星的位置是距离白羊宫第一星的191 20′，北纬40′。所以，火星的位置是在191 28′，北纬51′。但是在这个时间，视差近点角是98 28′，太阳的平位置是262，火星的平位置是163 32′，偏心圆的近点角是43 52′。

如图5-19所示，运用这些数据，我们画偏心圆ABC，D为圆心，ADC为直径，A为远地点，C为近地点。

而且，令$AD＝10\ 000$单位时，

$$偏心度DE＝1\ 460单位$$

现在，令

$$弧AB＝43\ 52′$$

现在，以B为圆心，取AD为10 000单位，半径$BF＝500$单位，画本轮，令

$$角DBF＝角ADB$$

连接BD、BE、BF与FE。此外，绕圆心E画地球的大轨道圈RST，直径RET平行于BD；在直径上，取R为行星视差的均匀行度的远地点，T为近地点。设地球的位置在点S，与均匀视差近点角的计算是相符合的，现在，令

$$弧RS＝98\ 28′$$

延长直线FE为FEV，在点X与BD相交，与地球轨道的凸圆周在点V相交，

点V也是视差的真远地点。

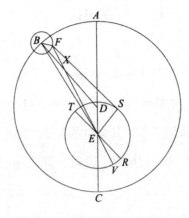

图5-19

因此，在三角形BDE之中，两边已知，取BD＝10 000单位，则

$$DE＝1 460单位$$

它们构成了角BDE。而且，

$$角ADB＝43 52'$$

$$角BDE＝180 －43 52'＝136 8'$$

因此，

$$底边BE＝11 097单位$$

$$角DBE＝5 13'$$

根据假想，角DBF＝角ADB；

相加，

$$角EBF＝49 5'$$

角EBF被已知的两边EB和BF所构成。基于这样的考虑，在三角形BEF中，

取DB＝10 000单位，

$$角BEF=2$$

$$边FE=10\ 776单位$$

因此,

$$角DXE=7\ 13'$$

因为,

$$角DXE=角XBE+角XEB$$

这也就是相对的内角。角DXE为相减的行差,也就是角ADB超过角XED的差值,同时也是火星平位置超过真位置的数值。现在,火星的平位置是163 32'。于是它的真位置偏西,位于156 19'。但是对于在点S进行观测的人而言,火星的位置是191 28'。于是,它的视差或者位移,在东部35 9'。因此,非常清楚的是,

$$角EFS=35\ 9'$$

因为RT平行于BD,所以,

$$角DXE=角REV$$

同样,

$$弧RV=7\ 13'$$

$$弧VRS=105\ 41'$$

这也是归一化的视差近点角。于是三角形FES的外角VES可知,作为相对的内角,

$$角FSE=70\ 32'$$

所有这些角都是取2直角=180表示的。但是,因为三角形的角已知,边的比率已知,因此取三角形外接圆的直径=10 000单位,则

$$边FE=9\ 428单位$$

$$ES = 5\ 757单位$$

于是，取$BD = 10\ 000$单位，$FE = 10\ 776$单位，

$$ES \approx 6\ 580单位$$

这与托勒密的发现几乎是相同的。

但用同样的单位表示，

$$ADE = 11\ 460单位$$

$$EC = 8\ 540单位$$

在偏心圆的高拱点，小本轮减少500单位，而在低拱点则增加这一数值，于是高拱点是10 960单位，低拱点则是9 040单位。于是，当地球轨道圈的半径是1单位，火星在远地点的最大距离是1单位39′57″，最小距离是1单位22′26″，平均距离是1单位31′11″。所以，就火星而言，其行度的大小和距离都可以借助地球的运动，根据固定的比率计算出来。

第二十章　金星

前面我们已经证明了土星、木星与火星这三颗地外行星的运动，现在应该谈谈地内行星的运转了。首先，我们要谈论的是金星，相对于水星，只要不缺少在某些位置的必要资料，金星的运动就很容易说明。如果在早晨和黄昏的时候，金星在太阳平位置两边距离太阳的最大角是相等的，那么就可以说明其偏心圆的高拱点和低拱点正好是在太阳的两个位置中间。可以采用下面的方法对它们进行区分：如果相等的最大距角较小时，它们位于远地点；距角较大时，那么就在近地点附近。最后，在两个拱点之间

的所有其他位置，完全可以依据两个距角的差值，来求取金星球体到高拱点或低拱点之间的距离，同时可以求出金星的偏心度。这些都是托勒密仔细研究并且传承给我们的。所以我们不必逐一进行重复的工作，除非把托勒密的观测用来证明我们关于地球运动的假设。

他采用的第一次观测是天文学家西翁在哈德良执政第16年埃及历8月21日之后的夜间第一小时所做的观测。正如托勒密告诉过我们的，这一时刻就是公元132年3月8日傍晚时分。此时，金星与太阳平位置的最大距离是$47\frac{1}{4}$，可以算出太阳的平位置是在恒星天球上337 41′。托勒密把这次观测与他自己进行的另一次观测进行了比较，那一次观测发生在安东尼·庇护执政第4年1月12日破晓时分，也就是公元140年7月30日的黎明时分。他说，在这一时刻，金星的最大清晨距角是47 15′，这个数值与第一次观测中的金星与太阳平位置的距离是相同的，太阳的平位置约为恒星天球上119处，而在第一次观测中为337 41′。很明显，这两个位置之间的中点，就是彼此相对的两个拱点，分别位于$48\frac{1}{3}$和$228\frac{1}{3}$。如果加上二分点的岁差，这两个数都应加$6\frac{2}{3}$。于是正如托勒密所说，它们将分别位于金牛宫内25，天蝎宫内25的位置。如果是这样，那么金星的高拱点和低拱点必然在这两个位置上。

为了对这一结果再次进行证明，他采纳了西翁在哈德良执政第4年3月20日破晓时分进行的另一次观测，时间相当于公元119年10月12日清晨。在这一次观测中金星再次被观测到其最大距角为距离太阳的平位置47 32′，当时太阳的位置是在191 13′。他还联系到了自己在哈德良执政第21年，也就是公元136年所做的一次观测，具体时间是埃及历6月9日，罗马历12月25日之后夜晚的第一个小时，当时求得的黄昏距角为距离太阳平位置

47 32′，太阳的平位置为265 25′。但是，在上面所说的西翁的那次观测中，太阳的平位置是191 13′。金星的拱点落在这些位置的中点上，即约为48 20′、228 20′，这些应当是远地点和近地点的位置。从二分点算起，它们位于金牛宫25，天蝎宫内25处。对于它们的区分，托勒密进行了另外的两次观测。

第一次观测还是西翁进行的，具体时间是哈德良执政第13年11月3日，也就是公元129年5月21日破晓时分。他测量出来的金星最大距角是44 48′，太阳的平均行度是$48\frac{5}{6}$，金星位于恒星天球上4的地方。另一次是托勒密自己进行的观测，时间是哈德良执政第21年埃及历5月2日，相当于罗马历公元136年11月18日之后晚上的第一小时，太阳的平均行度是228 54′，由此可知金星的黄昏最大距角是47 16′，金星在恒星天球上的位置为$276\frac{1}{6}$。所有这些的观测结合在一起，就能够区分两个拱点，高拱点位于$48\frac{1}{3}$，此处金星的最大距角较小，低拱点位于$228\frac{1}{3}$，此处金星的最大距角要更大一些。这就是我们想要证明的。

第二十一章　地球和金星轨道直径的比值

依据上面最后的两次观测，可以求得地球与金星的轨道直径的比值，这一点非常清楚。如图5-20所示，画地球的轨道圈AB，C为圆心，ACB为穿过两个拱点的直径，取其上面的D为金星轨道圈的圆心，而对于AB来说，金星轨道是偏心的。令A位于远日点，如果地球位于此处，那么金星轨道的圆心距离地球最远。AB是太阳的平均行度线，A位于恒星天球上

$48\dfrac{1}{3}$，B位于$228\dfrac{1}{3}$。画直线AE和BF，分别在点E和点F与金星轨道相切。连接DE及DF。

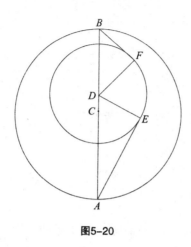

图5-20

于是，在圆心处，

$$角DAE=44\dfrac{4}{5}$$

$$角AED=90，$$

于是，三角形DAE的角已知，此时取$AD=10\,000$单位，

$$DE=2倍角DAE所对半弦=7\,046单位$$

同样，在直角三角形BDF之中，

$$角DBF=47\ 16'$$

而且，此时取$BD=10\,000$单位，

$$弦DF=7\,346单位$$

于是，取$DF=DE=7\,046$单位，则

$$BD=9\,582单位$$

$$ACB=19\,582单位$$

而且，

$$AC = \frac{1}{2}ACB = 9\ 791 单位$$

相减，得

$$CD = 209 单位$$

于是，取 $AC = 1$ 单位，

$$DE = 43\frac{1}{6}'$$

而且，

$$CD \approx 1\frac{1}{4}'$$

取 $AC = 10\ 000$ 单位时，

$$DE = DF \approx 7\ 193 单位$$

同时，

$$CD \approx 208 单位$$

这就是我们所要证明的。

第二十二章 金星的双重运动

根据托勒密的两次观测，金星围绕点 D 所做的运动并不是简单的均匀运动。第一次观测是在哈德良执政第18年埃及历8月2日，也就是罗马历的公元134年2月18日清晨。当时太阳的平均行度是 $318\frac{5}{6}$，清晨时分金星明显位于黄道上 $275\frac{1}{4}$，并且达到了距角的最大极限，也就是43 35′。

第二次观测发生于安东尼·庇护执政第3年埃及历8月4日，也就是罗马历公元140年2月19日黄昏时分。当时太阳的平位置为 $318\frac{5}{6}$，金星距离太阳的黄昏最大距角是$48\frac{1}{3}$，其位置在经度上$7\frac{1}{6}$。

已知上述情况之后，如图5-21所示，取点G为地球在同一地球轨道上的位置，弧AG为一个四分之一圆周。太阳在平均运动中，两次观测时的位置各自位于圆周上相对的一边。弧AG就是太阳距离金星偏心圆远地点西面的距离。连接GC，画DK平行于GC，画GE、GF，并且令它们与金星轨道相切。连接DE、DF、DG。

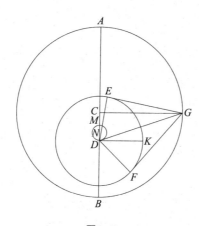

图5-21

于是，因为，

$$角EGC=43\ 35'$$

这也是第一次观测时候清晨的距角。而且，因为

$$角CGF=48\frac{1}{3}$$

这也是第二次观测时的黄昏距角。

$$角EGF=角EGC+角CGF=91\frac{11}{12}$$

于是，

$$角DGF=\frac{1}{2}角EGF=45\ 57\frac{1}{2}'$$

相减，得

$$角CGD \approx 2\ 23'$$

但是，

$$角DCG = 90$$

因此，三角形CGD的各角已知，各边的比值已知。而且，取CG = 10 000
单位时，

$$CD = 416单位$$

现在已经证明圆心之间的距离是208单位，现在它已经扩大了两倍。因此，
CD在点M被等分时，同样可得，

$$DM = 208单位$$

在这里有进退的变化。如果DM在点N被等分，这一点就是运动的中点和归
一化的那一点。

因此，金星的运动和其他三个地外行星一样，是由两个均匀运动构
成的。无论是偏心本轮，还是前面的其他任何方式，结果都是一样的。但
是由于运动的样式变化，或者基于度量的变化，金星还是与其他行星不一
样。而且，在我看来，如果采用偏心圆的方式去论证，那么问题将变得更
加简单。因此，按照这种思路，以N为圆心，以DN为半径，画一个小圆，
金星轨道的圆心在这个小圆上进行运动。当地球接触到直径ACB的时候，
ACB包含有偏心圆的高拱点和低拱点，那么金星的轨道圆心就在点M，其
距离点C，也就是距离地球轨道圆心最近。如果地球位于中间的拱点，即
点G，那么金星的轨道圆心到达了D，这时CD就是金星的轨道圆心到地球
轨道圆心C的最大距离。这样，我们的结论就是，地球运转一周的时候，
金星轨道圆心已经围绕点N运转了2次，而且和地球都是在向东的方向上运

行。我们即将看出来，对于金星的假设，其实与实际情况是完全符合的，无论是均匀行度还是视行度都是如此。除了偏心距少了$\frac{1}{6}$，其他的数据都是基本一致的。偏心距以前是416单位，现在的观测则告诉我们它是350单位。

第二十三章　金星运动的分析

在这次分析中，我采用了两次最为精准的观测，第一次是提摩恰里斯进行的，时间是在托勒密·费拉德尔甫斯执政第13年，也就是亚历山大死后第52年，埃及历12月18日破晓时。根据记载，在这次观测时看见金星掩食室女左翼四颗恒星中最偏西的一颗。按照对这星座的描述，这是第六颗星。其经度是$151\frac{1}{2}$，北黄纬是$1\frac{1}{6}$，星等是3。因此，通过这种方式，金星的位置表现得非常清楚，根据运算，太阳的平位置是194 23′。

以此为例，如图5-22所示，点A位于48 20′，

$$弧AE＝146 3′$$

相减，得

$$弧BE＝33 57′$$

$$角CEG＝42 53′$$

这也是行星与太阳平位置的距离。于是，取CE＝10 000单位时，

$$线段CD＝312单位$$

而且，

$$角BCE＝33 57′$$

在三角形CDE之中，

$$角CED＝1°1'$$

而且，

$$底边DE＝9\ 743单位$$

但是，

$$角CDF＝2角BCE＝67°54'$$

$$角BDF＝180°－67°54'＝112°6'$$

于是，作三角形CDE的一个外角，

$$角BDE＝34°58'$$

因此，非常清楚的是，当取DE＝9 743单位时，已知DF＝104单位，

$$角EDF＝147°4'$$

此外，在三角形DEF之中，

$$角DEF＝20'$$

相加，得

$$角CEF＝1°21'$$

而且，

$$边EF＝9\ 831单位$$

已经证明，角CEG＝42°53'。因此，相减，

$$角FEG＝41°32'$$

取EF＝9 831单位时，作为轨道的半径

$$FG＝7\ 193单位$$

因此，在三角形EFG中，角FEG已知，各边的比值已知，其余的角也是可知的。而且，

$$角EFG＝72 5'$$

$$弧KLG＝180＋角EFG＝252 5'$$

这也是金星从轨道的高拱点开始计量的距离。于是，可以证明，在托勒密·费拉德尔甫斯执政第13年12月18日进行观测的时候，金星的视差近点角就是252 5'。

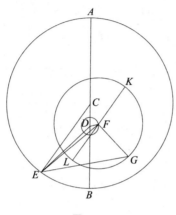

图5-22

我们自己进行的观测是在公元1529年3月12日午后第8个小时，日落后一个小时的时候。我们观测到，金星逐渐被月亮两个角之间的阴暗部分掩盖住了，并且持续到这个小时结束的时候，或者更迟一些的时候，那时的行星逐渐从月亮两个角之间明亮部分的凸弧中点向西显现出来。于是我们就会推论，在这一个小时的中间，或者之前，或者之后，月亮与金星的中心开始会合在一起，这是我在弗龙堡看到过的景象。金星的黄昏距角在不断地增加，但是金星与地球的连线一直没有和轨道相切。从基督纪元到那时，一共是1 529埃及年87日，再加上视时间7$\frac{1}{2}$小时，但如果按均匀时间，就是再加上7小时34分钟。太阳的平位置是332 11'，二分点的岁差是

27 24′。月球离开太阳的均匀行度是33 57′，其均匀近点角行度是205 1′，黄纬是71 59′。这样，我们就可以推论出来，月亮的真位置就是10 ，但相对于分点而言，它的位置就是金牛宫内7 24′，它的黄纬是北纬1 13′。但是，因为天秤宫内15 正在升起，在这种情况下，月球的黄经视差是48′，黄纬的视差则是32′。于是它的视位置就是金牛宫内6 36′。它在恒星天球上的经度是9 12′，北纬是41′。在傍晚时刻，金星的视位置与太阳的平位置相距37 1′，地球在金星高拱点的西面76 9′。

现在，如图5-23所示，我们参照以前的结构重画图形。但是，有一点例外，即

$$角ECA=76 9′$$

而且，

$$角CDF=2角ECA=152 18′$$

而且，取$CE=10\ 000$单位时，

$$偏心度CD=246单位$$

$$DF=104单位$$

因此，在三角形CDE之中，

$$角DCE=103 51′$$

其由两个已知的边所构成。从这些条件可证明

$$角CED=1 15′$$

$$底边DE=10\ 056单位$$

$$角CDE=74 54′$$

但是，

$$角CDF=2角ACE=152 18′$$

而且，

$$角EDF＝角CDF－角CDE＝77\ 24'$$

所以，在三角形DEF中，又一次出现这种情况，两边已知，取$DE＝10\ 056$单位时，$DF＝104$单位，它们构成了已知角EDF。而且，

$$角DEF＝35'$$

$$底边EF＝10\ 034单位$$

于是，

$$角CEF＝1\ 50'$$

此外，

$$角CEG＝37\ 1'$$

这也是行星与太阳平位置的视距离。现在，

$$角FEG＝角CEG－角CEF＝35\ 11'$$

同样，在三角形EFG之中，两边已知，取$FG＝7\ 193$单位时，$EF＝10\ 034$单位，点E的角已知，因此其余的角可以计算出来：

$$角EGF＝53\frac{1}{2}$$

$$角EFG＝91\ 19'$$

这也是行星与其轨道真近地点之间的距离。

但是直径KFL与CE平行，于是K为行星均匀运动的远地点，而L为近地点。因为

$$角EFL＝CEF$$

然后，

$$角LFG＝角EFG－角EFL＝89\ 29'$$

同时，

$$弧KG = 180 - 89\ 29' = 90\ 31'$$

这也是行星从其轨道均匀高拱点量起的行星视差近点角。这一数值也是我在寻求的。

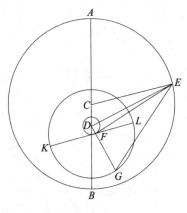

图5-23

但是，在提摩恰里斯的那次观测之中，近点角的数值是252 5'。从那时起一直到现在，除1 115整圈外，还要加上198 26'。从托勒密·费拉德尔甫斯执政第13年12月18日破晓时分一直到公元1529年3月12日正午之后7$\frac{1}{2}$小时，一共经历了1 800埃及年236日40日分。

把1 115圈加198 26'的行度乘以365日，然后再去除以1 800年236日40日分，得到的结果就是年行度，它是225 1'45″3‴40⁗。

然后，再一次除以365天，得出每日的行度是36'59″28‴，我们可以把它填到表5-7、表5-8中。

第二十四章　金星近点角的位置

从第一届奥林匹克运动会一直到托勒密·费拉德尔甫斯执政第13年12月18日破晓时分，一共经历了503埃及年228日40日分。在这个时间段之内，计算出来的行度大约是290 39′。从252 5′加上一整圈，再减掉这个数目，得数就是321 26′，这就是第一届奥林匹克开幕时的行度。

其余的位置可以依据行度和时间计算出来，我们常常提到的位置有：亚历山大纪元是81 52′，恺撒纪元是70 26′，基督纪元是126 45′。

第二十五章　水星

我们已经说明了金星与地球运动的关系，并且说明了各个圆周的比值低于哪一数值时金星的均匀运动会隐而不见。现在我们来分析一下水星。虽然水星的运转极其复杂，远远超过前面论述的金星和其他的任何行星，但是依据古代观测者的经验，其实还是有规律可以遵循的。水星距离太阳的距角在天秤宫内最小，在相对的白羊宫内较大，但是并非最大值。其最大值出现在白羊宫前后的双子宫与宝瓶宫中，特别是在安东尼·庇护执政时期更是如此。其他的星球没有出现过这种情况。古代的天文学家们认为原因在于地球是静止不动的，水星则沿着一个偏心圆上的大本轮进行运动。当然，他们也非常清楚，要想说明这种现象，仅仅一个偏心圆是不够的，即使让偏心圆围绕本身中心之外的另一个中心运转情况也是如此。他们被迫进行这样的假定，包含本轮的同一个偏心圆沿着另外一个小圆进行运动，这和月球的情况是极其相似的。所以存在三个中心：第一个属于运载本轮的偏心圆，第二个属于小圆，第三个属于晚近天文学家称之为"载轮"的圆周。古人忽视前两个中心，只是让本轮绕着载轮的中心进行均匀运动。这种情况与本轮运动的真实中心、它的相对距离以及其他两个圆周原有的中心都根本不符合。但是，他们也确信，这种情形只有托勒密的《天文学大成》才可以提供完美的解释。

但是，为了很好地说明最后这颗行星的运动，使其免于非议和歪曲，并把其均匀运动用地球的运动表示出来，我们设定水星的偏心圆上面的圆周同样是一个偏心圆，并非古代的天文学家所设定的本轮。但是其运转和金星的运转的确存在差异，水星并没有沿小本轮的圆周运转，而是沿着直径进行上下运动。正如我们前面论述二分点岁差时所说，这是由均匀的圆周运动合成的运动。这并不会让人感到惊奇，因为普罗克鲁斯在其对《几何原本》的评论中承认，直线运动可以由多重运动合成。水星的现象可以用这一切设想来论证。

如图5-24所示，为了更好地验证我们的假想，设AB为地球的轨道大圆，C为圆心，ACB为直径。在直径上，在点B和点C之间，取D为圆心，CD的$\frac{1}{3}$为半径，画小圆EF，点F距离点C最远，E最近。以F为圆心画水星的轨道HI。然后以高拱点I为圆心，画行星所在的小本轮KL。令偏心圆HI在另一个偏心圆上并运载一个本轮。把图形用这种方式绘制出来，所有这些点都会按照顺序出现在直线AHCEDFKILB之上。

同时，设行星位于点K，也就是在与点F距离最短的地方。令点K为水星运转的起点所在。设地球每运行一周，圆心F运转两周，其运转方向与地球的方向相同，都是向东运转。行星在LK之上的运动同样如此，只是它

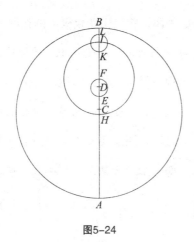

图5-24

沿着直径进行上下运动，当然这是相对于圆周HI的圆心而进行的。

从这里我们可以推论出来，无论地球位于点A还是点B，水星轨道圈的圆心始终都在点F，这也是距离点C最远的地方。但是，如果地球位于A与B之间的中点并与它们相距一个四分之一圆周时，圆心在E，即最接近C的地方。按照这个次序得出的图像与金星相反。进而言之，按照这个规律，当水星穿过小本轮的直径KL时，它最接近负载小本轮的圆周的中心，这就是说当地球在直径AB上时，水星处在点K。当地球位于A、B之间任一边的中点时，行星位于点L，这也是距离最远的地方。这样，就出现了与地球周年运动周期可公度的，两个彼此相等的双重运转：其中一个就是轨道的中心在小圆EF上面的运转，另外一个是水星沿着直径LK的运动。

然而，同时令本轮或者直线FI沿轨道HI运行，令轨道圆心均匀运转，相对于恒星天球的运转周期是88天。但是，水星超过地球的运动（我们把它称为视差动）中，水星在116天内运转一周，通过表5-1可以查出更为准确的数值。因此可知，水星在其自身的运动中并非总是遵循相同的圆周，而是按其与均轮中心的距离，扫描出变化极大的途程——点K最小，点L最大，中间是在点I。实际上月球的本轮变化也是这样的，但是月球在圆周上的变化，对水星而言表现在沿直径的往返运动上，可是这是由均匀运动复合而成的。至于复合方式，我们在前面论述二分点的岁差时已经详加解释了。但是在讲述纬度的时候，还需要进行一些假设。上面的假设足以说明水星的一切观测现象，如果结合托勒密和其他人的观测历史，就可清楚看出这个假设正确无误。

第二十六章　水星高、低拱点的位置

托勒密在安东尼·庇护执政元年11月20日落之后对水星进行了观测，当时水星在离太阳平均位置的黄昏距角最大的位置。按照公元纪年，此时是公元138年188日克拉科夫时间$42\frac{1}{2}$日分。于是，按照我们的计算，太阳的平位置在63 50′，而通过仪器观察到的水星位于巨蟹宫内7 。但在减去当时的春分点岁差6 40′之后，水星的位置在恒星天球上距白羊宫的起点90 20′，它与太阳平位置的最大距角是$26\frac{1}{2}$。

他所进行的第二次观测是在安东尼·庇护执政第4年7月19日黎明时分，也就是从基督纪元开始算起的140年67日12日分，这时太阳的平位置位于303 19′。通过仪器观测到的水星位置是在摩羯宫内$13\frac{1}{2}$。如果从白羊宫的起点开始计算，则是276 49′，清晨的最大距角是$26\frac{1}{2}$。因此，水星距离太阳平位置距角的极限在两边是相等的，那么水星的两个拱点应在两个位置中间，也就是在276 49′与90 20′之间，所以水星的高拱点和低拱点在

3 34′和与它正好相对应的183 34′。

和金星的情况相同，这些拱点是通过两次观测区别开来的。第一次是在哈德良执政第19年3月15日破晓时分，当时太阳的平位置位于182 38′。水星距离太阳的最大清晨距角是19 3′，这是因为此时水星的视位置是163 35′。同样在哈德良执政第19年，也是公元135年，具体日期是埃及历9月19日黄昏时分，通过仪器观测到水星在恒星天球上的位置是27 43′，按平均行度，太阳位置是4 28′。这和金星的情况一样，水星的最大黄昏距角是23 15′，这比前面的清晨距角要大，所以很清楚的是，那一时刻，水星的远地点在$183\frac{1}{2}$，这就是我们想要记录的数值。

第二十七章　水星偏心距的大小及其圆周的比值

通过以上的观测，我们可以求出圆心之间的距离以及各个轨道圈的大小。如图5-25所示，设AB为穿过水星的高拱点A和低拱点B的直线，同时也是大圆的直径，圆心在点C。以D为圆心画水星的轨道圈。然后画直线AE、BF与轨道相切，连接DE和DF。

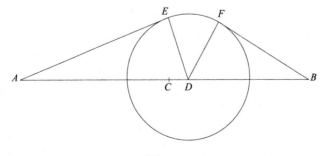

图5-25

于是，因为在两次观测中的第一次，水星最大的清晨距角是19 3′，所以

$$角CAE=19\ 3'$$

但是，在第二次观测之中，最大的黄昏距角是$23\frac{1}{4}$。因此在两个直角三角形AED与BFD之中，各个角都是已知的，各边的比值也已知，于是，取AD=100 000单位时，ED作为轨道圈的半径可知，

$$ED=32\ 639单位$$

但是，取BD=100 000单位时，

$$FD=39\ 474单位$$

$$FD=ED$$

当取AD=100 000单位时，

$$FD=32\ 639单位$$

相减，得

$$DB=82\ 685单位$$

于是，

$$AC=\frac{1}{2}AB=91\ 342单位$$

$$CD=8\ 658单位$$

这也是地球轨道与水星轨道圆心之间的距离。但是取AC=1单位=60′时，水星轨道圈的半径将是21′26″，而且，

$$CD=5'41''$$

在取AC=100 000单位时，

$$DF=35\ 733单位$$

$$CD=9\ 479单位$$

这就是我们所要证明的。

但是这些长度并非到处相同，而与出现在平均拱点附近的数值的差异是很大的，这也是西翁、托勒密在那些位置观测到的晨距角和黄昏距角告诉我们的。西翁是在哈德良执政第14年12月18日日落之后进行的水星最大黄昏距角的观测，也就是在基督诞生之后129年216天45日分进行的，当时观测到的太阳平位置是$93\frac{1}{2}$，大约位于水星的平拱点附近。通过仪器的观测，水星的位置在狮子宫的轩辕十四之东$3\frac{5}{6}$处。那种情况下，它的位置是$119\frac{3}{4}$，而其最大的黄昏距角是$26\frac{1}{4}$。

托勒密的记载说，他观测到的另一个最大的距角是发生在安东尼·庇护执政第2年12月21日破晓时分，也就是公元138年219日12日分。可知太阳的平位置是93 39′。他由此算出水星最大的清晨距角是$20\frac{1}{4}$，水星在恒星天球上的视位置是$73\frac{2}{5}$。

如图5-26所示，重新绘制ACDB为地球大轨道圈的直径，其经过水星的两个拱点。在点C画垂线CE，它也是太阳的平均行度的所在。在C和D之间取点F，围绕F画水星的轨道圈，令直线EH和EG为其切线。连接FG、FH和EF。

现在，我们面临的问题是找出点F，并求出半径FG与AC的比值。因为

$$角CEG = 26\frac{1}{4}$$

$$角CEH = 20\frac{1}{4}$$

相加，得

$$角HEG = 46\frac{1}{2}$$

而且，

$$角HEF = \frac{1}{2}角HEG = 23\frac{1}{4}$$

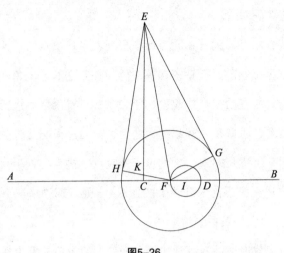

图5-26

$$角CEF=3$$

因为这个原因，直角三角形CEF中，边长可知，取CE＝AC＝10 000单位，

$$CF=524单位$$

$$FE=10\,014单位$$

我们之前已经证明，CD＝948单位，这也是地球位于水星的高拱点或者低拱点的时候求出的。因此，DF是水星轨道中心所扫出小圆的直径，也是CD超出CF的多余部分，

$$DF=424单位$$

所以

$$半径IF=212单位$$

相加，

$$CFI=736单位$$

同样，在三角形HEF之中，角H＝90，角HEF＝$23\frac{1}{4}$。于是取EF＝10 000

单位时，

$$FH = 3\ 947单位$$

但是，取$CE = 10\ 000$单位时，$EF = 10\ 014$单位，

$$FH = 3\ 953单位$$

上面已经证明，

$$FK = 3\ 573单位$$

于是

$$HK = 380单位$$

这也是水星与F的距离的最大差值，F是行星轨道中心。当水星位于其高拱点或低拱点与平均拱点之间时，即会出现这个最大差值。由于有这个距离的变化，行星绕其轨道中心F描出不相等的圆。这些圆随不同的距离而变化。最小的距离是3 573单位，最大为3 953单位，平均距离为3 763单位。这也是我们所要证明的。

第二十八章　为什么水星在离近地点为60°附近的距角看起来大于在近地点的距角

总之，水星在离近地点为60°附近的距角大于其在近地点时的距角也就不足为奇了。这些在离近地点60°处的距角要比我已经求得的距角要大。于是古代人就认为，在地球完成1次运转的时候，水星轨道有两次最接近地球。

于是，如图5-27所示，角$BCE = 60°$。假定F在地球E运转一周时转了两

周。这种情况之下，角BIF＝120 。因此，连接EF和EI，于是，取EC＝10 000单位，因为前面已证，CI＝736单位，而且，角ECI＝60 。于是，在三角形ECI中，

$$底边EI＝9\ 655单位$$

$$角CEI≈3\ 47'$$

这也是角ACE和角CIE之间的差。但是，

$$角ACE＝120$$

于是，

$$角CIE＝116\ 13'$$

而且，

$$角FIB＝120 ＝2×角ECI$$

所以，

$$CIF＝60$$

$$角EIF＝56\ 13'$$

但在取EI＝9 655单位时，已求得IF＝212单位。EI和IF构成已知角EIF。于是，可以推导出来，

$$角FEI＝1\ 4'$$

相减，

$$角CEF＝2\ 43'$$

这也是行星轨道中心与太阳平位置之间的差值。而且，

$$边EF＝9\ 540单位$$

现在，围绕圆心F绘制水星的轨道圈GH。从点E出发画EG和EH与轨道圈相切。连接FG和FH。

434

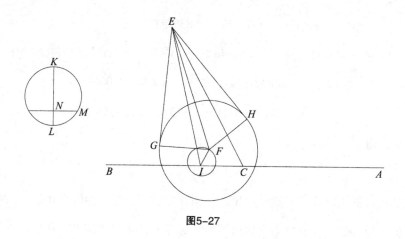

图5-27

首先，我们必须确定半径FG或者FH究竟有多大，方法如下：

取AC＝10 000单位时，作一个直径KL＝380单位的小圆。沿此直径或与之相当的直径，设想行星在直线FG或者FH之上不断接近或者远离圆心F，其情况与前面所谈的二分点岁差相似。为了与假想相符，假设角BCE在圆周上截出了60 的弧段。令

$$弧KM=120$$

画MN与KL垂直。而且，因为

$$MN=2倍弧ML所对应的半弦=2倍弧KM所对应的半弦$$

然后，

$$LN=95单位$$

这也是直径的$\frac{1}{4}$，这是欧几里得《几何原本》第13卷第12命题和第5卷第15命题证明过的。于是

$$KN=\frac{3}{4}KL=285单位$$

直线KN与行星的最短距离相加，就能够求出这个位置的距离，也就是

$$FG=FH=3\ 858单位$$

此时取$AC=10\ 000$单位，$EF=9\ 540$单位。因为直角三角形FEG或FEH中，各边已知，所以角FEG或FEH也是已知的。取$EF=10\ 000$单位，则

$$FG=FH=4\ 044单位=23\ 52'所对的弦$$

相加，得

$$角GEH=47\ 44'$$

但是，在低拱点我们只能看到$46\frac{1}{2}$；而在平拱点，与此相似为$46\frac{1}{2}$。由此我们可以知道，在这里角度比该两种情况都大$1\ 14'$，原因并不在于行星轨道相比于近地点时距离地球更近一些，而是因为行星在此处画出了一个更大的圆周。所有这些都与现在和过去的观测是完全符合的，并且也是产生于均匀运动。

第二十九章 水星平均行度的分析

因为我们已经发现古人在托勒密·费拉德尔甫斯执政第21年埃及历1月19日破晓时分的那次观测中，水星穿过了天蝎前额的第一颗和第二颗星星的那条直线，而且位于第一颗星东面距其大概是两个月亮直径的距离，但是在第一颗星星的北部与其相隔了一个月亮直径的距离。现在，我们知道第一颗星星的位置是在黄经$209\ 40'$，北黄纬$1\frac{1}{3}$；第二颗星星的位置是黄经209，南黄纬$1\frac{5}{6}$。于是，我们可以推断出来，水星位于黄经$210\ 40'$以及大约北黄纬$1\frac{5}{6}$。从亚历山大去世到那时一共59年17日45日分；根据

我们的运算，太阳的平位置是228 8′；清晨时分行星的距角是17 28′。随后的4天之内，距角不断在加大。所以可以说，行星还没有到达清晨时分的最大距角，也并没有抵达轨道的切点那里，仍旧在靠近地球的较低的那部分弧段上运行。但是，因为高拱点位于183 20′，它与太阳平位置的距离是44 48′。

于是，如图5-28所示，我们再次设ACB为大圆的直径，这一点和上面一样。从圆心C画太阳的平均运动线CE，在这种模式下，

$$角ACE=44\ 48′$$

以I为圆心，画负载偏心圆中心F的小圆。根据假设，

$$角BIF=2倍角ACE=89\ 36′$$

连接EF和EI。于是，在三角形ECI之中，两边已知，当取$CE=10\ 000$单位时，

$$CI=736\frac{1}{2}单位$$

因为两边CI和CE构成已知角ECI。而且，

$$角ECI=135\ 12′$$

$$边EI=10\ 534单位$$

$$角CEI=2\ 49′=角ACE-角EIC$$

因此可知

$$角CIE=41\ 59′$$

但是，

$$角CIF=180-角BIF=90\ 24′$$

于是

$$角EIF=132\ 23′$$

在三角形EFI中，构成角EIF的边也是已知边，即为假设AC=10 000单位时，

$$EI=10\ 534单位$$

$$边IF=211\frac{1}{2}单位$$

于是，

$$角FEI=50'$$

$$边EF=10\ 678单位$$

$$角CEF=1\ 59'$$

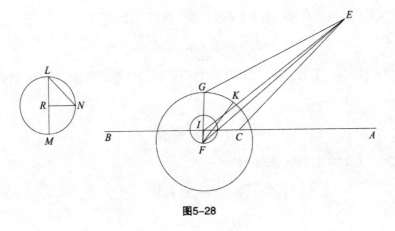

图5-28

现在画小圆LM，取AC=10 000单位时，令直径=380单位。为了与假想相符，令

$$弧LN=89\ 36'$$

画它的弦LN，并令NR垂直于LM。于是，因为

$$(LN)^2=LM\times LR$$

因为比值已知，取直径LM=380单位时，

$$边LR\approx189单位$$

438

水星在沿着*LR*或与它类似的直线运动时，已经偏离了轨道中心*F*，这时直线*EC*扫出角*ACE*。因此，用*LR*的长度189单位与最短距离3 573单位相加，和为3 762单位。

于是，我们以*F*为圆心，取半径等于3 762单位画一个圆。同时，画直线*EG*，在点*G*与圆周相交，这样，

$$角CEG=17\ 28'$$

这也就是行星到太阳平位置的视距角。连接*FG*以及与*CE*平行的*FK*。现在，

$$角FEG=角CEG-角CEF=15\ 29'$$

在三角形*EFG*中，两边已知，

$$EF=10\ 678单位$$

$$FG=3\ 762单位$$

$$角FEG=15\ 29'$$

因此，非常清楚的是，

$$角EFG=33\ 46'$$

$$角EFK=角CEF$$

$$角KFG=角EFG-角EFK=31\ 47'$$

此为水星与其轨道平均近地点*K*的距离。如果弧*KG*与一个半圆相加，其和为211 47′，这也是在这次观测中视差近点角的平均行度。这就是我们要证明的。

第三十章　水星运动的最近观测

古人为我们留下了分析这一行星运动的方法，不过他们受惠于尼罗河地区的晴朗天空。如他们所说，那里没有维斯瓦河地区笼罩我们的浓雾。大自然不肯将这一便利给予我们这些居住在寒冷地带的人们，这里好天气很少。此外，由于天球倾斜角大，我们看到水星的机会更少。当它从白羊宫或双鱼宫升起时，甚至当它距离太阳最远的时候，也不会落入我们的视野。当它沉没在室女宫与天秤宫时，我们也看不见它。此外，即使黄昏或早晨时，我们也不能在巨蟹宫或双子宫看见它。它仅在太阳已经进入狮子宫的大部分时可见，且从来不会在夜晚出现。因此，为了研究这颗行星的运行，我们往往会产生困惑并耗费大量精力。由此，我们借用了三个在纽伦堡进行的仔细观测的位置。

第一次观测是由雷格蒙塔努斯的一个学生伯恩哈德·瓦尔特做出的。时间是在公元1491年9月9日午夜后5均匀小时。他用环形星盘指向毕星团进行观测。他观测到水星位于室女宫内$13\frac{1}{2}$、北黄纬1 50′处。当时该行星开始晨没，在这之前的一段时间，它的清晨距角持续减小。自公元纪年开始，共有1 491埃及年258日$12\frac{1}{2}$日分。从春分点计算，太阳的平位置为149 48′，位于室女宫26 47′处。于是水星的距角约为$13\frac{1}{4}$。

第二次观测由约翰内斯·舍恩那在公元1504年1月9日午夜之后$6\frac{1}{2}$小时做出，当时天蝎座内10 正处于纽伦堡上空的中天位置，并且行星显然位于摩羯宫内$3\frac{1}{3}$、北黄纬0 45′处。现在，经过我们的计算，得出自春分点算起的太阳平位置在摩羯宫内27 7′，清晨时的水星位于其西侧23 47′处。

第三次观测也是由约翰内斯在1504年3月18日做出的。此时他发现水星位于白羊宫内26 55′，北黄纬约3 处，当时巨蟹宫25 正处于纽伦堡上空的中天位置，他在午后$7\frac{1}{2}$小时用环形星盘指向毕星团。当时太阳距离春分点的平位置为白羊宫内5 39′，黄昏时的水星距离太阳21 17′。

从第一次位置到第二次位置，隔了12埃及年125日3分45日秒。这段时间里，太阳的简单行度为120 14′，水星的视差近点角为316 1′。在第二段时间内，有69日31分45日秒，太阳的平均简单行度为68 32′，水星的平均视差近点角为216 。

因此，我们希望通过这三次观测来分析当前的水星运动。我认为，我们必须承认，从托勒密时代到现在测算的各圆大小依然准确，因为在其他行星的例子中，还没有发现我们之前的优秀研究者们出现错误。如果我们除了这些观测之外，还知道偏心圆拱点的位置，那么对于理解这颗行星的视运动来说，就不再需要更多东西了。现在，我们设高拱点位置为$211\frac{1}{2}$，即天蝎宫$18\frac{1}{2}$。没有可能将其在不影响观测的前提下变小，于是，我们可以得到第一次观测时的偏心圆近点角为298 15′（我指的是太阳平位置到远地点的距离）。第二次为58 29′，第三次为127 1′。

因此，如图5-29所示，按照之前的模式画图，除了

$$角ACE=61\ 45′$$

此为在第一次观测时，太阳平均行度线在远地点西面的距离。接着，其余的都与假设相一致，因为取$AC=10\ 000$单位时，

$$IC=736\frac{1}{2}单位$$

三角形ECI中，已知角ECI，于是，

$$角CEI=3\ 35′$$

且取$EC=10\ 000$单位时，

$$边 IE = 10\ 369 单位$$

$$IF = 211\frac{1}{2} 单位$$

所以三角形 EFI 也是如此，两边比值已知，所以据图，有

$$角 BIF = 2 \times 角 ACE = 123\frac{1}{2}$$

并且，

$$角 CIF = 180 - 123\frac{1}{2} = 56\frac{1}{2}$$

因此，通过加法，

$$角 EIF = 114\ 40'$$

据此，

$$角 IEF = 1\ 5'$$

并且，

$$边 EF = 10\ 371 单位$$

所以，

$$角 CEF = 2\frac{1}{2}$$

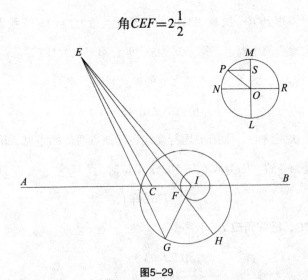

图5-29

不过，为了获知进退运动使得以F为圆心的圆与远地点或近地点的距离增加多少，画一个由直径LM与NR在圆心O将圆四等分的小圆，并令

$$角POL＝2倍角ACE＝123\frac{1}{2}$$

从点P画PS垂直于LM，由比值已知

$$OP：OS＝LO：OS＝10\ 000：5\ 519＝190：105$$

据此，取AC＝10 000单位时，

$$LS＝295单位$$

且LS为行星距圆心F更远的限度，最短距离为3 573单位，

$$LS＋3\ 573单位＝3\ 868单位$$

这是当前的距离。

以3 868单位为半径，以F为圆心，画圆HG。连接EG，并延长EF，得到直线EFH。因此，由上可知：

$$角CEF＝2\frac{1}{2}$$

通过观测得到：

$$角GEC＝13\frac{1}{4}$$

这是清晨时行星与太阳平位置的距离，于是，通过加法，得：

$$角FEG＝15\frac{3}{4}$$

但是在三角形EFG中，有：

$$EF：FG＝10\ 371：3\ 868$$

且角E已知，由此可得：

$$角EGF＝49\ 8'$$

所以，

$$角GFH＝64\ 53'$$

这是三角形的外角，且

$$360 - 角GFH = 295\ 7'$$

这是真视差近点角，且

$$295\ 7' + 角CEF = 297\ 37'$$

这是我们想要求得的平均与均匀视差近点角，且

$$297\ 37' + 316\ 1' - 360 = 253\ 38'$$

这是第二次观测的均匀视差近点角，我们将证明这一数值是确定的，并且与观测结果相一致。

如图5-30所示，令

$$角ACE = 58\ 29'$$

把它作为第二次观测时的偏心圆近点角。还是在三角形CEI中，两边已知，取EC=10 000单位时，

$$IC = 736单位$$

IC与EC构成角ECI，且

$$角ECI = 121\ 31'$$

因此，

$$边EI = 10\ 404单位$$

$$角CEI = 3\ 28'$$

类似地，在三角形EIF中，

$$角EIF = 118\ 3'$$

当取IE=10 404单位时，

$$边IF = 211\frac{1}{2}单位$$

$$边EF = 10\ 505单位$$

444

且

$$角IEF=61'$$

于是通过减法，得：

$$角FEC=2\ 27'$$

这是偏心圆的行差。把这个量与平均视差行度相加，它们的和就是真视差
行度256 5'。

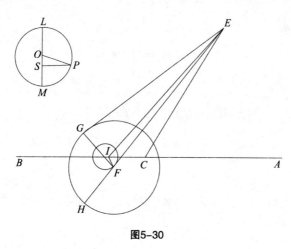

图5-30

现在，在做进退运动的本轮上，我们取

$$角LOP=2倍角ACE=116\ 58'$$

于是，在直角三角形OPS中，有

$$OP：OS=1\ 000：455$$

取OP=OL=190单位时，

$$OS=86单位$$

通过加法，得：

$$LOS=276单位$$

445

LOS与最短距离3 573单位相加，得到3 849单位。

绕圆心F，以3 849单位为半径画圆HG，于是，视差远地点位于点H，行星与此处的距离为向西103 55′，即弧HG，这就测量了一次完整运转与改正视差行度256 5′之间的差值，由此可得：

$$角EFG=76\ 5'$$

于是，在三角形EFG中，两边已知：$FG=3\ 849$单位，此时取$EF=10\ 505$单位。由此可得：

$$角FEG=21\ 19'$$

且

$$角CEG=角FEG+角CEF=23\ 46'$$

显而易见，这是大圆圆心C与行星G之间的距离。这个距离与观测到的数值存在些微差异。

所有这些都可以通过第三个例子获得进一步证明，如图5-31所示，令

$$角ACE=127\ 1'$$

或

$$角BCE=180\ -127\ 1'=52\ 59'$$

当取$EC=10\ 000$单位时，

$$CI=736\frac{1}{2}单位$$

所以这些边所构成的角$ECI=52\ 59'$。由此可知

$$角CEI=3\ 31'$$

且取$EC=10\ 000$单位时，

$$边IE=9\ 575单位$$

且根据以上条件可得：

$$角EIF=49\ 28'$$

且构成角EIF的两边已知：取EI＝9 575单位，

$$FI=211\frac{1}{2}单位$$

于是在三角形EIF中用该单位表示剩余的边：

$$边EF=9\ 440单位$$

且

$$角IEF=59'$$

$$角FEC=角IEC-59'=2\ 32'$$

这是偏心圆近点角的相减行差，253 38′加上第二次观测时的近点角行度
216之后，我们得到平均视差近点角109 38′，把2 32′与平均视差近点角相
加，和数112 10′为真视差近点角。

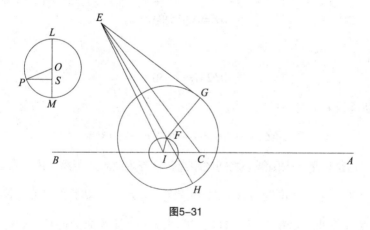

图5-31

现在，在小本轮上，令

$$角LOP=2倍角ECI=105\ 58'$$

这里也根据PO∶OS的值，可得：

$$OS=52单位$$

于是通过加法，得：

$$LOS = 242 单位$$

现在，最短距离为3 573单位，且

$$3\ 573 单位 + 242 单位 = 3\ 815 单位$$

这是改正距离。

以3 815单位为半径，点F为圆心画圆，视差高拱点为H，点H在延长线 EFH上，取弧HG对应真视差近点角，

$$弧 HG = 112\ 10'$$

连接GF，所以

$$角 GFE = 180 - 112\ 10' = 67\ 50'$$

这是由已知边所构成的角，在取EF=9 440单位时，

$$GF = 3\ 815 单位$$

所以

$$角 FEG = 23\ 50'$$

角CEF是行差，则

$$角 CEG = 角 FEG - 角 CEF = 21\ 18'$$

显然，这是昏星与大圆圆心之间的距离，这与观测到的距离大体一致。

因此，这三个位置与观测结果一致，这无疑证实了我们关于偏心圆高拱点目前处于恒星天球上$211\frac{1}{2}$的假设，并且其推论也是正确的，即第一个位置的均匀视差近点角为297 37'，第二个为253 38'，第三个为109 38'，这是我们想要的结果。

不过，在托勒密·费拉德尔甫斯执政第21年1月19日清晨的那次古代观测中，按照托勒密的说法，偏心圆高拱点的位置在恒星天球上183 20'处，

均匀视差近点角为211 47′。现在，最近一次观测距离那次古代观测共1 768埃及年200日33日分，在这段时间里，偏心圆高拱点在恒星天球上移动了28 10′，并且除5 570个完整运行外，视差行度为257 51′。20年中大约完成了63个运行周期，因此在1 760年中一共完成了5 544个运行周期，剩下的8年200日中完成了26个周期。同样，在1 768年200日33日分的时间里，除去5 570个周期外，还剩下257 51′。这是古代观测到的位置与我们观测得出的位置之间的差值，这与我们在表5-9、表5-10中列出的数值一致。现在，我们把这一时段与偏心圆远地点的移动量28 10′相比，如果移动均匀的话，我们将求得每63年移动1。

第三十一章　水星位置的测定

从基督纪元到最近一次观测，共有1 504埃及年87日48日分。在这段时间里，不计算完整运行的话，水星视差近点角行度为63 14′。当把63 14′从109 38′中减去时，得到的余量为基督纪元时视差近点角位置46 24′。

第一届奥林匹克运动会开幕到基督纪元共有775埃及年12$\frac{1}{2}$日。除完整运行外，这段时间的行度值为95 3′。

如果把95 3′从基督纪元的位置减去，再借用一整个运行周期，得到的余量311 21′为第一届奥林匹克运动会开幕时的位置。

此外，从第一届奥林匹克运动会开幕到亚历山大去世共451年247日，求得亚历山大去世时的位置是213 3′。

第三十二章　进退运动的另一种解释

在我们结束对水星的讨论之前，让我们尝试另一种与前述方法同样可靠的方法，并运用这一方法处理与解释进退运动。

如图5-32所示，令圆GHKP四等分于圆心F，绕点F作同心小圆LM。再以L为圆心，取等于FG或FH的半径LFO，画另一个圆OR。

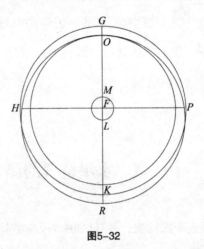

图5-32

现在假设整个圆与其交线GFR与HFP一起，绕圆心F从行星偏心圆远地点向东每天运动约2 7′（即行星视差行度超出地球黄道行度的值）。同时，行星在其自身圆周OR上离开点G的视差行度大致等于地球行度，其余部分来自行星。还假设在同一个运行周年中，如前所述，负载行星的圆周OR的圆心来回运动，这是沿直径LFM的天平动，这条直径比以前的大一倍。

在做好这些时，我们把地球放置在其平均运动中与行星偏心圆远地点对应的位置，此时负载行星的圆的中心为L，行星本身位于点O。于是，

450

行星位于距点F最近的位置。在整个运行中，行星画出半径为FO的最小的圆。因此，当地球位于中拱点附近时，行星运动到距点F最远的点H，并沿以F为圆心的圆周扫出最长的弧段。此时，由于圆心F重合，均轮OR与圆GH重合。因此，当地球向近地点方向运动，并且圆OR的圆心向另一极限M运动时，圆本身越过GK之上，行星在点R再次达到距点F最近的位置，并扫出在开始时为它确定的途径。在这里，三个运行是彼此相等的，即地球通过水星偏心圆的远地点、圆心沿着直径LM的天平动与行星自直线FG至同一方向的运动。正如我们说过的，对这些运转来说唯一的偏离是交点G、H、K和P离开偏心圆拱点的行度。

大自然在这颗行星及其引人注目的变化上玩了一种游戏，而该行星的永恒的、精确的和不变的秩序已经证实了这种变化。我们应该在此指出，如果没有经度偏离，行星不会经过弧GH与弧KP的中间区域。圆心的变化介入运行，必然导致行差。不过圆心的不稳定性造成了障碍，例如，如果圆心留在点L，并且行星从点O运行，于是由偏心距FL表示的最大偏离将在点H出现。不过，根据假设，行星从点O开始运行，将导致由圆心间的距离FL引起的偏离开始出现并不断增加。但是，当移动的圆心接近其在F的平均位置时，预计的偏离越来越小，并在中间交点H与P处完全消失，而在之前的预计中，这里的偏离是最大的。可是，正如我们知道的，当行星淹没在太阳的光芒之中时，[①]偏离消失不见了。并且，当行星在清晨或黄昏升起或沉没时，在圆周上观察不到它。我们不愿舍弃这一方法，它的合理性并不低于前述方法，并将在黄纬运动的研究中派上用场。

---

① 即当行星合日时。

第三十三章　五颗行星的行差表

上面已经论证了水星与其他行星的均匀行度与视行度，并求出了数值。根据这些例子提供的方法，可以准确计算出其他任何位置处这两种行度的差。为了运用方便，我们为每一行星分别制作了表格，如表5-11~表5-15所示，按通常的做法，每个表有6栏和30行，行间距为3。前两栏显示偏心圆近点角与视差的公共数。第三栏是偏心圆行差的和，我指的是各圆的均匀行度与非均匀行度之间出现的偏心圆总差值。第四栏是按六十分之几计算出的比例分数，由于地球的距离时大时小，视差按比例分数出现增减。第五栏是偏心圆高拱点相对于大圆视差的行差。第六栏即最后一栏是偏心圆低拱点的视差超出高拱点视差的量。各表如下。

表5-11 土星行差表

公共数		偏心圆改正量		比例分数	在高拱点的大圆视差		在低拱点的视差超出量		公共数		偏心圆改正量		比例分数	在高拱点的大圆视差		在低拱点的视差超出量	
			′	′		′		′				′	′		′		′
3	357	0	20	0	0	17	0	2	93	267	6	31	25	5	52	0	43
6	354	0	40	0	0	34	0	4	96	264	6	30	27	5	53	0	44
9	351	0	58	0	0	51	0	6	99	261	6	28	29	5	53	0	45
12	348	1	17	0	1	7	0	8	102	258	6	26	31	5	51	0	46
15	345	1	36	1	1	23	0	10	105	255	6	22	32	5	48	0	46
18	342	1	55	1	1	40	0	12	108	252	6	17	34	5	45	0	45
21	339	2	13	1	1	56	0	14	111	249	6	12	35	5	40	0	45
24	336	2	31	2	2	11	0	16	114	246	6	6	36	5	36	0	44
27	333	2	49	2	2	26	0	18	117	243	5	58	38	5	29	0	43
30	330	3	6	3	2	42	0	19	120	240	5	49	39	5	22	0	42
33	327	3	23	3	2	56	0	21	123	237	5	40	41	5	13	0	41
36	324	3	39	4	3	10	0	23	126	234	5	28	42	5	3	0	40
39	321	3	55	4	3	25	0	24	129	231	5	16	44	4	52	0	39
42	318	4	10	5	3	38	0	26	132	228	5	3	46	4	41	0	37
45	315	4	25	6	3	52	0	27	135	225	4	48	47	4	29	0	35
48	312	4	39	7	4	5	0	29	138	222	4	33	48	4	15	0	34
51	309	4	52	8	4	17	0	31	141	219	4	17	50	4	1	0	32
54	306	5	5	9	4	28	0	33	144	216	4	0	51	3	46	0	30
57	303	5	17	10	4	38	0	34	147	213	3	42	52	3	30	0	28
60	300	5	29	11	4	49	0	35	150	210	3	24	53	3	13	0	26
63	297	5	41	12	4	59	0	36	153	207	3	6	54	2	56	0	24
66	294	5	50	13	5	8	0	37	156	204	2	46	55	2	38	0	22
69	291	5	59	14	5	17	0	38	159	201	2	27	56	2	21	0	19
72	288	6	7	16	5	24	0	38	162	198	2	7	57	2	2	0	17
75	285	6	14	17	5	31	0	39	165	195	1	46	58	1	42	0	14
78	282	6	19	18	5	37	0	39	168	192	1	25	59	1	22	0	12
81	279	6	23	19	5	42	0	40	171	189	1	4	59	1	2	0	9
84	276	6	27	21	5	46	0	41	174	186	0	43	60	0	42	0	7
87	273	6	29	22	5	50	0	42	177	183	0	22	60	0	21	0	4
90	270	6	31	23	5	52	0	42	180	180	0	0	60	0	0	0	0

表 5-12　木星行差表

公共数		偏心圆改正量		比例分数		在高拱点的大圆视差		在低拱点的视差超出量		公共数		偏心圆改正量		比例分数		在高拱点的大圆视差		在低拱点的视差超出量	
		′	′	′	″	′		′				′	′	′	″	′		′	
3	357	0	16	0	3	0	28	0	2	93	267	5	15	28	33	10	25	0	59
6	354	0	31	0	12	0	56	0	4	96	264	5	15	30	12	10	33	1	0
9	351	0	47	0	18	1	25	0	6	99	261	5	14	31	43	10	34	1	1
12	348	1	2	0	30	1	53	0	8	102	258	5	12	33	17	10	34	1	1
15	345	1	18	0	45	2	19	0	10	105	255	5	10	34	50	10	33	1	2
18	342	1	33	1	3	2	46	0	13	108	252	5	6	36	21	10	29	1	3
21	339	1	48	1	23	3	13	0	15	111	249	5	1	37	47	10	23	1	3
24	336	2	2	1	48	3	40	0	17	114	246	4	55	39	0	10	15	1	3
27	333	2	17	2	18	4	6	0	19	117	243	4	49	40	25	10	5	1	3
30	330	2	31	2	50	4	32	0	21	120	240	4	41	41	50	9	54	1	2
33	327	2	44	3	26	4	57	0	23	123	237	4	32	43	18	9	41	1	1
36	324	2	58	4	10	5	22	0	25	126	234	4	23	44	46	9	25	1	0
39	321	3	11	5	40	5	47	0	27	129	231	4	13	46	11	9	8	0	59
42	318	3	33	6	43	6	11	0	29	132	228	4	2	47	37	8	56	0	58
45	315	3	35	7	48	6	34	0	31	135	225	3	50	49	2	8	27	0	57
48	312	3	47	8	50	6	56	0	34	138	222	3	38	50	22	8	5	0	55
51	309	3	58	9	53	7	18	0	36	141	219	3	25	51	46	7	39	0	53
54	306	4	8	10	57	7	39	0	38	144	216	3	13	53	6	7	12	0	50
57	303	4	17	12	0	7	58	0	40	147	213	2	59	54	10	6	43	0	47
60	300	4	26	13	10	8	17	0	42	150	210	2	45	55	15	6	13	0	43
63	297	4	35	14	20	8	35	0	44	153	207	2	30	56	12	5	41	0	39
66	294	4	42	15	30	8	52	0	46	156	204	2	15	57	0	5	7	0	35
69	291	4	50	16	50	9	8	0	48	159	201	1	59	57	37	4	32	0	31
72	288	4	56	18	10	9	22	0	50	162	198	1	43	58	6	3	56	0	27
75	285	5	1	19	17	9	35	0	52	165	195	1	27	58	34	3	18	0	23
78	282	5	5	20	40	9	47	0	54	168	192	1	11	59	3	2	40	0	19
81	279	5	9	22	20	9	59	0	55	171	189	0	53	59	36	2	0	0	15
84	276	5	12	23	50	10	8	0	56	174	186	0	35	59	58	1	20	0	11
87	273	5	14	25	23	10	17	0	57	177	183	0	17	60	0	0	40	0	6
90	270	5	15	26	57	10	24	0	58	180	180	0	0	60	0	0	0	0	0

表5-13　火星行差表

公共数		偏心圆改正量		比例分数		在高拱点的大圆视差		在低拱点的视差超出量		公共数		偏心圆改正量		比例分数		在高拱点的大圆视差		在低拱点的视差超出量	
			′	′	″		′	′	′				′	′	″		′	′	′
3	357	0	32	0	0	1	8	0	8	93	267	11	7	21	32	31	45	5	20
6	354	1	5	0	2	2	16	0	17	96	264	11	8	22	58	32	30	5	35
9	351	1	37	0	7	3	24	0	25	99	261	11	7	24	32	33	13	5	51
12	348	2	8	0	15	4	31	0	33	102	258	11	5	26	7	33	53	6	7
15	345	2	39	0	28	5	38	0	41	105	255	11	1	27	43	34	30	6	25
18	342	3	10	0	42	6	45	0	50	108	252	10	56	29	21	35	3	6	45
21	339	3	41	0	57	7	52	0	59	111	249	10	45	31	2	35	34	7	4
24	336	4	11	1	13	8	58	1	8	114	246	10	33	32	46	35	59	7	25
27	333	4	41	1	34	10	5	1	16	117	243	10	11	34	31	36	21	7	46
30	330	5	10	2	1	11	11	1	25	120	240	10	7	36	16	36	37	8	11
33	327	5	38	2	31	12	16	1	34	123	237	9	51	38	1	36	49	8	34
36	324	6	6	3	2	13	22	1	43	126	234	9	33	39	46	36	54	8	59
39	321	6	32	3	32	14	26	1	52	129	231	9	13	41	30	36	53	9	24
42	318	6	58	4	3	15	31	2	2	132	228	8	50	43	12	36	45	9	49
45	315	7	23	4	37	16	35	2	11	135	225	8	27	44	50	36	25	10	17
48	312	7	47	5	16	17	39	2	20	138	222	8	2	46	26	35	59	10	47
51	309	8	10	6	2	18	42	2	30	141	219	7	36	48	1	35	25	11	15
54	306	8	32	6	50	19	45	2	40	144	216	7	7	49	35	34	30	11	45
57	303	8	53	7	39	20	47	2	50	147	213	6	37	51	2	33	24	12	12
60	300	9	12	8	30	21	49	3	0	150	210	6	7	52	22	32	3	12	35
63	297	9	30	9	27	22	50	3	11	153	207	5	34	53	38	30	26	12	54
66	294	9	47	10	25	23	48	3	22	156	204	5	0	54	50	28	5	13	28
69	291	10	3	11	28	24	47	3	34	159	201	4	25	56	0	26	8	13	7
72	288	10	19	12	33	25	44	3	46	162	198	3	49	57	6	23	28	12	47
75	285	10	32	13	38	26	40	3	59	165	195	3	12	57	54	20	21	12	12
78	282	10	42	14	46	27	35	4	11	168	192	2	35	58	22	16	51	10	59
81	279	10	50	16	4	28	29	4	24	171	189	1	57	58	50	13	1	9	1
84	276	10	56	17	24	29	21	4	36	174	186	1	18	59	11	8	51	6	40
87	273	11	1	18	45	30	12	4	50	177	183	0	39	59	44	4	32	3	28
90	270	11	5	20	8	31	0	5	5	180	180	0	0	60	0	0	0	0	0

表5-14　金星行差表

公共数		偏心圆改正量		比例分数		在高拱点的大圆视差		在低拱点的视差超出量		公共数		偏心圆改正量		比例分数		在高拱点的大圆视差		在低拱点的视差超出量	
		°	'	'	"	'		'				°	'	'	"	'		'	
3	357	0	6	0	0	1	15	0	1	93	267	2	0	29	58	36	20	0	50
6	354	0	13	0	0	2	30	0	2	96	264	2	0	31	28	37	17	0	53
9	351	0	19	0	10	3	45	0	3	99	261	1	59	32	57	38	13	0	55
12	348	0	25	0	39	4	59	0	5	102	258	1	58	34	26	39	7	0	58
15	345	0	31	0	58	6	13	0	6	105	255	1	57	35	55	40	0	1	0
18	342	0	36	1	20	7	28	0	7	108	252	1	55	37	23	40	49	1	4
21	339	0	42	1	39	8	42	0	9	111	249	1	53	38	52	41	36	1	8
24	336	0	48	2	23	9	56	0	11	114	246	1	51	40	19	42	18	1	11
27	333	0	53	2	59	11	10	0	12	117	243	1	48	41	45	42	59	1	14
30	330	0	59	3	38	12	24	0	13	120	240	1	45	43	10	43	35	1	18
33	327	1	4	4	18	13	37	0	14	123	237	1	42	44	37	44	7	1	22
36	324	1	10	5	3	14	50	0	16	126	234	1	39	46	6	44	32	1	26
39	321	1	15	5	45	16	3	0	17	129	231	1	35	47	36	44	49	1	30
42	318	1	20	6	32	17	16	0	18	132	228	1	31	49	6	45	4	1	36
45	315	1	25	7	22	18	28	0	20	135	225	1	27	50	12	45	10	1	41
48	312	1	29	8	18	19	40	0	21	138	222	1	22	51	17	45	5	1	47
51	309	1	33	9	31	20	52	0	22	141	219	1	17	52	33	44	51	1	53
54	306	1	36	10	48	22	3	0	24	144	216	1	12	53	48	44	22	2	0
57	303	1	40	12	8	23	14	0	26	147	213	1	7	54	28	43	36	2	6
60	300	1	43	13	32	24	24	0	27	150	210	1	1	55	0	42	34	2	13
63	297	1	46	15	8	25	34	0	28	153	207	0	55	55	57	41	12	2	19
66	294	1	49	16	35	26	43	0	30	156	204	0	49	56	47	39	20	2	34
69	291	1	52	18	0	27	52	0	32	159	201	0	43	57	33	36	58	2	27
72	288	1	54	19	33	28	57	0	34	162	198	0	37	58	16	33	58	2	27
75	285	1	56	21	8	30	4	0	36	165	195	0	31	58	59	30	14	2	27
78	282	1	58	22	32	31	9	0	38	168	192	0	25	59	39	25	42	2	16
81	279	1	59	24	7	32	13	0	41	171	189	0	19	59	48	20	20	1	56
84	276	2	0	25	30	33	17	0	43	174	186	0	13	59	54	14	7	1	26
87	273	2	0	27	5	34	20	0	45	177	183	0	7	59	58	7	16	0	46
90	270	2	0	28	28	35	21	0	47	180	180	0	0	60	0	0	16	0	0

表5-15 水星行差表

公共数		偏心圆改正量		比例分数		在高拱点的大圆视差		在低拱点的视差超出量		公共数		偏心圆改正量		比例分数		在高拱点的大圆视差		在低拱点的视差超出量	
		′		′	″	°	′	°	′			′		′	″	°	′	°	′
3	357	0	8	0	3	0	44	0	8	93	267	3	0	53	43	18	23	4	3
6	354	0	17	0	12	1	28	0	15	96	264	3	1	55	4	18	37	4	11
9	351	0	26	0	24	2	12	0	23	99	261	3	0	56	14	18	48	4	19
12	348	0	34	0	50	2	56	0	31	102	258	2	59	57	14	18	56	4	27
15	345	0	43	1	43	3	41	0	38	105	255	2	58	58	1	19	2	4	34
18	342	0	51	2	42	4	25	0	45	108	252	2	56	58	40	19	3	4	42
21	339	0	59	3	51	5	8	0	53	111	249	2	55	59	14	19	3	4	49
24	336	1	8	5	10	5	51	1	1	114	246	2	53	59	40	18	59	4	54
27	333	1	16	6	41	6	34	1	8	117	243	2	49	59	57	18	53	4	58
30	330	1	24	8	29	7	15	1	16	120	240	2	44	60	0	18	42	5	2
33	327	1	32	10	35	7	57	1	24	123	237	2	39	59	49	18	27	5	4
36	324	1	39	12	50	8	38	1	32	126	234	2	34	59	35	18	8	5	6
39	321	1	46	15	7	9	18	1	40	129	231	2	28	59	19	17	44	5	9
42	318	1	53	17	26	9	59	1	47	132	228	2	22	58	59	17	17	5	9
45	315	2	0	19	47	10	38	1	55	135	225	2	16	58	32	16	44	5	6
48	312	2	6	22	8	11	17	2	2	138	222	2	10	57	56	16	7	5	3
51	309	2	12	24	31	11	54	2	10	141	219	2	3	56	41	15	25	4	59
54	306	2	18	26	17	12	31	2	18	144	216	1	55	55	27	14	38	4	52
57	303	2	24	29	17	13	7	2	26	147	213	1	47	54	55	13	47	4	41
60	300	2	29	31	39	13	41	2	34	150	210	1	38	54	25	12	52	4	26
63	297	2	34	33	59	14	14	2	42	153	207	1	29	53	54	11	51	4	10
66	294	2	38	36	12	14	46	2	51	156	204	1	19	53	23	10	44	3	53
69	291	2	43	38	29	15	17	2	59	159	201	1	10	52	54	9	34	3	33
72	288	2	47	40	45	15	46	3	8	162	198	1	0	52	33	8	20	3	10
75	285	2	50	42	58	16	14	3	16	165	195	0	51	52	18	7	4	2	43
78	282	2	53	45	6	16	40	3	24	168	192	0	41	52	8	5	43	2	14
81	279	2	56	46	59	17	3	3	32	171	189	0	31	52	3	4	19	1	43
84	276	2	58	48	50	17	27	3	40	174	186	0	21	52	2	2	54	1	9
87	273	2	59	50	36	17	48	3	48	177	183	0	10	52	2	1	27	0	35
90	270	3	0	52	2	18	6	3	56	180	180	0	0	52	2	0	0	0	0

第三十四章　如何计算这五颗行星的黄经位置

利用这些表格，我们就可以毫无困难地计算出这五颗行星的黄经位置。虽然三颗地外行星在这方面与金星、水星存在细微差异，但是近乎相同的计算方法对这五颗行星都适用。

因此，我们首先探讨土星、木星与火星，可以按照前述方法，在任一给定时间求出平均行度，即太阳的简单行度与行星的视差行度。接着，用太阳的简单位置减去行星的偏心圆高拱点位置，余量减去视差行度，第一个余量是行星偏心圆近点角。我们可以在表格前两栏中某一栏的公共数中找到该数值，并在第三栏中找到对应的偏心圆修正值，然后在下一栏查找比例分数。如果录入表格的数字在第一栏，就可以将改正量与视差行度相加，并将其从偏心圆近点角中减去。相反，如果该数字在第二栏，就从视差近点角中将其减去，并将其与偏心圆近点角相加。得到的和或差就是视差与偏心圆的归一化近点角，而我们将比例分数保留下来，以便一会儿用到。于是，我们在公共数的前两栏找到归一化的视差近点角，并通过第五栏求得视差行差，在最后一栏找到其超出量，根据比例分数的数值求得该超出量的比例部分。我们应该一直将该比例部分与行差相加，得到的和就是行星的真视差。如果修正近点角小于半圆，就要从归一化视差近点角中减去该和；如果大于半圆，就相加。通过这种方法，我们可以得到行星在太阳平位置两面的真距离与视距离。当我们从太阳的平位置减去该距离时，得到的余量就是想要求得的行星在恒星天球上的位置。将二分点岁差与行星位置相加，将会得到行星位置与春分点的距离。

在金星与水星的例子中，我们将用高拱点到太阳平位置的距离代替偏心圆近点角。如前所述，我们将用近点角归一化视差行度与偏心圆近点角。不过，如果偏心圆行差及归一化视差是符号相同的，就把它们与太阳平位置同加或同减。但是，如果它们符号不相同，就由较大值减去较小值。根据我们刚才提到的求出余量的方法，结合较大值的相加或相减性质，得到的最终结果就是我们想要求得的行星视位置。

第三十五章　五颗行星的留与逆行

如何解释行星的留、逆行与回归以及这些现象在何地、何时发生，以及它们看起来程度如何，这些现象显然与经度运动有关。天文学家们，尤其是佩尔吉的阿波罗尼奥斯，对此进行了细致的研究。不过，他们的研究基于只存在一种不均匀运动的假设，即行星相对于太阳的不均匀运动，我们将其称作由地球大轨道圆引起的视差。

如果行星轨道与地球大轨道圆是同心的，所有行星在各自的圆周上以互不相等的速率在同一方向上即向东运动。有的行星在其自身轨道上并在地球大轨道圆内，比地球运动速率高，如金星与水星。同时，假设从地球画一条直线与行星轨道相交，把在轨道内的线段二等分，这一半线段与从我们所处的地球观测点到轨道的下凸弧之间的直线之比，等于地球运动与行星速率之比。直线与行星圆周近地点弧段的交点使逆行与顺行划分开来。因此，当行星位于该位置时表现为静止。

三颗地外行星与之类似，它们的运动速率慢于地球。如果穿过我们的观测点画一条直线与大圆相交，在该圆内的一半线段与从行星到位于大圆上较近凸弧上人眼的距离之比，等于行星运动与地球速率之比。于是，当行星处于该位置时，我们观察到的现象是该行星处于静止状态。

不过，如我们所说，如果圆内一半线段与余下多出的线段之比，大于地球速率与金星或水星速率之比，或大于三颗地外行星中任何一个的运动与地球速率之比。于是，行星会向东运动。不过，如果前者小于后者，那么行星将向西逆行。

为了论证这些，阿波罗尼奥斯引入了一条辅助定理。该定理基于地球静止的假设，不过，这与我们有关地球运动的原则并不冲突，因此我们还是采用了它。我们可以按照如下形式予以阐明：如果一个三角形的长边按照其中一段不小于邻边的方式切割，那么该段与余下那段之比，将大于被切割边的两角之比。反之亦然。

如图5-33所示，令BC为三角形ABC的长边，如果在边BC上，

$$CD \geqslant AC$$

于是得出

$$CD : BD > 角ABC : 角BCA$$

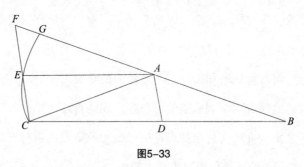

图5-33

证明如下。作平行四边形ADCE，BA与CE的延长线相交于点F。以A为圆心，AE为半径画圆。因此，

$$AE \geqslant AC$$

此圆会通过或超过C。令该圆过C，并令它为GEC。因此，

$$三角形AEF > 扇形AEG$$

同时，

$$三角形AEC < 扇形AEC$$

于是，

$$三角形AEF : 三角形AEC > 扇形AEG : 扇形AEC$$

但是，

$$三角形AEF : 三角形AEC = 底边FE : 底边EC$$

因此，

$$FE : EC > 角FAE : 角EAC$$

但是，

$$角FAE = 角ABC$$

且

$$角EAC = 角BCA$$

因此，

$$FE : EC = CD : DB$$

$$CD : DB > 角ABC : 角ACB$$

如果假定CD（即AE）不等于AC，但取AE大于AC，那么上列比值显然会大很多。

如图5-34所示，现在令ABC为以D为圆心的金星或水星的圆周，同时令地球E位于该圆之外，并绕同一圆心D运动。从我们的观测点E经过圆心画直线$ECDA$。令A为距地球最远点，C为距地球最近点。令DC与CE之比大

于观测点与行星速率之比。因此，能够找到一条直线EFB，使得$\frac{1}{2}BF$与FE之比等于观测点与行星速率之比。令直线EFB远离圆心D，它沿着FB不断缩减，并沿着EF不断增加，直到我们找到满足条件的位置。

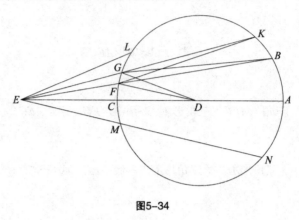

图5-34

我要指出的是，当行星位于点F时，在我们的视线里它是静止的。无论我们在F的任一边所取弧段有多短，我们将发现行星在远地点方向顺行，在近地点方向就逆行。

首先令弧FG向远地点方向延伸（即行星由F移动到G。——译者注），延长EGK，连接BG、DG与DF。因此，三角形BGE中，较长边BE的线段BF大于BG。于是

$$BF : EF > 角\, FEG : 角\, GBF$$

进而，

$$\frac{1}{2}BF : FE > 角\, FEG : 2倍角\, GBF$$

即

$$\frac{1}{2}BF : FE > 角\, FEG : 角\, GDF$$

但是，

$$\frac{1}{2}BF : FE = 地球运动 : 行星运动$$

因此，

$$角FEG : 角GDF < 地球速率 : 行星速率$$

由此可知，如果有一角与角FDG之比等于地球运动与行星运动之比，则该角大于角FEG。令这个较大的角等于角FEL。

因此，在行星经过圆弧GF的这段时间里，可以认为我们的视线扫过了直线EF与EL之间的一段相反的距离。这意味着，（假如地球静止不动）在我们的视线里，行星经过弧GF时，其以较小的角FEG向西运动。然而地球在同一时段内的运动使得行星向东扫出较大的角FEL。结果，行星向东运动，看起来其扫过的角比原来增大了角GEL，并且看起来没有保持静止。

现在，很显然可以用相同方法论证相反情况。如果我们列出相同图示，则

$$\frac{1}{2}GK : GE = 地球运动 : 行星速率$$

设弧GF从直线EK开始向近地点延伸（即行星由G移动到F。——译者注）。连接KF，得到三角形KEF，可知

$$GE > EF$$

于是，

$$KG : GE < 角FEG : 角FKG$$

因此，

$$\frac{1}{2}KG : GE < 角FEG : 2倍角FKG$$

即

$$\frac{1}{2}KG : GE < 角FEG : 角GDF$$

这与前述论证相反，并且，用相同方法可以推断：

$$\text{角}GDF:\text{角}FEG<\text{行星速率}:\text{视线速率}$$

因此，当角GDF增大到一定程度时，这两个比值相等，然后，行星向西运动的行度大于顺行的行度。

因此，如果我们令弧$FC=$弧CM，还可以证明第二次留将出现在点M，同时画直线EMN，有

$$\frac{1}{2}MN:ME=\frac{1}{2}BF:FE=\text{地球速率}:\text{行星速率}$$

因此，点M与点F都是留点，并且整个弧FCM为逆行段，圆的余下部分为顺行。

进一步，它遵循特定距离：

$$DC:CE\leqslant\text{地球速率}:\text{行星速率}$$

并且不可能画出另一条比值等于地球速率：行星速率的直线，我们看到的行星不是静止的，也不是逆行的。因此，在三角形DEG中，假设

$$DC<EG$$

$$\text{角}CEG:\text{角}CDG<DC:CE$$

但是，

$$DC:CE\leqslant\text{地球速率}:\text{行星速率}$$

因此，

$$\text{角}CEG:\text{角}CDG<\text{地球速率}:\text{行星速率}$$

当这种情况发生时，行星顺行。并且我们不能找到行星轨道上的任一弧段看起来是逆行的。所有这些论证都适用于地球大圆内的金星与水星。

我们可以采用相同方法与相同图例论证三颗地外行星，只是对符号进行改变。我们画ABC为地球大圆以及我们的观测点轨道，令行星位于点E。行星在自身轨道上的运动慢于我们的观测点在大圆上的运动。论证的其他

方面，一切如前。

第三十六章　如何测定逆行的时间、位置与弧段

如果承载着行星的圆周与地球轨道同心，那么就很容易证明上述论证结果，因为行星速率与观测点速率的比值是一直不变的。但是，这些圆是偏心圆，这就导致了视运动的不均匀性。因此，我们到处都应该采用不均匀的并按其速度变化归一化了的行度，并在证明中应用这一假设，而不采用简单与均匀的运动，除非行星出现在中间经度，这是行星看起来按照一种平均行度在轨道上运行的唯一位置。

以火星为例进行阐释，其他行星的逆行也可以借此得以理解。如图5-35所示，令ABC为地球轨道，在地球轨道上选取观测点。令火星位于点E，从此点出发，画直线ECDA经过大圆中心。画EFB，并画DG垂直于EFB，GF为BF的一半。GF与EF的比值即为行星瞬时速率与观测点速率之比，观测点速率大于行星速率。我们的问题在于，求得逆行弧段的一半FC，或ABF，以得出行星处于留时与A的最大距离，以及角FEC的大小。在这一意义上，我们将预测行星的此类效应出现的时间与位置。

令行星位于偏心圆中拱点，此时，行星经度与近点角行度与均匀行度之间差异很小。因此，以火星为例，由于其平均行度为直线$GF=1$单位$8'7''$，其视差行度，即视线运动与行星平均行度的关系，为1单位，即直线EF。因此，

$$EB=3单位16'14''$$

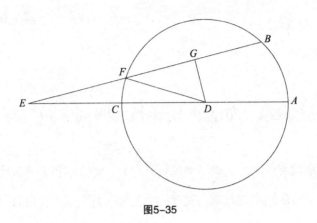

图5-35

同样，

$$BE \times EF = 3单位16'14''$$

现在取$DE = 10\,000$单位时，我们求得：

$$DA = 6\,580单位$$

DA为圆半径。但取$DE = 60$单位时，

$$DA = 39单位29'$$

$$AE : EC = 99单位29' : 20单位31'$$

$$AE \times EC = BE \times EF = 2\,041单位4'$$

通过除法，得

$$2\,041单位4' \div 3单位16'14'' = 624单位4'$$

类似地，取$DE = 60$单位，

$$边EF = 24单位58'52''$$

但取$DE = 10\,000$单位时，

$$EF = 4\,163单位5'$$

$$DF = 6\,580单位$$

因为三角形DEF各边已知，

$$角DEF = 27\ 15'$$

这是行星逆行角，且

$$角CDF = 16\ 50'$$

这是视差近点角。当第一次留出现时，行星位于直线EF上。当冲日发生时，行星位于直线EC上。如果行星没有向东运动，那么弧CF为16 15′，将包含角AEF得出的逆行量27 15′。不过，根据前述行星速率与观测点速率之比，对应16 50′视差近点角的行星经度约为19 6′39″，现在，

$$27\ 15' - 19\ 6'39'' = 8\ 8'$$

这是从第二留点到冲日的距离，约为$36\frac{1}{2}$日，在这段时间中，行星在经度上的近点角为19 6′39″，因此整个16 16′的逆行在73天内完成。这些论证出于对偏心圆中间经度的考虑，其他位置的论证与之相类似，正如我们所说的，根据其位置要求，采用的总是取决于所在位置的行星瞬时速度。

因此，如果我们把观测点放在行星位置上，同时将行星置于原来的观测点上，那么同样的论证方法也适用于土星、木星与火星。现在，由地球环绕的轨道上发生的现象，就与环绕地球的轨道上发生的现象相反。我们认为这一论证足够充分，使得我们不需要一遍遍地复述。然而，行星行度随着视线发生变动使得对留点的认识变得模糊与困难，阿波罗尼奥斯的假设也不能解决这一问题。我不清楚运用简单方法以及与最近位置的关系，会不会更好地研究行星的留。我们可以运用行星运动的已知数量来研究行星合日，在冲日的问题上，我们可以运用太阳平均运动线或任一行星的合日来研究。我们将把此类探索交给读者。

第六卷

在能力范围之内，我们已经尽最大可能指出，假定的地球运行如何影响和支配行星在黄经上的视运动，以及它怎样使这一切现象都遵循一种精确的和必要的规律。接下来我们需要做的是，探讨导致黄纬偏离的行星运动，并指出在这一情况下，有关地球运动的知识是如何支配这些现象以及确立它们的运行规律的。这是本门科学不可或缺的一部分，例如行星的黄纬偏离导致其升起与沉没、出现与隐藏，以及在前面大体解释过了的其他现象引起了很多变化。只有当我们建立起行星的黄经、黄纬与黄道之间的关系时，才可以说获知了行星的真位置。相对于古代的天文学家在静止的地球的假设上展开论证，我们通过对地球运动的假设来论证，可能会更简明，也会更合适。

第一章　五颗行星的黄纬偏离的一般解释

古代人发现了对应于每颗行星的双重黄经不均匀性，所有行星都有两种黄纬偏离：一种是由偏心圆导致的，另一种是由本轮导致的。我之所以不采用本轮的解释，是因为之前多次提到，在此我将借助地球轨道大圆进行解释。这并不是因为它与黄道面相比存在倾角，实际上它们是一样的，大圆与黄道面是一直重合在一起的。另外，由于行星轨道相对于黄道平面是倾斜的，具有不固定的倾角，而该倾角随地球大圆的移动及运行而变化。

不过，由于土星、木星与火星这三颗地外行星在经度上的运动规律与其他两颗行星的经度运动规律存在差异，同样，在黄纬运动上，地外行星也存在很大不同，于是，古人首先测定它们的北黄纬极限的位置及其度数。托勒密发现土星与木星的极限在天秤宫起点附近，火星的极限在巨蟹宫终点附近，靠近偏心圆的远地点。然而，在现代，我们认为土星的北限位于天蝎座内7，木星的位于天秤座内27，火星的位于狮子座内27。从那时到现在的时期内，由于倾角与黄纬基点随着行星轨道一起运动，因此远地点也移动了。那时，不管地球位于哪里，在与这些极限相距90的归一化或视距离处，行星似乎不存在纬度偏离。因此，在这些中经度区，可以理解为这些行星处于它们的轨道与黄道的交点处，就像月球处于其与黄道的交点处一样。托勒密将这些相交之处称作"交点"。行星从升交点进入北天区，在降交点进入南天区。不是由于地球大圆一直处于黄道面内，行星才存在黄纬，而是黄纬偏离完全由于交点产生，并且在处于两个交点中间时达到其峰值。当行星看来与太阳相冲并于午夜过中天时，行星在与地球接近时呈现出的偏离要比地球处于任何其他位置时都大。在北天区向北移动，在南天区则向南移动，其变动范围要大于地球在进退运动时实际所需要的位移。这一情况让人们认识到行星轨道倾角并不是固定不变的，而是在与地球大圆的运行有关的某种天平动之下不断发生变化，我们将在后面对此进行探讨。

尽管金星和水星的偏离情况似乎存在差异，但它们都遵循一种与其中、高和低拱点有关的精确规律。在中经度区，当太阳的平均运动线与二者的高、低拱点相距一个四分之一圆周时，即当行星在晨昏时刻与同一条太阳平均运动线相距行星轨道一个四分之一圆周时，古人发现此时行星与黄道并不存在偏离。古人由这一情况认识到，这些行星此时位于其轨道与黄道的交点处。因为当行星距离地球较远或较近时，行星轨道与黄道的交点分别经过远地点与近地点，这时行星会出现比较明显的偏离。当行星距离地球最远时，这种偏离呈现出最大值，即在黄昏出现或清晨隐没时，这时的金星处于最北方，水星处于最南方。当处于距地球较近的位置时，如行星的黄昏消失或清晨出现时，金星在南方，水星在北方。相反，当地球处于与之相对位置，并居于另一个中拱点时，也就是偏心圆近点角为270时，金星看起来在南方距地球较远处，水星则处于北方。在离地球较近的位置上，金星在北方，水星则处于南方。当地球接近这些行星的远地点

472

时，托勒密发现金星的黄纬在清晨时处于北方，黄昏时处于南方。相反，水星的黄纬在清晨时处于南方，黄昏时处于北方。在地球靠近这些行星的近地点时，就出现了相反的情况，金星作为晨星时出现在南方，作为昏星时出现在北方。水星则在清晨时出现在北方，黄昏时出现在南方。古人发现，当地球居于这两个位置时，金星的偏离表现为北方大于南方，水星则是南方大于北方。

根据这一情况，古人设想了一种双重纬度偏离，通常表现为三重纬度偏离，第一种在中经度区出现，叫作"偏角"；第二种在高、低拱点出现，叫作"倾角"；第三种与第二种有关，叫作"偏离"。金星的偏离总是在北方，水星则总是在南方。在这四个极限之间，各种纬度相互混合，交替增减，相互退让。我们将会给出所有这些现象的合理解释。

第二章　这些行星在黄纬上运动的圆周理论

在这五颗行星的例子中，我们应该假定它们的轨道是倾斜于黄道面的——轨道面与黄道面的交线就是黄道的直径——该倾角是变化的并且是有规律的。就土星、木星与火星来说，倾角是以交线为轴呈现某种天平动的，这与我们对二分点岁差的论证类似。不过，对这三颗行星来说这种天平动很简单，同时与视差运动存在关联，即在特定周期内伴随着后者增减。因此，当地球距离行星最近，即行星冲日时，其轨道倾角会达到最大值，在相反位置时为最小值，平均值则出现在二者之间。故而，当行星南北纬度达到极值时，地球靠近时的行星黄纬要比距离地球最远时大得多，产生这一变化的唯一原因就是地球的相对距离存在差异。不过，这些行星黄纬增减的变化要更大一些，除非行星轨道倾角也存在天平动，否则的话，此类情形是不会出现的。正如我们之前指出的，在天平动中，我们必须采用两个极值之间的平均值。

如图6-1所示，为了将其阐释清楚，我们令ABCD为黄道面上以E为圆心的地球大圆，并令FGKL为倾斜于地球大圆的行星轨道。在该轨道上，F为纬度的北极点，K为南极点，G为交线的降交点，而L为升交点。二者的交线为BED，并沿直线GB与DL延长。除去相对拱点的运动，这四个极点不出现变化。不过，也可以这样理解，即行星的经度运动并不是出现在圆FG的平面上，而是出现在与圆FG同心但与之倾斜的另一个圆OP上，二者在同一条直线GBDL上相交。于是，当行星在圆OP上运行时，由于天平动经过两个方向，所以行星也同时经过圆FK的平面，因此导致纬度变化的出现。

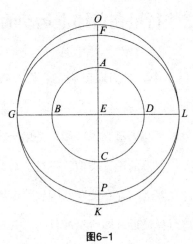

图6-1

令行星处于其黄纬北纬最大的点O，并距位于点A处的地球最近。这

474

样，行星的黄纬就将随着角OGF即轨道OGP的最大倾角而增加。其天平动是一种进退运动，这是因为根据假设，其与视差运动是相适应的。假设地球在点B，那么点O将与点F交会，行星黄纬也会比之前同一位置时要小。如果地球处于点C，它将会更小。点O会越过其天平动位置的最远处，其纬度只剩下超过北纬减去天平动的部分，即角OGF。经过余下的半圆CDA，位于点F附近的行星北黄纬会增加，直至地球回到起始点A。当地球运动从点C开始，行星位于点K附近时，行星的运行与变化与前例相同。不过，如果行星处于某一交点G或L，与太阳相冲或相合，但是因为行星位于两圆交点上，所以即便此时FK与OP之间存在最大倾角，依旧看不到行星的黄纬。我感觉，这些内容是比较容易理解的。行星的北黄纬如何由F至G减少，从G到K增加，并且在穿过点L向北运行时完全消失。

三颗地外行星的情况已如上述。由于内行星轨道与大圆在远地点及近地点相交，所以金星与水星不仅在经度上与三颗外行星不同，在纬度上也存在着很大差异。与外行星类似，内行星在中拱点的最大倾角也随着天平动发生变化，不过，内行星还表现出一种与前述不同的天平动。二者都随着地球运行发生变化，只是变化的方式存在差异。第一种天平动具有如下特性：当地球运行到内行星某一拱点时，其天平动按照前述经过远地点与近地点的固定交线为轴，运行两次。所以，不管太阳的平均运动线处于行星近地点还是远地点，其倾角都将达到极大值，在中经度区将达到极小值。第一种天平动之上的第二种天平动与第一种天平动存在一定差异，其天平动轴线是可以变动的，这将导致如下结果：当地球处于金星或水星的中经度区时，行星总是位于轴线即天平动的交线上。当地球与行星的远地点或近地点（金星随时向北倾斜以及水星向南倾斜）连成一条线时，对比起来，行星与第二种天平动轴的偏离为最大。此时该两颗行星便不应有第一或单纯偏角产生的纬度。

举个例子，当太阳的平均运动处于金星的远地点，同时金星也处于同一位置时，很明显，由于这时金星处于其轨道与黄道面的交点，它就不会产生由单纯赤纬或第一天平动形成的纬度。可是，由于第二种天平动的交线或轴线位于偏心圆横向直径上，并且其与经过高、低拱点的直径相交成直角，此时的行星就产生了最大偏离。但如果此时金星处于距离远地点一个四分之一圆周的两点中的任何一个，同时位于其轨道的中拱点附近，此时天平动轴将与太阳平均运动线相合。金星的最大偏离与向北偏离相加，由于减掉了最大偏离，向南偏离因此变小。通过这种方式，偏离的天平动与地球运动协调一致。

如图6-2所示，为了更容易理解上述论证，我们重新画一个大圆ABCD，令FGK为金星或水星的轨道，其为圆ABC的偏心圆，并以一个平均倾角与圆ABC斜交，两圆的交线为FG，该交线通过轨道远地点F与近地点G。为了便于论证，我们首先设定偏心轨道GKF的倾角是简单与固定的，或者看你的意愿，可以在极小值与极大值之间选取一点，当交线FG随近地点与远地点的运动而变动时除外。当地球处于交线上，即处于点A或点C，同时行星也处于同一直线上时，很显然，此时的行星没有纬度。该行星的整个纬度都在半圆GKF与FLG两侧。正如之前提到的，行星在该处向北或向南偏离，这取决于圆FKG与黄道面的倾角。现在有的天文学家把行星的这种偏离叫作倾角，有的则称其为反射角。不过，当地球处于点B或点D，即在行星的中拱点时，FKG与GLF分别具有上方与下方相等的纬度，称作偏角。因此，这些纬度与之前纬度的差异与其说是实质上的差异，不如说是称谓上的差异，甚至在中间位置时，连名称也互换了。不过，这些圆周的倾斜度在倾角上要大于偏角。正如前面提到的，古人将其理解为是由以交线FG为轴的天平动导致的。所以，如果已知二者的交角，那么从其差值出发，就很容易理解从极小值到极大值的天平动了。

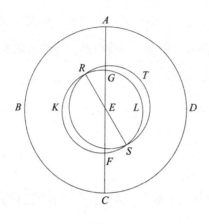

图6-2

现在让我们理解另一个偏离圆，该圆倾斜于GKFL，并且正如随后将要指出的，该圆相对金星而言是同心圆，相对水星则是偏心圆。令它们的交线RS作为天平动的轴，该轴线遵循如下规则在一个圆周内运动：在这一方式下，当地球处于点A或点B时，行星位于其偏离极值处，如点T。随着地球从点A开始运行得越来越远，就可以理解为行星从点T移动了一段相应距离，同时偏离圆的倾角也会减少。因此，当地球经过四分之一圆周AB时，可以理解为行星到达了该纬度的交点，即点R。不过此时两个平面在天平动中点会合，并朝各自相反方向运动，剩下的原本位于南方的偏离半圆，开始向北移动。当金星进入这一半圆时，它避开南方而向北方移动，同时由于该天平动的作用，使得其不再转向南方。水星与其类似，不过其在相反方向上运动，并停留在南方。另外一个差异是，水星不在偏心圆的同心圆上，而是在一个偏心圆上做天平动。

在阐释其黄经行度的不规则性时，我们采用了一个小本轮以取代偏心圆。不过，当时考虑行星的经度而不考虑纬度，如今不考虑其经度而考虑其纬度，二者在同一运行体系内运行，并且一起发生变化。现在已经完全清楚了，这两种变化可以通过一个简单的运动与相同的天平动产生，这一运动同时具备偏心与倾斜的属性。除了之前提到的，不存在其他假设，我们将在后面进一步阐释。

第三章　土星、木星与火星轨道的倾斜度有多大

在阐述了五颗行星纬度的假说之后，我们必须转向观测事实并对其进行分析。首要问题是确定各个圆的倾角度数，我们利用通过倾斜圆两极并与黄道正交的大圆来测算相对于大圆的倾角。据观察，纬度偏差值也与这一大圆有关。当这些倾角的情况已经明晰时，确定每颗行星黄纬的途径就有了。我们再次从三颗外行星入手，根据托勒密的表，当行星在与太阳相冲并位于纬度的最南极限时，土星偏离3 5′，木星偏离2 7′，火星偏离7。而在相反位置，即行星与太阳相合时，土星偏离2 2′，木星偏离1 5′，火星只偏离5′，也就是说火星几乎是掠过黄道。这些数值可从托勒密在行星消失和出现时刻前后所测纬度推求出来。

紧随前述论证，如图6-3所示，令一个平面通过黄道中心并垂直于黄道，与之相交于 AB。同时，令其与三颗外行星中任何一颗的偏心圆相交于

CD，该交线通过最南方与最北方极限。另外，令E作为黄道中心，地球大圆直径为FEG，D为南纬，C为北纬，并连接CF、CG、DF与DG。

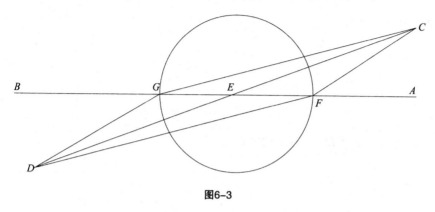

图6-3

在前述对单个行星的论证中，通过任何已知的地球与行星位置，能够得到地球大圆半径EG与行星偏心圆半径ED的比率。通过观察，可以得到最大黄纬的位置。由此，可以得到最大南纬角BGD，即三角形EGD的外角。与之相对的内角GED，即偏心圆对黄道面的最大南倾角，可以根据前面提到的平面三角形定理得到。

与之相类似，我们可以根据最小南黄纬，即角EFD，求出最小倾角。由于在三角形EFD中，边EF与边ED之比与角EFD都已给出，我们可以得到角GED，即最小南倾角。通过两个倾角之差，我们可以得到偏心圆与黄道之间的总天平动的关系。进而通过这些倾角，我们可以测算出相对的北纬度，即角AFC与角EGC。如果它们与观测结果相一致，那么就表明我们的论证是正确的。

现在我们以火星为例，其纬度偏离超越任何其他行星。在火星位于近地点时，托勒密指出其最大南黄纬约为7，在远地点时，其最大北黄纬为

4 20′。不过我们假定：

$$角BGD＝6\ 50′$$

我们能够发现相应的

$$角AFC≈4\ 30′$$

因为

$$EG：ED＝1单位：1单位22′26″$$

由这两边和角BGD可得最大南倾角

$$角DEG≈1\ 51′$$

因为

$$EF：CE＝1单位：1单位39′57″$$

且

$$角CEF＝角DEG＝1\ 51′$$

于是当行星在冲点时，上面提到的外角CFA＝4$\frac{1}{2}$。

与之相类似，当火星在相反位置即与太阳相合时，如果我们假定

$$角DFE＝5′$$

于是，由于边DE、边EF与角EFD已知，

$$角EDF＝4′$$

$$外角DEG≈9′$$

由此还可知北纬度角

$$角CGE＝6′$$

因此，令最大倾角减去最小倾角，即

$$1\ 51′－9′＝1\ 42′$$

这是倾角的天平动量，于是天平动量的$\frac{1}{2}$约为50$\frac{1}{2}$′。

480

另外两颗行星（木星与土星）的倾角与纬度，可以按照类似方法得出。木星的最大倾角为1 42′，最小倾角为1 18′，因此其总天平动量不超过24′。土星的最大倾角为2 44′，最小倾角为2 16′，二者之间的天平动量为28′。因此，当行星与太阳相合时，通过相反位置出现的最小倾角，可以求得对于黄道的纬度偏差值，土星为2 3′，木星为1 6′，这些数据应该列出来，并且在表6-1中得以应用。

第四章　对这三颗行星其他任何黄纬值的一般解释

前面已经阐释了相关事实，这三颗行星的特定纬度一般说来也清楚可知。如前，如图6-4所示，设想与黄道垂直并通过行星最远偏离极限的平面与黄道的交线为AB，令点A为北极限点，CD为行星轨道与黄道的交线，并且与AB相交于D。同时，以D为圆心画地球大圆EF。在相冲位置时，行星与地球连成一线，地球位于点E。由此点截取任一段已知弧EF。从点F与点C向AB作垂线CA与FG，并连接FA与FC。

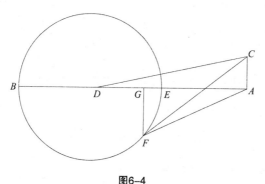

图6-4

据此，我们首先试图求得偏心圆倾角ADC的值。现在已经知道，地球处于点E时它为最大。进而，已经明确的是，天平动性质要求的总天平动量与地球在圆EF上的运转相适应，而圆EF由直径BE决定。因此，由于已知弧EF，ED与EG的比率关系也可以得到，这是总天平动量与刚刚自角ADC分离的天平动之间的比率，于是此种情况下可知角ADC。由于三角形ADC的各角与各边都已知，不过由于前面提到的，CD与ED的比率可知，CD与余量DG的比率也可知，由此，CD、AD与GD的比率关系都可知。因此，由于余量AG可知，FG也就可以得出，即

$$FG＝两倍EF所对半弦$$

因此，直角三角形AGF的两条边已经给出，边AF已知，并且AF与AC的比率也已知。最后，由于直角三角形ACF的两条边已知，角AFC就可以求出，而该角正是我们想要求的视纬度角。

我们还是以火星为例，令其出现于低拱点旁边，南纬极限位于点A附近。令行星位于点C，正如之前分析的，当地球位于点E时，倾角ADC达到极大值，即$1°50'$。现在我们令地球位于点F，同时沿着弧EF的视差行度为$45°$，因此，取$ED＝10\,000$单位时，

$$直线FG＝7\,071单位$$

且

$$GE＝10\,000单位－7\,071单位＝2\,929单位$$

这是半径的余量，现在将其表述为

$$\frac{1}{2}天平动角ADC＝50\frac{1}{2}'$$

在此种情况下它的增减量之比为

$$DE：GE＝50\frac{1}{2}'：15'$$

$$角ADC = 1\ 50' - 15' = 1\ 35'$$

这是在目前情况下的倾角，之前已经提到，三角形ADC的各边与各角将会给出，取ED=6 580单位时，

$$CD = 9\ 040单位$$

在同样的单位中，

$$FG = 4\ 653单位$$

$$AD = 9\ 036单位$$

通过减法，得

$$AEG = 4\ 383单位$$

且

$$AC = 249\frac{1}{2}单位$$

因此，直角三角形AFG中，

$$AG = 4\ 383单位$$

且

$$底边FG = 4\ 653单位$$

$$斜边AF = 6\ 392单位$$

最后，三角形ACF中，

$$角CAF = 90$$

已知边 $AC = 249\frac{1}{2}$ 单位，边 $AF = 6\ 392$ 单位，

$$角ACF = 2\ 15'$$

这是地球位于点F时的视纬度。我们可以运用类似方法，阐释土星与木星的例子。

第五章　金星和水星的黄纬

接下来讨论金星与水星，正如我之前指出的，可以用三种相互联系的纬度飘移来论证行星的纬度偏差。为了使它们相互分离，我们将从一种古人称之为偏角的飘移谈起，这样看起来会更容易入手。只有它有时脱离其他飘移而出现。这种分离出现在中间经度附近和两个交点旁边，这时按改正的经度行度计算，地球移动到与行星远地点或近地点相距一个四分之一圆周的位置。当地球位于行星附近时，古人发现金星南黄纬或北黄纬为6 22′，水星为4 5′；当地球距离行星最远时，金星为1 2′，水星为1 45′。处于这一位置的行星倾角可以从表6-2中查到。当金星距地球最远时，纬度为1 2′，以及位于距地球最近的位置时，纬度为6 22′，二者的轨道倾角约为$2\frac{1}{2}$。不过当距地球最远时，水星纬度为1 45′；当其距地球最近时，水星纬度为4 5′，二者都要求其轨道倾角为$6\frac{1}{4}$。取4个直角等于360时，金星轨道倾角为2 30′，水星为$6\frac{1}{4}$。正如我们论证的，从这些角出发，行星偏角的特定数值就可以理解了。我们先以金星为例进行阐释。

如图6-5所示，在黄道平面中，令与之垂直并通过其圆心的平面与之相交于ABC。令DBE为垂直平面与金星轨道面的交线。令A为地球中心，B为行星轨道中心，角ABE为轨道相对黄道的倾角。以B为圆心画轨道DFEG。画直径FBG垂直于直径DE。假设轨道面与垂直面之间存在关联，在垂直面上画垂直于DE的直线相互平行，并且平行于黄道面，直线FBG是唯一的一条这样的垂线。

现在我们的问题在于，通过已知的直线AB与BC和已知的倾角ABE，能够求出行星在纬度上存在多大偏离。例如，当行星与离地球最近的点E相距45，按照托勒密的方法，我们选取这一位置，目的在于这样可以弄清轨道倾斜是否会导致金星与水星出现经度变化。这些变化值应该在基点D、F、E与G之间一半距离处发现。这是因为当行星位于这四个基点时，其经度与没有偏角时相同，这是不需要证明的。

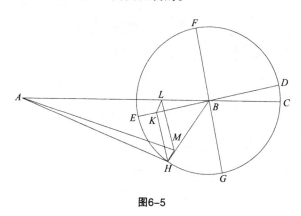

图6-5

因此，如前所述，我们假定

$$弧EH = 45$$

令HK垂直于BE，KL、HM垂直于黄道面，并连接HB、LM、AM与AH。由于HK平行于黄道面，我们得到具有直角的平行四边形LKHM。角LAM为经度行差，角HAM为纬度偏离，因为HM也垂直于同一黄道面。因此，由于

$$角HBE = 45$$

取EB＝10 000单位时，

$$HK = 两倍HE所对半弦 = 7\ 071单位$$

三角形KBL与之类似，

$$角KBL = 2\frac{1}{2}$$

且

$$角BLK = 90$$

在取$BE = 10\ 000$单位时，

$$边BK = 7\ 071单位$$

用同样单位，

$$边KL = 308单位$$

$$边BL = 7\ 064单位$$

不过由于

$$AB：BE \approx 10\ 000：7\ 193$$

因此，在相同单位中，

$$边HK = 5\ 086单位$$

且

$$HM = KL = 221单位$$

$$BL = 5\ 081单位$$

所以，通过减法，得

$$LA = 4\ 919单位$$

此外，三角形ALM的边AL已知，且

$$LM = HK$$

$$角ALM = 90$$

然后

$$边AM = 7\ 075单位$$

且

$$角MAL = 45\ 57'$$

这是与计算结果一致的金星行差或大视差，三角形MAH也一样，

486

$$边AM＝7\ 075单位$$

且

$$边MH＝KL$$

$$角MAH＝1\ 47'$$

这是偏角。

但应考虑金星这一偏角能引起多大的经度变化。可取三角形ALH，并且LH是平行四边形LKHM的一条对角线。取AL＝4 919单位时，

$$LH＝5\ 091单位$$

且

$$角ALH＝90$$

因此，

$$边AH＝7\ 079单位$$

因此，各边比率可知，

$$角HAL＝45\ 59'$$

不过如前所述，

$$角MAL＝45\ 57'$$

所以，这里只存在2′的差。

再次以水星为例，我们以前述相似图形论证水星偏角，设

$$弧EH＝45$$

取边AB＝10 000单位，再次得出

$$HK＝KB＝7\ 071单位$$

因此，如前述得到的经度差，在这种情况下，取半径BH＝3 953单位，AB＝9 964单位，

$$BK=KH=2\,795单位$$

且由于前述论证，取4个直角=360时，

$$倾角ABE=6\ 15'$$

因此，直角三角形BKL的各角已知，

$$底边KL=304单位$$

且

$$BL=2\,778单位$$

$$AL=7\,186单位$$

不过，

$$LM=HK=2\,795单位$$

因此，在三角形ALM中，

$$角L=90$$

且边AL和LM已知

$$边AM=7\,710单位$$

且

$$角LAM=21\ 16'$$

这是计算出的行差。

与之相类似，由于三角形AMH中边AM已知，

$$边MH=KL$$

且

$$角M=90$$

这是边AM与MH所夹的角，

$$角MAH=2\ 16'$$

488

这是想要得出的纬度。不过，假设我们想要得到其在多大程度上由真行差与视行差引起。画平行四边形的对角线LH。从边长可得

$$LH = 2\,811单位$$

且

$$AL = 7\,186单位$$

因此，

$$角LAH = 21\,23'$$

这是视行差，如前所述，该数据比先前计算结果多出约7′。

第六章　与远地点或近地点的轨道倾角有关的、金星和水星的二级黄纬偏离角

发生在行星轨道中间经度区的这些行星的纬度偏差角，已经进行了充分论证。正如我们指出的，这些纬度偏离称作"偏角"。现在我们必须探讨出现在近地点与远地点附近的黄纬以及混合在一起的第三种偏离角。这种偏离不在三颗外行星中出现，不过对于接下来的计算来说，可以使第三种偏离更容易地区分与分离开。根据托勒密的观测，当行星位于由地球中心向其轨道所画切线之上时，这些在近地点与远地点的黄纬达到极大值。正如我们提到的，这一情况发生在行星清晨与黄昏距离太阳最远的时候。托勒密发现，金星的北纬度比南纬度大$\frac{1}{3}$，不过，水星的南纬度比北纬度约大$1\frac{1}{2}$。但是，为了减少计算的难度，他采取$2\frac{1}{2}$为黄纬可变数值的一个平均值。他相信不会由此产生可以察觉的误差。我也即将证明这一点。这

些度数是环绕地球并且与黄道正交的圆周上的纬度，纬度正是对于圆周的测算。如果我们取 $2\frac{1}{2}$ 作为黄道每一边的相等偏离角，同时在我们确定倾角纬度之前忽略偏离，那么我们在求得倾角纬度之前我们的论证将更为简单、容易。因此，我们要首先指出，该纬度偏离角在偏心圆切点附近达到最大值，经度行差的极值也出现于此处。

如图6-6所示，画黄道面与金星或水星偏心圆的平面相交于经过行星的远地点与近地点的直线，在该交线上取点 A 作为地球的位置，取点 B 作为倾斜于黄道的偏心圆 $CDEFG$ 的圆心。在偏心圆上任何位置画垂直于 CG 的直线形成的角，都等于偏心圆对黄道的倾角。画偏心圆的切线 AE 和任意割线 AFD。此外，从 D、E、F 画垂直于 CG 的垂线 DH、EK、FL，画 DM、EN 与 FO 垂直于黄道平面。并连接 MH、NK 与 OL，连接 AN 与直线 AOM。由于 AOM 的三个点在两个平面上，即黄道面与垂直于它的 ADM 平面，所以它是一条直线。

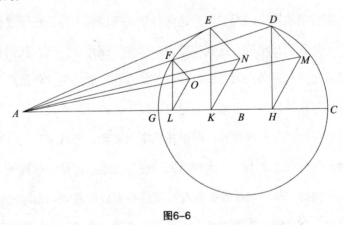

图6-6

因此，由于现有倾角 HAM 与 KAN 为这些行星的经度行差，角 DAM 与 EAN 是纬度偏离角。我首先要指出，切点处形成的角 EAN 是所有纬度角中最大的，此处的经度行差大体上也是最大的。

由于角EAK是最大经度角，因此

$$KE : EA > HD : DA$$

且

$$KE : EA > LF : FA$$

但

$$EK : EN = HD : DM = LF : FO$$

由于

$$角EKN = 角HDM = 角LFO$$

且

$$角M = 角N = 角O = 90$$

所以

$$NE : EA > MD : DA$$

且

$$NE : EA > OF : FA$$

再次

$$角DMA = 角ENA = 角FOA = 90$$

因此

$$角EAN > 角DAM$$

并且角EAN大于所有按照这种方式形成的角，在靠近点E附近的最大距角处出现。由这一倾角引起的经度行差的极大值。

$$HD : HM = KE : KN = LF : LO$$

因为在相似三角形中角度相等。这些直线的差值具有相同比率，因此

$$（EK-KN）：EA>（HD-HM）：AD$$

且

$$（EK-KN）：EA>（LF-FO）：AF$$

因此也可以清楚地知道，最大经度行差与极大纬度偏离之比等于偏心圆分段的经度行差与纬度偏离的比率。因为

$$KE：EN=LF：FO=HD：DM$$

这是我们之前论证的结果。

第七章　金星和水星这两颗行星的倾角数值

在完成上述论证之后，我们来讨论一下这两颗行星的平面的倾斜角为多大的角。我们重述前面所提到的，每一行星在其与太阳的最大和最小距离之中间时，它顶多更偏北或偏南5，相反的方向由其在轨道上的位置决定。在经过偏心圆的远地点与近地点时，金星的偏离略大于或小于5，水星的偏离在此基础上相差$\frac{1}{2}$左右。

与之前一样，令ABC为黄道与偏心圆的交线，以B为圆心画倾斜于黄道面的行星轨道，其倾斜方式已在前面提到（图6-7）。现在从地球圆心画直线AD与行星轨道相切于点D。从点D画DF垂直于CBE，画DG垂直于黄道面，并连接BD、FG与AG。此外，取4个直角＝360，假设

$$角DAG=2\frac{1}{2}$$

即前述每一行星纬度差的一半。

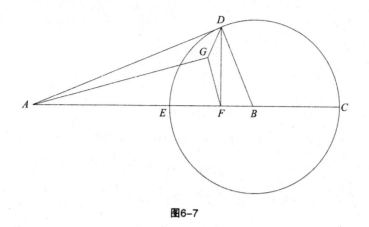

图6-7

我们的问题在于求出平面的倾角，即角DFG的值。

因此，对金星而言，取轨道半径为7 193单位，且已经得出现在远地点处的行星与地球的最大距离为10 208单位，近地点处的最近距离为9 792单位。

平均距离为10 000单位。这也是我为这一论证所采用的数值。托勒密考虑到计算的烦琐，希望尽量寻求捷径。如果极端数值不会导致出现显著误差，就尽量采用平均值。因此

$$AB : BD = 10\ 000 : 7\ 193$$

且

$$角ADB = 90$$

所以，

$$边AD = 6\ 947单位$$

与此相似，

$$BA : AD = BD : DF$$

$$DF = 4\ 997单位$$

再次，因为

$$角DAG=2\frac{1}{2}$$

且

$$角AGD=90$$

因此，三角形AGD的各角已知，并且取$AD=6\,947$单位时，

$$边DG=303单位$$

因此，在三角形DFG中，两条边DF、DG已知，

$$角DGF=90$$

所以

$$角DFG=3\ 29'$$

而角DAF与角FAG之差为经度视差之差。于是此差值可由各角的已知数量推算出来。取$DG=303$单位时，已经求得斜边$AD=6\,947$单位，$DF=4\,997$单位。现在，

$$AD^2-DG^2=AG^2$$

且

$$FD^2-DG^2=GF^2$$

所以

$$AG=6\,940单位$$

且

$$FG=4\,988单位$$

但是，取$AG=10\,000$单位时，

$$FG=7\,187单位$$

且

494

$$角FAG=45\ 57'$$

并且取$AD=10\ 000$单位时,

$$DF=7\ 193单位$$

且

$$角DAF\approx46$$

因此当倾角最大时,视差行差约减少$3'$。然而在中拱点,两圆之间的倾角为$2\frac{1}{2}$,不过它在这里大约增加了1,这是我们之前提到的第一种天平动增加的量。

关于水星的论证与之类似,取半径为$3\ 573$单位,行星轨道距离地球最远距离为$10\ 948$单位,最近距离为$9\ 052$单位,平均值为$10\ 000$单位。此外,

$$AB:BD=10\ 000:3\ 573$$

所以在三角形ABD中,可得第三边:

$$边AD=9\ 340单位$$

且由于

$$BD:DF=AB:AD$$

所以

$$DF=3\ 337单位$$

假定

$$角DAG=2\frac{1}{2}$$

此为纬度角,取$DF=3\ 337$单位时,

$$DG=407单位$$

因此在三角形DFG中,两边比率已知,且

$$角G = 90$$

所以

$$角DFG \approx 7$$

这是水星轨道与黄道面的倾角，不过已经得出在与远地点和近地点的距离为一个四分之一圆周的中间经度区的倾角为6 15′，所以由第一天平动增加了45′。

与之相类似的探讨是为了确定行差角，已经证明：取$AD = 9\,340$单位，$DF = 3\,337$单位时，$DG = 407$单位。因此，

$$AD^2 - DG^2 = AG^2$$

且

$$DF^2 - DG^2 = FG^2$$

所以

$$AG = 9\,331单位$$

且

$$FG = 3\,314单位$$

所以得出

$$角GAF = 20\ 48′$$

此为行差角，且

$$角DAF = 20\ 56′$$

与倾角相关的角GAF比DAF约小8′。留给我们的问题是，与轨道距地球的极大和极小距离有关的倾角以及黄纬是否与通过观测得到的数据相吻合。

因此，再次运用同一图形，首先在金星轨道与地球最远距离处，令

$$AB : BD = 10\,208 : 7\,193$$

因为

$$角ADB＝90$$

在同样单位中，AD的长度为7 238单位。

$$AB：AD＝BD：DF$$

于是在该单位中

$$DF＝5 102单位$$

不过之前发现

$$角DFG＝3 29'$$

这是倾斜角，所以取$AD＝7 238$单位时，

$$边DG＝309单位$$

因此，取$AD＝10 000$单位时，

$$DG＝427单位$$

因此，推断出在远地点，

$$角DAG＝2 27'$$

但在近地点，轨道半径DB为7 193单位，

$$AB＝9 792单位$$

且

$$AD＝6 644单位$$

这是垂直于BD的直线，与之类似，在该单位中

$$BD：DF＝AB：AD$$

$$DF＝4 883单位$$

但是，

$$角DFG＝3 29'$$

497

所以，取$AD=6\,644$单位时，

$$DG=297单位$$

且三角形ADG的各边已知

$$角DAG=2\,34'$$

但是，不管是$3'$还是$4'$，用星盘这样的仪器来测量都不够大。所以，前述有关金星最大纬度偏离角的选取仍然是正确的。

用同样方法假定水星轨道离地球的最大距离与水星轨道半径之比为

$$AB：BD=10\,948：3\,573$$

因此，运用之前相似论证方式，我们仍然得到

$$AD=9\,452单位$$

且

$$DF=3\,085单位$$

但在此处我们得出水星轨道与黄道面的倾角为

$$角DFG=7$$

由于这个缘故，取$DF=3\,085$单位，$DA=9\,452$单位，

$$DG=376单位$$

因此，直角三角形DAG的各边已知，

$$角DAG≈2\,17'$$

此为最小纬度偏离角，但在近地点，

$$AB：BD=9\,052：3\,573$$

因此，

$$AD=8\,317单位$$

且

$$DF = 3\ 283 \text{单位}$$

现在由于倾角相同的原因，取 $AD = 8\ 317$ 单位，

$$DF : DG = 3\ 283 : 400$$

因此

$$\text{角} DAG = 2\ 45'$$

因此，纬度偏离角的平均数为 $2\frac{1}{2}$ ，其与远地点极小的纬度偏离角相差 $13'$ ，与近地点极大的纬度偏离角相差 $15'$ 。在计算中，我们不使用这些远地点与近地点的差值，而用在平均值上下的 $\frac{1}{4}$ 。在观测中，这不会导致明显差异。

我们已经论证了这些事实，并且也指出最大经度行差与最大纬度偏离角之比等于轨道其余部分的局部行差与几个纬度偏离角之比，我们得到了由金星与水星轨道相互倾斜产生的所有黄纬数目。不过如我们所说，我们只计算了位于远地点与近地点中间的黄纬，并求出这些纬度的极大值为 $2\frac{1}{2}$ ，这种情况下金星的最大行差为46，水星的最大行差约为22。在表5-14、表5-15中，我们已经列出了相对轨道个别部分的行差。考虑到每个行差值比最大值小多少，可以对每颗行星取 $2\frac{1}{2}$ 的相应部分。在表6-2中，我们将列出这一部分的数值。通过这种方法，能够求出当地球位于这些行星的高、低拱点时，每个倾角纬度的数值。按相似方法，我记录了当地球位于行星的远地点与近地点之间距离为一个四分之一圆周处而行星是在中经度区时行星的偏角。至于在这四个临界点之间出现的情况，可以按照所取坐标系运用数学技巧推算出来，不过计算过程很耗费精力。然而托勒密在所有问题上都简明扼要，他指出，就两种纬度偏离（偏角和倾角）本身而言，都与月球纬度偏离类似，在整体上以及所有部分都成比例地增减。

因为它们的最大纬度偏离为5，他把每一部分都乘以12，并把乘积制成比例分数，这些比例分数不仅对这两颗行星适用，同样适用于三颗外行星，我们将在下文详细解释。

第八章　金星和水星的称为"偏离"的第三种黄纬

在阐述这些问题之后，我们接下来探讨第三种纬度运动，即偏离。古人认为地球是宇宙的中心，并认为偏心圆的倾斜导致了偏离，并且其上运转本轮的偏心圆绕地球运转，当本轮位于偏心圆的远地点或近地点时出现最大值，正如我们前面提到的，金星的偏离总是在北面$\frac{1}{6}$，水星的偏离则总是偏南$\frac{3}{4}$。不过还不十分清楚，古人是否认为轨道的这个倾角是保持不变的。他们认为总应取$\frac{1}{6}$的比例分数为金星的偏离，而$\frac{3}{4}$是水星的偏离，这些数值表明了这一不变性。但这些分数值并不属实，除非倾角永远不变，而这是以此角为依据的比例分数的分布所需要的。进一步说，即使倾角固定不变，仍然无法理解为什么行星的这一纬度会突然从交点恢复它原来的数值，除非这一恢复就像光的反射一样。不过我们现在讨论的是本质上可以测定的时刻，而不是瞬时运动。因此必须指出，我们之前阐述的天平动能够使得圆周各部分的纬度变为相反的纬度。这也是水星的数值变化为$\frac{1}{5}$的一个重要结果。因此不必感到诧异，如果按照我们的假设，纬度偏离是多变的而不是绝对常数，但是它不会引起可以察觉的不规则性，而这种不规则性在黄纬的变化中可以区分出来。

如图6-8所示，当水平面垂直于黄道时，在此两平面的交线AEBC上，

500

令地球中心为A，远地点或近地点B为经过倾斜轨道两极的圆CDF的圆心。当轨道中心位于远地点或近地点，即位于直线AB上时，不管行星处于与轨道平行的圆周的什么位置，其偏离达到最大值。这个与轨道平行的圆周的直径DF与轨道的直径CBE相平行。此两平行圆周垂直于平面CDF，并可取DF和CBE两直径为与CDF的交线。现在令点G平分DF，则点G为与轨道平行的圆周的圆心。连接BG、AG、AD与AF。

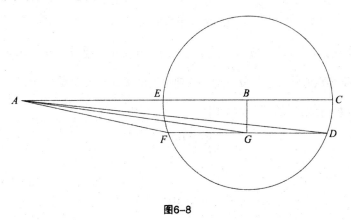

图6-8

取角$BAG = \frac{1}{6}$，此与金星的最大偏离值相同。因此，在三角形ABG中，

$$角B = 90$$

且我们已知如下两边比值

$$AB : BG = 10\,000 : 29$$

但在同样单位中，

$$ABC = 17\,193单位$$

$$AE = 2\,807单位$$

$$两倍的CD或EF所对半弦 = BG$$

因此

$$角CAD = 6'$$

且

$$角EAF \approx 15'$$

得

$$角BAG - 角CAD = 4'$$

$$角EAF - 角BAG = 5'$$

这些差异很小，可以忽略不计。因此，当地球位于远地点或近地点时，不管行星处于其轨道的哪一部分，金星的视偏离度都仅稍大于或小于10′。

不过，在水星的例子中，当

$$角BAG = \frac{3}{4}$$

且

$$AB : BG = 10\ 000 : 131$$

且

$$ABC = 13\ 573\text{单位}$$

通过减法，得

$$AE = 6\ 427\text{单位}$$

于是

$$角CAD = 33'$$

且

$$角EAF \approx 70'$$

因此，角CAD比角BAG少12′，而角EAF比角BAG多25′。不过，在金星进入我们视线之前，这些差值已经淹没在阳光里了。因此古人仅研究过水星可察觉的偏差，而它似乎是固定不变的。但如果有人想要获知被太阳光淹没的那些偏离，下文我将以水星为例进行说明，因为它比金星具有更明显的偏离。

令直线AB位于行星轨道与黄道的交线上，此时地球位于点A，即行星轨道的远地点或近地点。现在我们设

$$AB=10\,000单位$$

与我们处理倾角时一样，这类似于最大距离与最小距离之间没有任何变化的长度。现围绕圆心C，画距离CB处平行于偏心圆轨道的圆DEF（图6-9）。位于此平行圆上的行星，可以理解为此时存在最大偏离。令DCF为此圆直径，它也平行于AB，DCF与AB都在与行星轨道垂直的同一平面上。所以，例如，令

$$弧EF=45$$

我们考查行星在此弧段的偏离。画EG垂直于CF，令EK、GH垂直于轨道水平面，连接HK，画出一个矩形，同时连接AE、AK与EC。

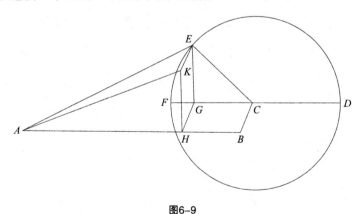

图6-9

现在，在水星最大偏离的情况下，取$AB=10\,000$单位和$CE=3\,573$

单位，

$$BC = 131 单位$$

已知直角三角形EGC中，各角已知，

$$边EG = KH = 2\,526单位$$

且因为

$$BH = EG = CG$$

$$AH = BA - BH = 7\,474单位$$

因此，三角形AHK中，构成直角的两边已知，

$$边AK = 7\,889单位$$

但是，

$$KE = CB = GH = 131单位$$

因此，由于三角形AKE中，构成直角K的两边AK、KE已知，角KAE已知。这就是我们取弧EF时所要计算的偏离，它与观察到的相差无几。对金星和其他行星进行计算，我把结果列入表6–1、表6–2之中。

完成这一解释，我对金星和水星在这些极限之间的偏离用六十分之几或比例分数来表示。如图6–10所示，令ABC为金星或水星的偏心圆轨道，同时令A、C为纬度移动的交点，B为最大偏离的极限。以B为圆心画小圆DFG，其直径为DBF。令偏离的天平动沿DBF出现。当地球位于行星偏心圆轨道的远地点或近地点时，行星的最大偏离在点F出现，此时，行星的均轮与小圆在该点相切。

现在，令地球位于离行星偏心圆远地点或近地点的任何距离处。根据这一行度，FG为小圆上的相似弧度。画行星均轮AGC与小圆相交，并在直径DF上截取点E。令行星位于AGC上面的点K，由于假设弧EK与弧FG相

似，画KL垂直于圆周ABC。

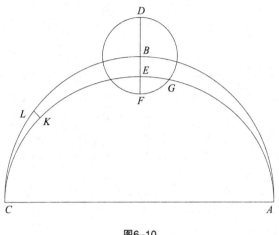

图6-10

我们的问题是通过FG、EK与BE，求出KL，也就是行星与圆ABC的距离。通过弧FG，可以获知弧EG是一条与圆弧或凸线几近相同的直线。同样，可求得用与整个BF或余量BE相同的单位表示的EF长度。因为：

$$BF : BE = 2倍CE所对弦 : 2倍CK所对弦 = BE : KL$$

因此，如果我们把BF与圆CE半径与同一数字60相比，我们可以得到BE的值。当该数字取平方，其结果再除以60，我们就能得到弧EK的比例分数KL，我们将在表6-1、表6-2的第五栏即最后一栏列出这些数值。

表6-1　土星、木星和火星的黄纬

数值格式：行星黄纬列为「度 分（'）」；公共数列为两个数值；比例分数列为「分 秒」。

公共数	土星黄纬北	土星黄纬南	木星黄纬北	木星黄纬南	火星黄纬北	火星黄纬南	比例分数
3　357	2　3	2　2	1　6	1　5	0　6	0　5	59　48
6　354	2　4	2　2	1　7	1　5	0　7	0　5	59　36
9　351	2　4	2　3	1　7	1　5	0　9	0　6	59　6
12　348	2　5	2　3	1　8	1　6	0　9	0　6	58　36
15　345	2　5	2　3	1　8	1　6	0　10	0　8	57　48
18　342	2　6	2　3	1　8	1　6	0　11	0　8	57　0
21　339	2　6	2　4	1　9	1　7	0　12	0　9	55　48
24　336	2　7	2　4	1　9	1　7	0　13	0　9	54　36
27　333	2　8	2　5	1　10	1　8	0　14	0　10	53　18
30　330	2　8	2　5	1　10	1　8	0　14	0　11	52　0
33　327	2　9	2　6	1　11	1　9	0　15	0　11	50　12
36　324	2　10	2　7	1　11	1　9	0　16	0　12	48　24
39　321	2　10	2　7	1　12	1　10	0　17	0　12	46　24
42　318	2　11	2　8	1　12	1　10	0　18	0　13	44　24
45　315	2　11	2　9	1　13	1　11	0　19	0　16	42　12
48　312	2　12	2　9	1　13	1　11	0　20	0　16	40　0
51　309	2　13	2　11	1　14	1　12	0　22	0　18	37　36
54　306	2　14	2　12	1　14	1　13	0　23	0　20	35　0
57　303	2　15	2　13	1　15	1　14	0　25	0　22	32　36
60　300	2　16	2　15	1　16	1　16	0　27	0　24	30　0
63　297	2　17	2　16	1　17	1　17	0　29	0　25	27　12
66　294	2　18	2　18	1　18	1　18	0　31	0　27	24　24
69　291	2　20	2　19	1　19	1　19	0　33	0　29	21　21
72　288	2　21	2　21	1　21	1　20	0　35	0　31	18　18
75　285	2　22	2　22	1　22	1　22	0　37	0　34	15　15
78　282	2　24	2　24	1　24	1　24	0　40	0　37	12　12
81　279	2　25	2　26	1　25	1　25	0　42	0　39	9　9
84　276	2　27	2　27	1　27	1　27	0　45	0　41	6　24
87　273	2　28	2　28	1　28	1　28	0　48	0　45	3　12
90　270	2　30	2　30	1　30	1　30	0　51	0　49	0　0
93　267	2　31	2　31	1　31	1　31	0　55	0　52	3　12
96　264	2　33	2　33	1　33	1　33	0　59	0　56	6　24
99　261	2　34	2　34	1　34	1　34	1　2	1　0	9　9
102　258	2　36	2　36	1　36	1　36	1　6	1　4	12　12
105　255	2　37	2　37	1　37	1　37	1　11	1　8	15　12
108　252	2　39	2　39	1　39	1　39	1　15	1　12	18　18
111　249	2　40	2　40	1　40	1　40	1　19	1　17	21　21
114　246	2　42	2　42	1　42	1　42	1　25	1　22	24　24
117　243	2　43	2　43	1　43	1　43	1　31	1　28	27　12
120　240	2　45	2　45	1　45	1　44	1　36	1　34	30　0
123　237	2　46	2　46	1　46	1　46	1　41	1　40	32　36
126　234	2　47	2　48	1　47	1　47	1　47	1　47	35　12
129　231	2　49	2　49	1　49	1　49	1　54	1　55	37　36
132　228	2　50	2　51	1　50	1　51	2　2	2　5	40　0
135　225	2　52	2　53	1　51	1　53	2　10	2　15	42　12
138　222	2　53	2　54	1　52	1　54	2　19	2　26	44　24
141　219	2　54	2　55	1　53	1　55	2　29	2　38	46　24
144　216	2　55	2　56	1　55	1　57	2　37	2　48	48　24
147　213	2　56	2　57	1　56	1　58	2　47	3　4	50　12
150　210	2　57	2　58	1　58	1　59	2　51	3　20	52　0
153　207	2　58	2　59	1　59	2　1	3　12	3　32	53　18
156　204	2　59	3　0	2　0	2　2	3　23	3　52	54　36
159　201	2　59	3　1	2　1	2　3	3　34	4　13	55　48
162　198	3　0	3　2	2　2	2　4	3　46	4　36	57　0
165　195	3　0	3　2	2　2	2　5	3　57	5　0	57　48
168　192	3　1	3　3	2　3	2　5	4　9	5　23	58　36
171　189	3　2	3　3	2　3	2　6	4　17	5　48	59　6
174　186	3　2	3　3	2　4	2　6	4　23	6　15	59　36
177　183	3　2	3　4	2　4	2　7	4　27	6　35	59　48
180　180	3　2	3　5	2　4	2　7	4　30	6　50	60　0

表6-2　金星和水星的黄纬

公共数		金星 偏角 (° ′)		金星 倾角 (° ′)		水星 偏角 (° ′)		水星 倾角 (° ′)		金星 偏离 (° ′)		水星 偏离 (° ′)		偏离的比例分数 (分 秒)	
3	357	1	2	0	4	1	45	0	5	0	7	0	33	59	36
6	354	1	2	0	8	1	45	0	11	0	7	0	33	59	12
9	351	1	1	0	12	1	45	0	16	0	7	0	33	58	25
12	348	1	1	0	16	1	44	0	22	0	7	0	33	57	14
15	345	1	0	0	21	1	44	0	27	0	7	0	33	55	41
18	342	1	0	0	25	1	43	0	33	0	7	0	33	54	9
21	339	0	59	0	29	1	42	0	38	0	7	0	33	52	12
24	336	0	59	0	33	1	40	0	44	0	7	0	34	49	43
27	333	0	58	0	37	1	38	0	49	0	7	0	34	47	21
30	330	0	57	0	41	1	36	0	55	0	8	0	34	45	4
33	327	0	56	0	45	1	34	1	0	0	8	0	34	42	0
36	324	0	55	0	49	1	30	1	6	0	8	0	34	39	15
39	321	0	53	0	53	1	27	1	11	0	8	0	35	35	53
42	318	0	51	0	57	1	23	1	16	0	8	0	35	32	52
45	315	0	49	1	1	1	19	1	21	0	8	0	35	29	41
48	312	0	46	1	5	1	15	1	26	0	8	0	36	26	40
51	309	0	44	1	9	1	11	1	31	0	8	0	36	23	34
54	306	0	41	1	13	1	8	1	35	0	8	0	36	20	39
57	303	0	38	1	17	1	4	1	40	0	8	0	37	17	40
60	300	0	35	1	20	0	59	1	44	0	8	0	38	15	0
63	297	0	32	1	24	0	54	1	48	0	8	0	38	12	20
66	294	0	29	1	28	0	49	1	52	0	9	0	39	9	55
69	291	0	26	1	32	0	44	1	56	0	9	0	39	7	38
72	288	0	23	1	35	0	38	2	0	0	9	0	40	5	39
75	285	0	20	1	38	0	32	2	3	0	9	0	41	3	57
78	282	0	16	1	42	0	26	2	7	0	9	0	42	2	28
81	279	0	12	1	46	0	21	2	10	0	9	0	42	1	28
84	276	0	8	1	50	0	16	2	14	0	10	0	43	0	40
87	273	0	4	1	54	0	8	2	17	0	10	0	44	0	10
90	270	0	0	1	57	0	0	2	20	0	10	0	45	0	0
93	267	0	5	2	0	0	8	2	23	0	10	0	45	0	10
96	264	0	10	2	3	0	15	2	25	0	10	0	46	0	40
99	261	0	15	2	6	0	23	2	27	0	10	0	47	1	28
102	258	0	20	2	9	0	31	2	28	0	11	0	48	2	34
105	255	0	26	2	12	0	40	2	29	0	11	0	48	3	57
108	252	0	32	2	15	0	48	2	29	0	11	0	49	5	39
111	249	0	38	2	17	0	57	2	30	0	11	0	50	7	38
114	246	0	44	2	20	1	6	2	30	0	11	0	51	9	55
117	243	0	50	2	22	1	16	2	30	0	11	0	52	12	20
120	240	0	59	2	24	1	25	2	29	0	12	0	52	15	0
123	237	1	8	2	26	1	35	2	28	0	12	0	53	17	40
126	234	1	18	2	27	1	45	2	26	0	12	0	54	20	39
129	231	1	28	2	29	1	55	2	23	0	12	0	55	23	34
132	228	1	38	2	30	2	6	2	20	0	12	0	56	26	40
135	225	1	48	2	30	2	16	2	16	0	13	0	57	29	41
138	222	1	59	2	30	2	27	2	11	0	13	0	57	32	52
141	219	2	11	2	29	2	37	2	6	0	13	0	58	35	53
144	216	2	25	2	28	2	47	2	0	0	13	0	59	39	15
147	213	2	42	2	26	2	57	1	53	0	13	1	0	42	0
150	210	3	2	2	22	3	7	1	46	0	13	1	1	45	4
153	207	3	23	2	18	3	17	1	38	0	13	1	2	47	21
156	204	3	44	2	12	3	26	1	29	0	14	1	3	49	43
159	201	4	5	2	4	3	34	1	20	0	14	1	4	52	12
162	198	4	26	1	55	3	42	1	10	0	14	1	5	54	9
165	195	4	49	1	42	3	48	0	59	0	14	1	6	55	41
168	192	5	13	1	27	3	54	0	48	0	14	1	7	57	14
171	189	5	36	1	9	3	58	0	36	0	14	1	8	58	25
174	186	5	52	0	48	4	2	0	24	0	14	1	8	59	12
177	183	6	7	0	25	4	4	0	12	0	14	1	9	59	36
180	180	6	22	0	0	4	5	0	0	0	14	1	10	60	0

第九章　五颗行星黄纬的计算

现在，我们阐释利用表6-1、表6-2计算五颗行星黄纬的方法。在土星、木星与火星的例子中，我们可以采用归一化或改正的偏心圆近点角以求得公共数。火星的近点角保持不变，木星的近点角减少20，土星的近点角增加50。因此，把结果用六十分之几或比例分数列入最后一栏。类似地，关于改正的视差近点角，我们应该确定每颗行星对应黄纬的合适数字。如果比例分数由高变低，则取第一纬度即北黄纬，此时偏心圆近点角小于90或超过270。如果比例分数由低变高，即表中所列的偏心圆近点角大于90或小于270，就取第二纬度即南黄纬。因此，如果我们将两个纬度中的任何一个乘以其六十分之几的分数，其乘积就是与黄道北方或南方的距离，这取决于黄道假定的数字类型。

在金星与水星的例子中，根据改正的视差近点角首先应取三种出现的纬度，也就是偏角、倾角与偏离。它们可分别记录下来。除了水星的一种例外，如果偏心圆近点角及其数字位于表格的上部，则减掉倾角的$\frac{1}{10}$；而如果偏心圆近点角及其数字是在表格下部，就要加上同一分数。并保留这些运算求得的差或和。

我们必须理解北纬或南纬的含义。由于假设改正的视差近点角在远地点所在半圆内，即小于90或大于270，同时偏心圆近点角小于半圆。或者，假设视差近点角在近地点圆弧内，即大于90并小于270，同时偏心圆近点角大于半圆。于是金星的偏角在北，水星则在南。但是，如果视差近点角位于近地点弧上，同时偏心圆近点角小于半圆；或者视差近点角位于远地点区域，同时偏心圆近点角大于半圆。与之前相反，此时金星偏角在南，水星则在北。但在倾角的例子中，如果视差近点角小于半圆，同时偏心圆近点角位于远地点；或者，视差近点角大于半圆，同时偏心圆近点角位于近地点，则金星倾角在北，水星则在南。反之亦然。不过，金星的偏离总在北，水星总在南。

于是，根据改正的偏心圆近点角，应该选取所有五颗行星共同的比例分数。就属于三颗外行星的比例分数而言，纵然如此归属，它们适用于倾角，而其余的比例分数适用于偏离。然后，当我们对相同的偏心圆近点角增加90时，我们又得到了一个和。与此总和有关的比例分数同样适用于偏角。按照这种序列整理这些数量，我们可以让求得的三个分离纬度分别乘以各自的比例分数，得到的结果将是对位置与时间进行改正的数值。这样，我们最终获得了这两颗行星的三种纬度值。如果所有这些纬度都属于同一类型，就将它们加在一起。但如果不是，只是将属于同类的两个纬度相加。分别按此两者之和大于或小于属于相反类型的第三纬度，前两者减掉后者，或前两者从后者扣除，得到的余量就是我们意图求得的黄纬。